Lecture Notes in Mathematics

A collection of informal reports and seminars

Edited by A. Dold, Heidelberg and B. Eckmann, Zürich

317

Séminaire Bourbaki vol. 1971/72 Exposés 400–417

Springer-Verlag

Berlin · Heidelberg · New York 1973

AMS Subject Classifications (1970): 10F25, 20J05, 20J99, 20E10, 14M20, 14M99, 31B99, 32L10, 18H10, 14H45, 32J99, 53C25, 20M15, 14L05, 57A70, 12B30, 42A16, 47G05, 55F05, 55F60, 18H25, 17B99, 58D05, 58G05, 20G20, 10D20, 14C20, 14D20

ISBN 978-3-540-06179-3 Springer-Verlag Berlin · Heidelberg · New York
ISBN 978-0-387-06179-5 Springer-Verlag New York · Heidelberg · Berlin

Offsetdruck: Julius Beltz, Hemsbach/Bergstr.

TABLE DES MATIERES

20, 21, 22 novembre 1971

19, 20, 21 février 1972

3, 4, 5 juin 1972

Séminaire BOURBAKI
24e année, 1971/72, n° 400

Novembre 1971

SIMULTANEOUS APPROXIMATIONS OF ALGEBRAIC NUMBERS

[following W. M. SCHMIDT]

by Enrico BOMBIERI

I. Let $\alpha_1, \alpha_2, \ldots, \alpha_n$ be real numbers. Dirichlet's theorem in Diophantine Approximation states that

THEOREM (Dirichlet).- For every $N \geq 1$ there is q, $1 \leq q \leq N$, such that

$$\|q\alpha_1\| \leq N^{-1/n}, \ldots, \|q\alpha_n\| \leq N^{-1/n},$$

where $\| \ \|$ denotes the distance from the nearest integer.

COROLLARY.- Let $1, \alpha_1, \ldots, \alpha_n$ be real numbers, linearly independent over $\mathbb{Q}$. Then there are infinitely many integers q such that

$$\|q\alpha_1\| \leq q^{-1/n}, \ldots, \|q\alpha_n\| \leq q^{-1/n}.$$

In 1955, after previous work by Thue, Siegel, Dyson, Gel'fond and Schneider it was proved by Roth that

ROTH'S THEOREM.- Let α be irrational algebraic and let $\varepsilon > 0$. There are only finitely many integers q such that

$$\|q\alpha\| \leq q^{-1-\varepsilon}.$$

Now Roth's theorem has been generalized by W. M. Schmidt to the case of simultaneous approximations.

SCHMIDT'S THEOREM 1.- Let $1, \alpha_1, \ldots, \alpha_n$ be algebraic real numbers, linearly independent over $\mathbb{Q}$, and let $\varepsilon > 0$. There are only finitely many integers q such that

$$\|q\alpha_1\| \ldots \|q\alpha_n\| \leq q^{-1-\varepsilon}.$$

COROLLARY.- There are only finitely many integers q such that

$$\|q\alpha_1\| \leq q^{-1/n - \varepsilon}, \ldots, \|q\alpha_n\| \leq q^{-1/n - \varepsilon}.$$

Schmidt also proves a dual version of this result :

THEOREM 2.- Let $\alpha_1, \ldots, \alpha_n$ be as in Theorem 1, and let $\varepsilon > 0$. There are only finitely many n-ples of non-zero integers $q_1, \ldots, q_n$ such that

$$\|q_1\alpha_1 + \ldots + q_n\alpha_n\| \leq |q_1 \ldots q_n|^{-1-\varepsilon}.$$

COROLLARY.- Let α be algebraic, k a positive integer and $\varepsilon > 0$. There are only finitely many algebraic numbers ω of degree $\leq k$ such that

$$|\alpha - \omega| \leq H(\omega)^{-k-1-\varepsilon}$$

where $H(\omega)$ is the height of ω (maximum coefficient of an irreducible integral defining polynomial of ω).

If $k = 1$ this reduces to Roth's theorem ; a weaker result, with an exponent $2k + \varepsilon$ instead of $k + 1 + \varepsilon$ has been proved by Wirsing [3] with a different method.

Schmidt's proof of these results uses Roth's method, but the extension is not straightforward and many original ideas are needed. In order to present Schmidt's arguments, it is therefore worthwhile to sketch Roth's proof.

II. Roth's Proof. For a neat exposition of Roth's proof we refer to Cassels [1]. Roth's theorem is obtained combining the following two results :

PROPOSITION 1.- Let α be algebraic, let $\varepsilon > 0$ and let $r_1, \ldots, r_m$ be positive integers.

For $m \geq m_0(\alpha, \varepsilon)$ there is a polynomial

$$P \in \mathbb{Z}[x_1, \ldots, x_m]$$

not identically 0 of degree $\leq r_h$ in x_h, such that

(i) $|P| \leq C_1^{r_1+\dots+r_m}$;

(ii) $D^J P(\alpha, \alpha, \dots, \alpha) = 0$

if $J = (j_1, \dots, j_m)$ and

(2.1) $$\sum_{h=1}^{m} j_h/r_h \leq (\tfrac{1}{2} - \varepsilon)m .$$

Here $|P|$ is the sum of the moduli of the coefficients of P and D^J is the usual differential operator $(\partial/\partial x_1)^{j_1} \dots (\partial/\partial x_m)^{j_m}$. The constant C_1 depends only on α.

The proof is simple. Considering the $(r_1+1)\dots(r_m+1)$ coefficients of P as unknowns one has a system of homogeneous linear equations $D^J P(\alpha) = 0$. Now if α is algebraic of degree s, the equation

$$\frac{1}{J!} D^J P(\alpha, \dots, \alpha) = 0$$

splits in a system of s linear equations in the coefficients of the polynomial P, with <u>integral</u> coefficients $\leq C_2^{r_1+\dots+r_m}$ where $C_2 = C_2(\alpha)$. Since equation (2.1) has at most $\frac{1}{\varepsilon\sqrt{m}}(r_1+1)\dots(r_m+1)$ solutions, we get a system of $\leq \frac{s}{\varepsilon\sqrt{m}}(r_1+1)\dots(r_m+1)$ equations in $(r_1+1)\dots(r_m+1)$ unknowns with integral coefficients $\leq C_2^{r_1+\dots+r_m}$. This is easily solved using Dirichlet's box principle, provided $\frac{s}{\varepsilon\sqrt{m}} \leq \frac{1}{2}$, that is $m \geq m_0(\alpha, \varepsilon)$, obtaining a non-zero solution satisfying (i).

Now let $\beta_h = p_h/q_h$ be m approximations to α such that

(2.2) $$|\alpha - p_h/q_h| < q_h^{-k} ,$$

let P be the polynomial of Proposition 1 and let $\nu = (\nu_1, \dots, \nu_m)$ be such that, if we write

$$Q = \frac{1}{\nu!} D^{\nu} P$$

we have

$$Q(\beta_1,\dots,\beta_m) \neq 0 .$$

Then $Q(\beta) = Q(\beta_1,\dots,\beta_m)$ is a rational number with denominator $\leq q_1^{r_1} \dots q_m^{r_m}$ therefore

$$|Q(\beta)| \geq q_1^{-r_1} \dots q_m^{-r_m} .$$

Now assume that

$$\sum_{h=1}^{m} \nu_h / r_h < \varepsilon m .$$

Then Q is not identically 0 and $Q(\alpha) = 0$, therefore

$$|Q(\beta)| = |Q(\beta) - Q(\alpha)| \leq \Sigma \frac{1}{J!} |D^{J+\nu} P(\alpha)| \, |\alpha - \beta|^J$$

$$\leq C_3^{r_1 + \dots + r_m} \max |\alpha - \beta|^J$$

where the max is over the n-ples J such that

$$\sum_{h=1}^{m} (j_h + \nu_h)/r_h \geq (\tfrac{1}{2} - \varepsilon)m .$$

If there are infinitely many approximations satisfying (2.2) one can take $q_1^{r_1} \sim q_2^{r_2} \sim \dots \sim q_m^{r_m}$ and more precisely

r_1 very large

$$r_h = [r_1 \frac{\log q_1}{\log q_h}] + 1 \qquad h = 2,\dots,m$$

q_1 very large

and now

$$|\alpha - \beta|^J \leq q_1^{-kj_1} \dots q_m^{-kj_m}$$

$$\leq q_1^{-kr_1 \Sigma j_h/r_h} .$$

Since

$$\sum_{h=1}^{m} j_h/r_h \geq (\tfrac{1}{2} - \varepsilon)m - \sum_{h=1}^{m} \nu_h/r_h \geq (\tfrac{1}{2} - 2\varepsilon)m$$

we deduce

$$|Q(\beta)| \leq C_4^{r_1+\dots+r_m} q_1^{-k(\frac{1}{2}-2\varepsilon)mr_1} .$$

On the other hand,

$$|Q(\beta)| \geq q_1^{-r_1} \dots q_m^{-r_m} \geq C_5^{-r_1-\dots-r_m} q_1^{-mr_1} .$$

If we choose $q_1, q_2, \dots$ rapidly increasing then $r_1, r_2, \dots$ are rapidly decreasing and we may ensure that $r_1 + \dots + r_m \leq 2r_1$. Hence, letting $q_1 \to \infty$ we find

$$m \geq k(\tfrac{1}{2} - 2\varepsilon)m$$

and

$$k(\tfrac{1}{2} - 2\varepsilon) \leq 1 .$$

Since ε is arbitrary, $k \leq 2$ and Roth's theorem follows.

The difficulty consists in showing that $\Sigma \nu_h/r_h$ is small without putting conditions of the sort " q_1 is not too large compared with q_m ". Now using an ingenious inductive method, Roth obtains

PROPOSITION 2.- Let $0 < \delta < 16^{-m}$, let $P \in \mathbb{Z}[x_1,\dots,x_m]$ of degree $\leq r_h$ in x_h and not identically 0, let

$$\delta r_h \geq r_{h+1} , \quad h = 1,\dots,m-1 \quad , \quad \delta r_m \geq 10$$

and let $\beta_h = p_h/q_h$ be such that

(i) $\delta r_1 \log q_1 \gg \log|P|$

(ii) $\delta \log q_h \gg m$, $r_h \log q_h \geq r_1 \log q_1$.

Then there is $\nu = (\nu_1,\dots,\nu_m)$ with

$$D^{\nu}P(\beta_1,\dots,\beta_m) \neq 0$$

and

$$\sum_{h=1}^{m} \nu_h/r_h \leq 10^m \delta^{2^{-m}} .$$

It is clear that, taking δ sufficiently small, Proposition 2 is sufficient to complete the proof of Roth's theorem along the lines mentioned before.

The proof of Proposition 2 is rather intricate, and because of lack of space and time, we cannot give an indication of the ideas involved in it.

III. Schmidt's Proof. The index. In the previous argument, instead of working with polynomials of degree $\leq r_h$ in x_h we could work with polynomials in pairs of variables x_h, y_h, $h = 1,\dots,m$ and homogeneous of degree r_h in the pair x_h, y_h. Instead of asking that a derivative $D^J P$ should vanish at a point $(\beta_1,\dots,\beta_m)$ we could introduce the linear forms

$$L_h = x_h - \beta_h y_h$$

and ask that P belong to the ideal in $R[x_1, y_1,\dots,x_m, y_m]$ generated by polynomials

$$L_1^{i_1} \dots L_m^{i_m}$$

with $i_h > j_h$ for $h = 1,\dots,m$. This remark leads Schmidt to the following definitions.

Let $R = R[x_{11},\dots,x_{1\ell};\dots;x_{m1},\dots,x_{m\ell}]$ be the ring of polynomials in $m\ell$ variables and let $L_1,\dots,L_m$ be linear forms (not 0) of the type

$$L_h = L_h(x_{h1},\dots,x_{h\ell}) .$$

For $c \geq 0$ let $I(c)$ be the ideal in R generated by all L^J where $J = (j_1,\dots,j_m)$ satisfies

$$\sum_{h=1}^{m} j_h/r_h \geq c ,$$

where $r_1,\dots,r_m$ are positive integers.

DEFINITION.- The index of P with respect to $(L_1,\ldots,L_m ; r_1,\ldots,r_m)$ is the largest c with $P \in I(c)$ and $c = +\infty$ if P is identically 0.

We have

$$\operatorname{ind}(P + Q) \geq \min(\operatorname{ind} P, \operatorname{ind} Q)$$

$$\operatorname{ind} PQ = \operatorname{ind} P + \operatorname{ind} Q .$$

If J is a ℓm-uple

$$J = (j_{11},\ldots,j_{1\ell} ; \ldots ; j_{m+1},\ldots,j_{m\ell})$$

one puts

$$(J/r) = \sum_{h=1}^{m} (j_{h1} + \cdots + j_{h\ell})/r_h$$

and

$$P^{(J)} = \frac{1}{J!} D^J P .$$

One gets easily

$$\operatorname{ind} P^{(J)} \geq \operatorname{ind} P - (J/r) .$$

The first step in Schmidt's proof is to obtain the analogue of Propositions 1 and 2. We have

PROPOSITION A.- Let $L_j = \alpha_{j1}X_1 + \cdots + \alpha_{j\ell}X_\ell$, $j = 1,\ldots,\ell$, be independent linear forms, with algebraic integers as coefficients. Let

$$L_{hj} = L_j(x_{h1},\ldots,x_{h\ell})$$

and let $\varepsilon > 0$.

For $m \geq m_o(\alpha, \varepsilon)$ there is a polynomial

$$P \in \mathbb{Z}[x_{11},\ldots,x_{m\ell}]$$

not identically 0 , homogeneous of degree r_h in $x_{h1},\ldots,x_{h\ell}$ such that

(i) $|P| \leq c_5^{r_1 + \cdots + r_m}$;

(ii) $\operatorname{ind} P \geq (\ell^{-1} - \varepsilon)m$,

with respect to $(L_{1j},\ldots, L_{mj} ; r_1,\ldots,r_m)$ for $j = 1,\ldots,\ell$. Moreover, if we write

$$\frac{1}{J!} D^J P = \Sigma d^J(j) L_{11}^{j_{11}} \dots L_{m\ell}^{j_{m\ell}}$$

we have

$$|d^J(j)| \le C_6^{r_1 + \dots + r_m}$$

for all J , j and $d^J(j) = 0$ unless for $k = 1,\dots,\ell$

(iii) $$\left| \sum_{h=1}^{m} j_{hk}/r_h - \ell^{-1} m \right| \le \ell m \varepsilon + \ell (J/r) .$$

The proof of Proposition A is rather similar to that of Proposition 1.

Proposition 2 can also be extended, and one gets

PROPOSITION B.- Let $0 < \delta < C_7^{-2^m}$, $0 < \tau \le 1$, let $P \in Z[x_{11},\dots,x_{m\ell}]$ be not identically 0 , homogeneous of degree r_h in $x_{h1},\dots,x_{h\ell}$, let

$$\delta r_h \ge r_{h+1} , \qquad h = 1,\dots,m-1$$

and let $M_h = m_{h1}x_{h1} + \dots + m_{h\ell}x_{h\ell}$

be non-zero linear forms whose coefficients are integral and have no common factor. Let also

$$|M_h| = \max_j |m_{hj}|$$

and assume

(i) $\delta \tau r_1 \log|M_1| \gg \log|P|$;

(ii) $\delta \tau \log|M_h| \gg m$, $r_h \log|M_h| \ge \tau r_1 \log|M_1|$ for $h = 1,\dots,m$.

Then the index of P with respect to $(M_1,\dots,M_m ; r_1,\dots,r_m)$ satisfies

$$\text{ind } P \le 10^m \delta^{2^{-m}} .$$

The ideas in the proof are the same as Roth's, but the technical difficulties are of course much greater.

The conclusion that may be drawn from Propositions A and B is, except in case $\ell = 2$ substantially weaker than Schmidt's theorems. In Roth's case, one takes

$$\ell = 2 \quad , \quad L_1 = X_1 - \alpha X_2 \quad , \quad L_2 = X_2$$

and in Schmidt's case one would take

$$L_j = X_j - \alpha_j X_\ell \quad , \quad j = 1,\ldots,\ell - 1 \quad , \quad L_\ell = X_\ell \ .$$

However, in order to conclude the proof, one eventually has to consider many other sets of linear forms.

IV. Schmidt's Proof. The theorem of the next to last minimum.

Let K be a symmetrical convex body in $\mathbb{R}^n$ centered at the origin and let $V(K)$ be its volume. For $\lambda > 0$ let λK be the corresponding homothetic convex body. The successive minima $\lambda_1,\ldots,\lambda_n$ are defined as follows :

$$\lambda_i = \inf\{\lambda \mid \lambda K \text{ contains } i \text{ linearly independent points of } \mathbb{Z}^n\} .$$

A basic theorem of Minkowski states

SECOND THEOREM OF MINKOWSKI.- We have

$$\frac{2^n}{n!} \le \lambda_1 \ldots \lambda_n V(K) \le 2^n .$$

We need another definition. Let

$$M_i = \beta_{i1}X_1 + \ldots + \beta_{i\ell}X_\ell$$

be independent linear forms with algebraic coefficients. Let S be a subset of $\{1,2,\ldots,\ell\}$.

DEFINITION.- $\{M_1,\ldots,M_\ell ; S\}$ is regular if

(i) for $j \in S$ the non-zero elements among $\beta_{j1},\ldots,\beta_{j\ell}$ are linearly independent over $\mathbb{Q}$;

(ii) for every $k \le \ell$ there is $j \in S$ with $\beta_{jk} \ne 0$.

Now let $L_1,\ldots,L_\ell$ be again linear forms with algebraic coefficients and let $S \subset \{1,2,\ldots,\ell\}$.

DEFINITION.- $\{L_1,\dots,L_\ell ; S\}$ is proper if $\{M_1,\dots,M_\ell ; S\}$ is regular, where the M_i are the adjoint forms of L_j .

Now Schmidt proves

THEOREM of the next to last minimum.- Let $\{L_1,\dots,L_\ell ; S\}$ be proper and let $A_1,\dots,A_\ell$ be positive reals such that

$$A_1 \dots A_\ell = 1 \quad , \qquad A_j \geq 1 \quad \text{if} \quad j \in S .$$

The set in R^ℓ

$$|L_j(x)| \leq A_j \quad , \qquad\qquad j = 1,\dots,\ell$$

is a symmetric convex body centered at 0 ; let $\lambda_1,\dots,\lambda_\ell$ denote its successive minima.

For every $\delta > 0$ there is

$$Q_o = Q_o(\delta ; L_1,\dots,L_\ell ; S)$$

such that

$$\lambda_{\ell-1} > Q^{-\delta}$$

provided

$$Q \geq \max(A_1,\dots,A_\ell ; Q_o) .$$

This is a consequence of Propositions A and B. The proof of the theorem is obtained through various reduction steps.

a) It is sufficient to prove the result when $A_j = Q^{c_j}$ and $c_1,\dots,c_\ell$ are fixed constants such that

$$c_1 + \dots + c_\ell = 0 \quad , \qquad |c_j| \leq 1 \quad \text{for all} \quad j \quad , \qquad c_j \geq 0 \quad \text{for} \quad j \in S .$$

This is easy, because one can show that if one modifies slightly the A_j (say by a factor Q^{b_j} , with $|b_j| < \delta/2$) then the minimum $\lambda_{\ell-1}$ is modified by a factor of that order of magnitude. Thus one may suppose that $A_j = Q^{c_j}$ where the c_j belong to a finite set depending only on δ .

b) We may suppose that the coefficients α_{ij} are algebraic integers. In fact if q is a common denominator for the α_{ij}, the successive minima of $|qL_j| \leq A_j$ are q^{-1} times the successive minima of $|L_j| \leq A_j$.

Now assume the theorem is false. There is $b > 0$ and an increasing sequence $Q_1, Q_2, \ldots$ going to infinity and ℓ-uples $y_{h1},\ldots,y_{h\ell}$ of linearly independent points of $\mathbb{Z}^\ell$ such that

$$|L_j(y_{hk})| \leq Q_h^{c_j - b}$$

for $j = 1,\ldots,\ell$, $k = 1,\ldots,\ell$ and $h = 1, 2, \ldots$.

We let M_h, $h = 1, 2, \ldots$ be the (unique up to sign) linear form with integer coefficients without common factor, such that

$$M_h(y_{hk}) = 0 \qquad \text{for } k = 1,\ldots,\ell .$$

Let us assume that Q_1 is large, take (as in Roth's proof)

$$r_h = \left[r_1 \frac{\log Q_1}{\log Q_h} \right] + 1$$

where r_1 is very large and let P be the polynomial of Proposition A. Then, using property (ii) of P (the lower bound for the index) Schmidt shows that P has index

$$\text{ind } P \geq C_8 \, b \, m$$

with respect to $(M_1,\ldots,M_m ; r_1,\ldots,r_m)$, for some constant

$$C_8 = C_8(\ell) > 0 .$$

The proof goes as follows.

Let

$$y_h = \sum_{k=1}^{\ell} a_k \, y_{hk}$$

be a linear combination of $y_{h1},\ldots,y_{h\ell}$ with integral coefficients a_k, with $|a_k| \leq Q_1^{\varepsilon}$. If we use Proposition A and $|L_j(y_{hk})| \leq Q_h^{c_j - b}$ we get

$$\frac{1}{J!}|P^J(y_1,\dots,y_m)| \le (C_9Q_1^\varepsilon)^{r_1+\dots+r_m} \max \prod_{h=1}^{m} Q_h^{j_{h1}(c_1-b)+\dots+j_{h\ell}(c_\ell-b)}$$

and, by (ii) and (iii) the max is over the j's such that (iii) holds. By the choice of r_h the product is

$$\le C_{10}^{mr_1} Q_1^{-b\ell(\ell^{-1}-\ell\varepsilon)mr_1 + b\ell(J/r)r_1 + Kr_1}$$

where

$$K = c_1 \sum_{h=1}^{m} j_{h1}/r_h + \dots + c_\ell \sum_{h=1}^{m} j_{h\ell}/r_h .$$

Now using (iii) and $c_1 + \dots + c_\ell = 0$, $|c_i| \le 1$ we find

$$K \le C_{11}\, m\, \varepsilon + \ell^2(J/r)$$

therefore

$$\frac{1}{J!}|P^J(y_1,\dots,y_m)| \le (C_{12}Q_1^\varepsilon)^{mr_1} Q_1^{-bmr_1 + C_{13}[\varepsilon m + (J/r)]r_1} < 1$$

if $(J/r) < C_{14}bm$, Q_1 is large enough, for ε sufficiently small.

Now the left hand side of this inequality is an integer, therefore

$$P^J(y_1,\dots,y_m) = 0$$

for

$$y_h = \sum_{k=1}^{\ell} a_k y_{hk} , \qquad |a_k| < Q_1^\varepsilon ,$$

a_k integral, and all J with

$$(J/r) < C_{14}bm .$$

It is not difficult to show that this implies that the restriction of $P^J(x_{11},\dots,x_{m\ell})$ to the linear space $M_1(x_{11},\dots,x_{1\ell}) = 0,\dots, M_m(x_{m1},\dots,x_{m\ell}) = 0$ vanishes identically, since it vanishes on sufficiently many well-distributed integral points of this linear space ; the required statement about the index of P with respect to $M_1,\dots,M_m$ follows easily.

Now one would like to apply Proposition B and show that if the r_h are rapidly decreasing then for every $\varepsilon > 0$

$$\text{ind } P \leq \varepsilon m$$

with respect to $(M_1, \ldots, M_m ; r_1, \ldots, r_m)$ thus getting a contradiction. In order to be able to do this one needs first that the r_h be rapidly decreasing, which means the Q_h rapidly increasing and this can be done by taking a subsequence of the Q_h. But one also needs inequalities for the r_h and the $\log|M_h|$ and one should show that

$$\log Q_h \ll \log|M_h| \ll \log Q_h .$$

It turns out without much difficulty that this follows from the condition that $\{L_1, \ldots, L_\ell ; S\}$ be a proper system, and this ends the argument.

V. Schmidt's Theorem. End of the Proof.

Let $L_j = \alpha_{j1}X_1 + \ldots + \alpha_{j\ell}X_\ell$ be linear forms of determinent 1 and let E be the corresponding automorphism of $\mathbb{R}^\ell$. For $1 \leq p \leq \ell$ the exterior power $\Lambda^p E$ defines an automorphism of

$$\Lambda^p \mathbb{R}^\ell \simeq \mathbb{R}^{\binom{\ell}{p}} .$$

Expressing $\Lambda^p \mathbb{R}^\ell$ by means of a standard basis of $\mathbb{R}^\ell$ one obtains a set of $\binom{\ell}{p}$ linear forms $L_\sigma^{(p)}$ indexed by ordered p-subsets σ of $\{1, \ldots, \ell\}$; explicitly

$$L_\sigma^{(p)} = \sum_\tau \alpha_{\sigma\tau} X_\tau$$

where

$$\alpha_{\sigma\tau} = \det(\alpha_{ij})_{i \in \sigma,\, j \in \tau} .$$

Let $A_1, \ldots, A_\ell$ be positive numbers with

$$A_1 \ldots A_\ell = 1 ,$$

let also

$$A_\sigma = \prod_{i \in \sigma} A_i$$

and consider the convex set $K^{(p)}$:

$$|L_\sigma^{(p)}(x)| \le A_\sigma , \qquad \mathrm{Card}(\sigma) = p .$$

This is called the p-compound of the set $K^{(1)}$:

$$|L_j(x)| \le A_j , \qquad j = 1,\dots,\ell .$$

Let $\nu_1,\dots,\nu_{\binom{n}{p}}$ be the successive minima of $K^{(p)}$ and $\lambda_1,\dots,\lambda_\ell$ those of $K^{(1)}$. Put also

$$\lambda_\sigma = \prod_{i\in\sigma} \lambda_i .$$

MAHLER'S THEOREM.- There is an ordering σ_j of the σ such that

$$\nu_j \ll \lambda_{\sigma_j} \ll \nu_j , \qquad \text{all } j .$$

For Mahler's proof, see Mahler [2].

Now Schmidt's idea is to apply the previous theorem to get a non-trivial lower bound for $\nu_{\binom{\ell}{p}-1}$ and then use Mahler's theorem to deduce a non-trivial lower bound for the first minimum λ_1.

One needs a lemma.

Lemma 1.- Let L_j, λ_i be as in the theorem of the previous section. Then if $A_1 \dots A_\ell = 1$ and

$$\lambda_1 A_i > Q^{-\delta/2\ell} , \qquad i \in S$$

we have

$$\lambda_{\ell-1} > \lambda_\ell Q^{-\delta}$$

provided $Q \ge \max(A_1,\dots,A_\ell ; Q_1)$.

(Note that the condition $A_i \ge 1$ for $i \in S$ is not needed.)

The proof goes as follows. Put

$$\rho_0 = (\lambda_1 \cdots \lambda_{\ell-2}\lambda_{\ell-1}^2)^{1/\ell} ,$$

$$\rho_i = \rho_0/\lambda_i \quad , \quad i = 1,\ldots,\ell - 1 \quad , \quad \rho_\ell = \rho_{\ell-1} .$$

By a general result of Davenport there is a permutation $\{p_j\}$ of $\{1,\ldots,\ell\}$ such that the successive minima λ'_j of

$$|L_i(x)| \le \rho_{p_i}^{-1} A_i = A'_i$$

satisfy

$$\rho_j\lambda_j \ll \lambda'_j \ll \rho_j\lambda_j ;$$

note that $\rho_j\lambda_j = \rho_0$ for $j = 1,\ldots,\ell - 1$, and

$$\rho_1 \cdots \rho_\ell = 1 .$$

If $A'_i \le 1$ for some $i \in S$ then since

$$A'_i = A_i\rho_{p_i}^{-1} \ge A_i\rho_1^{-1} = \lambda_1 A_i \rho_0^{-1} \ge Q^{-\delta/2\ell}\rho_0^{-1}$$

we have

$$\rho_0 \ge Q^{-\delta/2\ell}$$

therefore

$$\lambda_\ell\lambda_{\ell-1}^2 \cdots \lambda_1 \gg \lambda_\ell Q^{-\delta/2} .$$

By Minkowski's theorem, $\lambda_1 \cdots \lambda_\ell \ll 1$ and we deduce

$$\lambda_{\ell-1} \gg \lambda_\ell Q^{-\delta/2} .$$

Now suppose $A'_i > 1$ for every $i \in S$. Then we may apply the theorem of the next to last minimum and find

$$\lambda'_{\ell-1} \ge Q^{-\delta C}$$

provided

$$Q^C \ge \max(A'_1,\ldots,A'_\ell ; Q_2) .$$

By Davenport's lemma one has $\lambda'_{\ell-1} \ll \rho_0$ therefore $\rho_0 \gg Q^{-\delta C}$ and as before we get

$$\lambda_{\ell-1} \gg \lambda_\ell Q^{-\ell C\delta}$$

hence the result (taking a smaller δ if necessary). It remains to show that if $Q \geq \max(A_1,\ldots,A_\ell\,;\,Q_1)$ then for some C we have $Q^C \geq \max(A'_1,\ldots,A'_\ell\,;\,Q_2)$. This is easy :

$$\max A'_i \leq \rho_{\ell-1}^{-1} \max A_i = \lambda_{\ell-1}\rho_o^{-1} \max A_i$$

$$\leq \lambda_{\ell-1}\lambda_1^{-1} \max A_i \ll \lambda_i^{-\ell} \max A_i$$

(since $\lambda_1^{\ell-1}\lambda_{\ell-1} \leq \lambda_1\ldots\lambda_\ell \ll 1$)

$$\ll (\lambda_1 \max A_i)^{-\ell} (\max A_i)^{\ell+1}$$

$$\ll Q^{\delta/2+\ell+1} ,$$

whence the result with $C = 2\ell$.

The proof of Schmidt's theorem now ends as follows. Firstly one proves

<u>Lemma</u> 2.- Let $1, \alpha_1,\ldots,\alpha_{\ell-1}$ be real algebraic linearly independent over $\mathbb{Q}$. Write

$$L_j(X) = X_j - \alpha_j X_\ell , \qquad j \leq \ell-1 ,$$

$$L_\ell(X) = X_\ell$$

and for $1 \leq p \leq \ell-1$ let $S^{(p)}$ be the set of ordered p-uples $\sigma \subset \{1,\ldots,\ell\}$ with $\ell \in \sigma$.

Then the forms $L_\sigma^{(p)}$ together with $S^{(p)}$ form a proper system.

Now let $A_1\ldots A_\ell = 1$, $A_\ell > 1$, $0 < A_i < 1$, $i = 1,\ldots,\ell-1$ and let $\lambda_1,\ldots,\lambda_\ell$ be the successive minima of $|L_j(x)| \leq A_j$. One now proves that

(5.1) $\qquad \lambda_1 \geq Q^{-\delta}$

for $\qquad Q \geq \max(A_\ell\,,\,Q_3)$

and some $\qquad Q_3 = Q_3(\alpha\,,\,\delta)$.

The theorem of the next to last minimum gives the result for $\lambda_{\ell-1}$ and so our statement is true if $\ell = 2$. Now suppose $\ell > 2$. We shall show that

$$(5.2) \qquad \lambda_{\ell-p} > \lambda_{\ell-p+1} Q^{-\delta}$$

for $p = 1, 2, \ldots, \ell - 1$, $Q \geq \max(A_\ell, Q_4)$ and the result will follow.

Let $\sigma = \{1, \ldots, p-1, \ell\}$. We shall prove that

$$\lambda_1 A_\sigma^{1/p} > Q^{-\delta} .$$

In fact, let $B_i = A_i / A_\sigma^{1/p}$, $i \in \sigma$. Since $A_1 \ldots A_\ell = 1$ we have $A_\sigma \geq 1$ and

$$A_\ell \geq B_\ell > 1 , \quad B_i < 1 \text{ for } i = 1, \ldots, p-1 , \quad B_1 \ldots B_{p-1} B_\ell = 1 .$$

By definition of λ_1 there is a non-zero integral point $x^o \in \mathbf{Z}^\ell$ with

$$|L_i(x^o)| \leq \lambda_1 A_i , \qquad i = 1, \ldots, \ell$$

and by Minkowski's theorem $\lambda_1 \leq 1$. Hence $\lambda_1 A_i < 1$, $i = 1, \ldots, \ell - 1$, and thus the last coordinate x_ℓ^o of x^o is not 0. Hence the vector $y^o = (x_1^o, \ldots, x_{p-1}^o, x_\ell^o)$ is not 0 and regarding L_i, $i \in \{1, \ldots, p-1, \ell\}$ as forms in p variables we get

$$|L_i(y^o)| \leq \lambda_1 A_i = \lambda_1 A_\sigma^{1/p} B_i .$$

Hence the first minimum μ_1 of

$$|L_i(y)| \leq B_i , \qquad i \in \{1, \ldots, p-1, \ell\}$$

satisfies

$$\mu_1 \leq \lambda_1 A_\sigma^{1/p} .$$

Since $B_1 \ldots B_{p-1} B_\ell = 1$, $B_\ell > 1$, $B_i < 1$ for $i = 1, \ldots, p-1$, and since $p \leq \ell - 1$ we may use induction and apply (5.1). We get

$$\mu_1 > Q^{-\delta}$$

provided $Q \geq \max(B_\ell, Q_5)$; since $B_\ell \leq A_\ell$, it suffices $Q \geq \max(A_\ell, Q_5)$. Clearly the argument applies to every $\sigma \in S^{(p)}$, hence

$$\lambda_1 A_\sigma^{1/p} > Q^{-\delta}$$

for all $\sigma \in S^{(p)}$. By Mahler's theorem the first minimum ν_1 of the p-compound $L_\sigma^{(p)}$ of the linear forms L_j satisfies

$$\nu_1 \gg \lambda_1\lambda_2 \cdots \lambda_p \geq \lambda_1^p ,$$

therefore

$$\nu_1 A_\sigma \gg Q^{-p\delta} \qquad \text{for } \sigma \in S^{(p)} .$$

Hence taking a smaller δ if necessary, we may apply Lemma 1 and Lemma 2 and get

$$(5.3) \qquad \nu_{\binom{\ell}{p}-1} > \nu_{\binom{\ell}{p}} Q^{-\delta}$$

provided

$$Q \geq \max(A_\sigma, Q_6) \qquad \text{where Card } \sigma = p .$$

Since $A_\sigma \leq A_\ell$, it suffices $Q \geq \max(A_\ell, Q_6)$. By Mahler's theorem again, we have

$$\nu_{\binom{\ell}{p}} \gg \lambda_{\ell-p+1}\lambda_{\ell-p+2} \cdots \lambda_\ell$$

$$\nu_{\binom{\ell}{p}-1} \ll \lambda_{\ell-p}\, \lambda_{\ell-p+2} \cdots \lambda_\ell$$

and by (5.3) we deduce (5.2). Clearly (5.2) implies $\lambda_1 > \lambda_\ell Q^{-\ell\delta}$ and since $\lambda_1 \cdots \lambda_\ell \gg 1$ by Minkowski's theorem, we have also $\lambda_\ell \gg 1$ and (5.1) follows, by taking a smaller δ if necessary.

Schmidt's Theorem 1 is almost immediate from (5.1). In fact, by definition of first minimum, (5.1) implies that the inequalities

$$(5.4) \qquad |x_1 - \alpha_1 x_\ell| \leq Q^{-\delta}A_1 , \ldots, |x_{\ell-1} - \alpha_{\ell-1}x_\ell| \leq Q^{-\delta}A_{\ell-1} , |x_\ell| \leq Q^{-\delta}A_\ell$$

are insoluble if $A_1 < 1 , \ldots, A_{\ell-1} < 1$, $A_\ell > 1$ and $A_1 \ldots A_\ell = 1$, for

$$Q \geq \max(A_\ell, Q_3) ,$$

unless all the x_i are 0. By Liouville's theorem, there is C such that

$$|x_i - \alpha_i x_\ell| > |x_\ell|^{-C}$$

if x_ℓ is large enough ; now take

$$A_i = |x_i - \alpha_i x_\ell| Q^\delta ,$$

$$A_\ell = (A_1 \ldots A_{\ell-1})^{-1}$$

so that

$$A_\ell < |x_\ell|^{C\ell} Q^{\ell\delta} .$$

If $Q > \max(|x_\ell|^{C\ell} Q^{\ell\delta}, Q_3)$ and if

$$A_i = |x_i - \alpha_i x_\ell| Q^\delta < 1$$

we deduce that we must have (the inequalities (5.4) are insoluble)

$$|x_\ell| > Q^{-\delta} A_\ell ,$$

hence

$$|x_1 - \alpha_1 x_\ell| \ldots |x_{\ell-1} - \alpha_{\ell-1} x_\ell| |x_\ell| > Q^{-\ell\delta} .$$

Since the only restriction on Q is

$$Q \gg |x_\ell|^C$$

for some C, we deduce that the inequalities

$$\begin{cases} \|q\alpha_1\| \ldots \|q\alpha_{\ell-1}\| q^{1+\ell\varepsilon} < 1 \\ \|q\alpha_i\| < q^{-\varepsilon} , \qquad i = 1,\ldots,\ell-1 \end{cases}$$

have only a finite number of solutions.

Clearly the conditions $\|q\alpha_i\| < q^{-\varepsilon}$ are not restrictive, because if say $\|q\alpha_{\ell-1}\| \geq q^{-\varepsilon}$ it is sufficient to show that

$$\|q\alpha_1\| \ldots \|q\alpha_{\ell-2}\| q^{1+(\ell-1)\varepsilon} < 1$$

has only a finite number of solutions, and Schmidt's theorem follows by an obvious inductive argument.

The proof of Schmidt's second theorem is essentially identical and therefore will be omitted.

REFERENCES

[1] J. W. S. CASSELS - An Introduction to Diophantine Approximation, Cambridge Univ. Press, 1957.

[2] K. MAHLER - On Compound Convex Bodies I., Proc. London Math. Soc., (3) 5 (1955), 358-379.

[3] E. WIRSING - On Approximations of Algebraic Numbers by Algebraic Numbers of Bounded Degree, Proc. Symposia Pure Math., XX (1969), 213-247.

Schmidt's proof appears in three papers

W. M. SCHMIDT - Zür simultanen Approximation algebraischer Zahlen durch rationale, Acta Math., 114 (1965), 159-209.

\- On simultaneous approximations of two algebraic numbers by rationals, Acta Math., 119 (1967), 27-50.

\- Simultaneous approximation to algebraic numbers by rationals, Acta Math., 125 (1970), 189-201.

Séminaire BOURBAKI
24e année, 1971/72, n° 401

SUR LES GROUPES DE TRESSES

[d'après V. I. ARNOL'D]

par Egbert BRIESKORN

I. Introduction.

Les tresses sont des objets que l'on peut décrire par des figures comme la suivante :

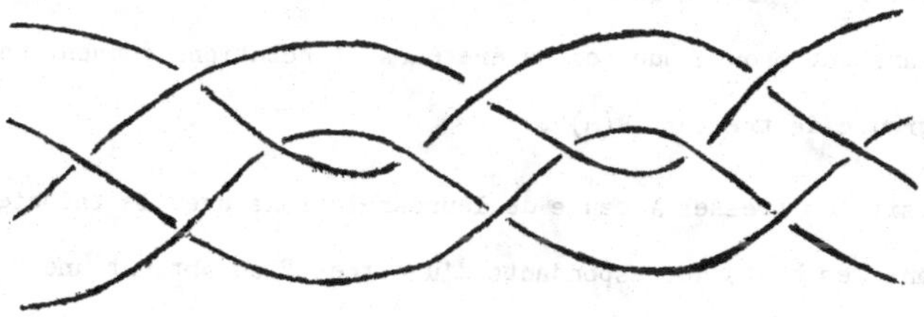

Les tresses ont été connues bien longtemps avant qu'elles n'aient été introduites comme objets mathématiques par E. Artin [7] en 1925.

Les tresses à n brins se composent de manière évidente et forment un groupe appelé le groupe de tresses $B(n)$. On a un homomorphisme surjectif évident de $B(n)$ sur le groupe symétrique $S(n)$ et son noyau est le groupe des tresses colorées.

On a de façon évidente un système de générateurs $g_1, \dots, g_{n-1}$ de $B(n)$ où g_i croise le i-ème et $(i+1)$-ème brins comme le montre la figure suivante :

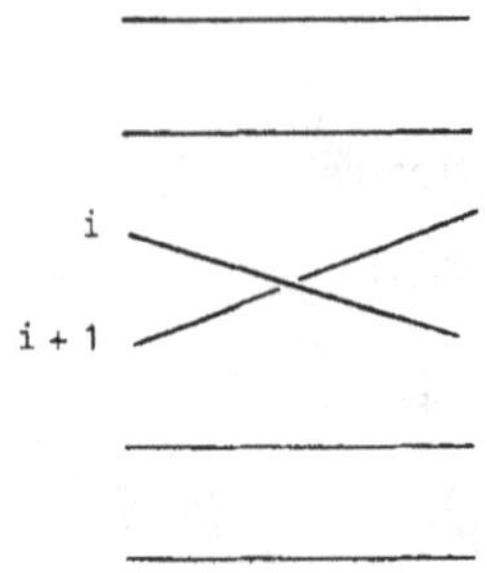

On a évidemment les relations suivantes :

$$g_i g_j = g_j g_i \qquad \text{si} \quad |i-j| > 1$$

$$g_i g_{i+1} g_i = g_{i+1} g_i g_{i+1} \qquad \text{si} \quad i = 1,\dots,n-2 .$$

Plusieurs auteurs ont prouvé que ces générateurs et relations donnent une présentation du groupe de tresses $B(n)$.

Artin introduisit les tresses à cause de leurs relations avec la théorie des noeuds. En joignant les bouts correspondants d'une tresse on obtient une "tresse fermée" et à celle-ci est associé un noeud ou un link. Par exemple la tresse suivante :

donne le noeud de trèfle :

Tout link peut être obtenu de cette façon, mais des tresses fermées différentes peuvent donner le même link. Résoudre le problème des mots pour le groupe de tresses signifie décider si deux tresses données comme produits de générateurs et de leurs inverses sont égales. Résoudre le problème de la conjugaison signifie décider si deux tresses donnent la même tresse fermée. Le problème des mots a été résolu par E. Artin [7], [8], et le problème de la conjugaison, qui était difficile, a été résolu par F. A. Garside [15] en 1969. Garside donna également une autre solution pour le problème des mots.

Ainsi l'étude des groupes de tresses est une jolie combinaison de la théorie des groupes et de la topologie. Plus récemment, on a trouvé qu'il y avait des relations très intéressantes avec la géométrie algébrique et avec la théorie des groupes finis engendrés par des réflexions. Le sujet de cette conférence est de faire un rapport sur ces développements plus récents et en particulier sur le travail de V. I. Arnol'd.

2. Groupes de tresses généralisés.

Les résultats d'Arnol'd sur les groupes de tresses peuvent être mieux compris en les généralisant à une classe de groupes un peu plus large.

On peut considérer une tresse à n brins comme étant une fonction f définie sur l'intervalle $[0,1]$ qui à tout $t \in [0,1]$ fait correspondre n points distincts dans le plan complexe $\mathbf{C}$ et telle que $f(0) = f(1) = \{1,2,\ldots,n\}$. Ceci définit un isomorphisme :

$$B(n) = \pi_1(\mathbf{C}^n/S(n) - D)$$

où le groupe symétrique opère sur $\mathbf{C}^n$ par la permutation des coordonnées, D est l'image dans $\mathbf{C}^n/S(n)$ des hyperplans où deux coordonnées sont égales et le point de base $\{1,2,\dots,n\}$ a été omis.

Cette situation peut être généralisée de la façon suivante : soit W un groupe fini irréductible engendré par des réflexions opérant sur un espace vectoriel réel de dimension n . Alors W opère aussi sur le complexifié V de cet espace vectoriel. Le quotient V/W est une variété affine isomorphe à l'espace affine complexe de dimension n (cf. [10] V, 5.3).

Soient s_i , $i \in I$, les réflexions dans W et soit V_i l'hyperplan complexe de V correspondant à la réflexion s_i . Soit $\Delta = \bigcup_{i \in I} V_i$ l'union de ces hyperplans et soit D l'image de Δ dans V/W . Les hypersurfaces Δ et D sont exactement le lieu de ramification et le discriminant du revêtement ramifié $V \to V/W$ (cf. [10] V, 5.4). Donc avec les complémentaires :

$$Y_W = V - \Delta$$

$$X_W = V/W - D$$

on obtient un revêtement non ramifié :

$$Y_W \to X_W$$

où W est le groupe de transformation du revêtement. Généralisant la définition des groupes de tresses et des groupes des tresses colorées, on peut définir les groupes suivants :

$$G_W = \pi_1 (X_W)$$

$$H_W = \pi_1 (Y_W) \ .$$

Si W est le groupe symétrique, alors G_W est le groupe de tresses et H_W est le groupe des tresses colorées. Le revêtement $Y_W \to X_W$ donne la suite exacte :

$$1 \to H_W \to G_W \to W \to 1 \ .$$

Afin de pouvoir décrire G_W à l'aide de générateurs et relations, on a besoin de la matrice de Coxeter (m_{ij}) de W, où m_{ij} = ordre $(s_i s_j)$ et où $s_1,\dots,s_n$ sont les réflexions correspondant aux murs d'une chambre de W. Dans [11] on a prouvé :

PROPOSITION 1.- Le groupe G_W a une présentation avec les générateurs $g_1,\dots,g_n$ et les relations :

$$g_i g_j g_i \dots = g_j g_i g_j \dots$$

où le nombre de facteurs de chaque côté est égal à m_{ij}.

Ces relations sont une généralisation évidente de celles des groupes de tresses et on peut penser que les résultats de Garside sur le problème du mot et le problème de la conjugaison peuvent se généraliser à ces groupes. Par exemple, Garside établit que c'est bien le cas si W est le groupe de symétrie H_3 de l'icosaèdre. Ces groupes ont été considérés aussi par N. Iwahori [16]. Cependant, nous allons laisser ces problèmes de côté pour considérer la cohomologie des groupes G_W et H_W. On espère pouvoir calculer la cohomologie de ces groupes à cause de la conjecture suivante :

CONJECTURE.- Les espace X_W et Y_W sont des espaces d'Eilenberg-MacLane.

Malheureusement je n'ai pu prouver cette conjecture que pour quelques types de groupes de réflexions W. (Dans ce qui suit la notation des différents types est celle de [10]. Pour le type A_n, la conjecture fut prouvée par Fox et Neuwirth [13].)

PROPOSITION 2.- Si W est du type A_n, C_n, D_n, G_2, F_4 ou $I_2(p)$, les espaces X_W et Y_W sont des espaces d'Eilenberg-MacLane.

Remarque.- Donc seuls les cas H_3 , H_4 , E_6 , E_7 , E_8 restent à considérer.

Preuve. On montre que Y_W est un fibré localement trivial sur un espace de base qui est un $K(\pi, 1)$ et avec pour fibre une courbe affine complexe. La suite exacte d'homotopie de cette fibration conduit au résultat désiré. Les fibrations sont obtenues de la façon suivante :

Type A_n : Dans ce cas $Y_W \times \mathbf{C} = Z_{n+1}$, où

$$Z_{n+1} = \{ (z_1, \dots, z_{n+1}) \in \mathbf{C}^{n+1} \mid z_i \neq z_j \text{ pour tout } i \neq j \} .$$

La projection $(z_1, \dots, z_{n+1}) \mapsto (z_1, \dots, z_n)$ définit une fibration différentiable localement triviale $Z_{n+1} \to Z_n$ dont la fibre au-dessus de $(z_1, \dots, z_n)$ est $\mathbf{C} - \{z_1, \dots, z_n\}$. Le résultat s'établit alors par récurrence sur n .

Types C_n , G_2 et $I_2(p)$: La même méthode de projection marche.

Type D_n : Dans ce cas $Y_W = \{ (y_1, \dots, y_n) \in \mathbf{C}^n \mid y_i \pm y_j \neq 0 \text{ pour tout } i \neq j \}$.

Soit Z l'espace : $Z = \{ (z_1, \dots, z_{n-1}) \in \mathbf{C}^{n-1} \mid z_i \neq 0 \text{ et } z_i \neq z_j \text{ pour tout } i \neq j \}$. En utilisant encore la méthode de la projection, on montre facilement par récurrence sur n que Z est un $K(\pi, 1)$. On définit $Y_W \to Z$ par $z_i = y_n^2 - y_i^2$. Ceci est alors une fibration différentiable localement triviale.

Type F_4 : Dans ce cas :

$$Y_W = \{ (y_1, \dots, y_4) \in \mathbf{C}^4 \mid y_i \neq 0 \text{ , } y_i \pm y_j \neq 0 \text{ pour tout } i \neq j \text{ , } y_1 \pm y_2 \pm y_3 \pm y_4 \neq 0 \}$$

$$Z = \{ (z_1, z_2, z_3) \in \mathbf{C}^3 \mid z_i \neq 0 \text{ , } z_i \neq z_j \text{ pour tout } i \neq j \} .$$

L'application $Y_W \to Z$ définie par $z_i = y_1 y_2 y_3 y_4 (y_4^2 - y_i^2)$ donne une fibration différentiable localement triviale.

3. Cohomologie des groupes des tresses colorées généralisés.

Afin de calculer la cohomologie des groupes de tresses colorées généralisés nous avons besoin de deux lemmes. Ceux-ci concerneront une famille finie quelconque d'hyperplans affines complexes V_i , $i \in I$, dans un espace affine complexe V . Pour calculer le p-ième groupe de cohomologie, $0 \leq p \leq n$, on considère les sous-ensembles maximaux $I_{p,1},\dots,I_{p,k_p}$ de I pour lesquels on ait la propriété :

$$\operatorname{codim} \bigcap_{i \in I_{p,k}} V_i = p .$$

Lemme 3.- Pour les complémentaires d'union d'hyperplans $Y = V - \bigcup_{i \in I} V_i$ et $Y_{p,k} = V - \bigcup_{i \in I_{p,k}} V_i$ les inclusions $i_k : Y \to Y_{p,k}$ induisent un isomorphisme :

$$H^p(Y , \mathbb{Z}) = \bigoplus_{k=1}^{k_p} H^p(Y_{p,k} , \mathbb{Z}) .$$

Preuve. (a) En introduisant des ouverts convenables $U_{p,k}$ de Y tels que pour les inclusions $j_k : U_{p,k} \to Y$ les applications induites $j_\ell^* i_k^*$ en cohomologie soient des isomorphismes pour $\ell = k$ et 0 pour $\ell \neq k$, on voit que les inclusions induisent une injection de la somme directe dans $H^p(Y , \mathbb{Z})$.

(b) La surjectivité de cette application est d'abord prouvée pour $p = n$ en décomposant V à l'aide d'un nombre fini d'hyperplans réels parallèles tels que chaque bande entre les hyperplans ne contienne au plus qu'un point $\bigcap_{i \in I_{n,k}} V_i$. La surjection résulte alors d'une utilisation répétée de suites de Mayer-Vietoris.

(c) La preuve de la surjectivité pour un p général se ramène au cas précédent en utilisant un argument du type de Lefschetz. Soit L un sous-espace affine de dimension p suffisamment général. On a un diagramme commutatif d'applications induites par les inclusions :

$$\begin{array}{ccc} \bigoplus_k H^p(Y_{p,k}) & \xrightarrow{h} & H^p(Y) \\ \downarrow f & & \downarrow i \\ \bigoplus_k H^p(Y_{p,k} \cap L) & \xrightarrow{g} & H^p(Y \cap L) \end{array}$$

f est un isomorphisme pour des raisons géométriques évidentes, g est un isomorphisme d'après (b), et i est injectif d'après un théorème du type de Lefschetz [17] , donc h est surjectif. C. Q. F. D.

COROLLAIRE 4.- Pour toute famille finie d'hyperplans affines complexes V_i , $i \in I$, dans un espace affine V , $H^*(V - \bigcup_{i \in I} V_i , \mathbf{Z})$ est un groupe abélien libre de type fini.

Preuve. Ceci résulte du lemme 3 par récurrence sur la dimension, car il est facile de voir que $Y_{p,k} = \mathbf{C}^{n-p} \times \mathbf{C}^* \times \tilde{Y}_{p-1\ ,\ k}$, où $\tilde{Y}_{p-1\ ,\ k}$ est un complémentaire d'une union d'hyperplans dans un espace affine de dimension $p - 1$.

Lemme 5.- Soient V_j , $j \in I$, une famille finie d'hyperplans affines complexes dans V donnés par les formes linéaires ℓ_j . Alors les classes de cohomologie associées aux formes différentielles holomorphes $w_j = \frac{1}{2\pi i} \frac{d\ell_j}{\ell_j}$ engendrent l'anneau de cohomologie entière $H^*(V - \bigcup_{j \in I} V_j , \mathbf{Z})$. De plus cet anneau est isomorphe à la $\mathbf{Z}$-sous-algèbre engendrée par les w_j dans l'algèbre des formes méromorphes sur V .

Preuve. Dans le cas de la dimension 1 , le lemme est une conséquence triviale du théorème des résidus. Dans le cas général il résulte du lemme 3 par récurrence sur la dimension comme dans le corollaire précédent. Ceci est clair pour la première assertion. Pour la seconde à l'aide du lemme 3 on se ramène au cas où tous les V_j passent par un point. Mais alors les caractéristiques d'Euler-Poincaré de l'anneau gradué de cohomologie et de l'anneau des formes sont toutes les deux égales à 0 . Donc le résultat en résulte par induction sur le degré des formes.

THÉORÈME 6.- Soit W un groupe de réflexions opérant sur l'espace affine complexe de dimension n , et soit Y_W le complémentaire dans V de l'union des hyperplans complexes associés aux réflexions. Alors l'anneau de cohomologie de Y_W a les propriétés suivantes :

(i) $H^p(Y_W, \mathbb{Z})$ est abélien libre. Son rang est égal au nombre d'éléments $w \in W$ de longueur $\ell(w) = p$, où ℓ est la longueur relativement au système des générateurs constitué de toutes les réflexions de W .

(ii) Le polynôme de Poincaré de $H^*(Y_W, \mathbb{Z})$ est

$$\prod_{i=1}^{n} (1 + m_i t)$$

où les m_i sont les exposants de W .

(iii) La structure multiplicative de $H^*(Y_W, \mathbb{Z})$ est celle de l'algèbre engendrée par les 1-formes décrites dans le lemme 5.

Preuve. (i) L'inexistence de torsion a été déjà donnée dans le corollaire 4. L'assertion concernant les nombres de Betti b_p est prouvée par récurrence sur n . Supposons que l'assertion soit vraie pour les groupes de réflexions opérant sur les espaces de dimension inférieure à n . Les éléments de longueur p sont ceux qui fixent un sous-espace de codimension p . Ceux qui fixent $\bigcap_{i \in I_{p,k}} V_i$ sont les éléments de longueur maximale dans le groupe de réflexions qui fixe cet espace, donc pour p inférieur à n leur nombre est égal au rang de $H^p(Y_{p,k})$ d'après l'hypothèse de récurrence. Donc l'assertion pour b_p résulte du lemme 2 pour $p < n$. Mais alors elle est aussi vraie pour $p = n$, car la somme alternée des b_p et celle des nombres d'éléments de longueur p sont égales à 0 .

(ii) L'assertion concernant le polynôme de Poincaré est une conséquence de (i) et d'un résultat de Shephard et Todd qui a été prouvé de façon systématique par L. Solomon [18].

(iii) C'est un cas particulier du lemme 5.

Remarques.- (1) Pour le type A_n, ce théorème a été prouvé par V. I. Arnol'd [2] en utilisant des méthodes différentes. En fait Arnol'd donne une description meilleure de la structure multiplicative : l'anneau de cohomologie est isomorphe au quotient de l'algèbre extérieure engendrée par les w_i par l'idéal engendré par les relations :

$$w_i \wedge w_j + w_j \wedge w_k + w_k \wedge w_i$$

où les 1-formes w_i, w_j, w_k sont définies comme dans le lemme 5 et correspondent aux hyperplans V_i, V_j, V_k tels que codim $(V_i \cap V_j \cap V_k) < 3$.

(2) Quand W est le groupe de Weyl d'un groupe complexe simple G, il est intéressant de comparer la cohomologie décrite au théorème 6 avec la cohomologie de G/T, où T est un tore maximal. Il est bien connu que cette cohomologie n'a pas de torsion, s'annule dans les dimensions impaires et que son polynôme de Poincaré est :

$$\prod_{i=1}^{n} (1 + t^2 + t^4 + \dots + t^{2m_i}) .$$

C'est pourquoi, grâce à un résultat de Solomon [19], le nombre de Betti b_{2p} est égal au nombre d'éléments $w \in W$ tels que $L(w) = p$. Ici L est la longueur relativement aux réflexions qui correspondent aux murs d'une chambre de Weyl.

4. Cohomologie des groupes des tresses généralisés.

Ainsi la cohomologie des groupes des tresses colorées généralisés H_W est entièrement comprise, au moins dans les cas où la conjecture est vraie. La situation est beaucoup plus compliquée pour les groupes G_W . Evidemment il y a quelques faits évidents :

(i) La cohomologie de X_W s'annule dans les dimensions supérieures à la dimension complexe de X_W , car X_W est une variété de Stein.

(ii) De la proposition 1, le premier groupe d'homologie peut être calculé facilement en abélianisant G_W . C'est $\mathbb{Z}$ sauf dans les cas C_n , F_4 , G_2 et $I_2(p)$, p pair, où c'est $\mathbb{Z}^2$. Donc il n'y a pas de torsion dans le second groupe de cohomologie.

(iii) L'ordre de toute torsion doit diviser l'ordre de W . Ceci provient de la suite spectrale de $Y_W \to X_W$

$$E_2^{pq} = H^p(W, H^q(Y_W, \mathbb{Z})) \Rightarrow H^{p+q}(X_W, \mathbb{Z}) .$$

De cette suite spectrale on obtient également que la cohomologie invariante $H^q(Y_W, \mathbb{Z})^W$ est isomorphe à la partie libre de $H^q(X_W, \mathbb{Z})$. Avec les lemmes 3 et 5 ceci permet de calculer les nombres de Betti de X_W .

THÉORÈME 7.- Les nombres de Betti b_i non nuls de X_W sont ceux du tableau suivant :

Type de W	Nombre de Betti	
A_n	$b_o = b_1 = 1$	
C_n	$b_o = b_n = 1 \; ; \; b_i = 2 \, , \; 0 < i < n$	
D_n	$b_o = b_1 = 1$	n impair
D_n	$b_o = b_1 = b_{n-1} = b_n = 1$	n pair
E_6	$b_o = b_1 = 1$	
E_7	$b_o = b_1 = b_6 = b_7 = 1$	
E_8	$b_o = b_1 = b_7 = b_8 = 1$	
F_4	$b_o = b_4 = 1 \, , \; b_1 = b_2 = b_3 = 2$	
G_2	$b_o = b_2 = 1 \, , \; b_1 = 2$	
H_3	$b_o = b_1 = b_2 = b_3 = 1$	
H_4	$b_o = b_1 = b_3 = b_4 = 1$	
$I_2(p)$	$b_o = b_1 = 1$	p impair
$I_2(p)$	$b_o = b_2 = 1 \, , \; b_1 = 2$	p pair

Preuve. On choisit parmi les sous-espaces $\bigcap_{i \in I_{p,k}} V_i$ un système de représentants, disons ceux qui correspondent à $I_{p,k}$, $k = 1, \ldots, r_p$, tels que l'un quelconque de ces espaces soit envoyé surjectivement sur exactement un de ces représentants par un élément $w \in W$. Ces représentants peuvent être évidemment choisis comme intersections de murs d'une chambre de Weyl, i.e. peuvent être décrits par un certain sous-graphe du graphe de Coxeter. Soit $W_{p,k}$ le groupe correspondant engendré par des réflexions, et soit $W'_{p,k}$ le sous-groupe de W qui stabilise $\bigcap_{i \in I_{p,k}} V_i$. Alors :

$$H^p(Y_W, \mathbb{Z})^W = \bigoplus_{k=1}^{r_p} H^p(Y_{p,k}, \mathbb{Z})^{W'_{p,k}} .$$

Ce fait avec la nullité de la caractéristique d'Euler-Poincaré de X_W permet un calcul par récurrence de la cohomologie invariante, car dans beaucoup de cas il n'y a pas de cohomologie invariante par $W_{p,k}$, et dans les autres cas l'action de $W'_{p,k}$ peut être décrite à l'aide du lemme 5. Exemple : De cette façon, il est très facile de montrer que pour le type A_n on a $b_i = 0$ pour $i > 2$. On le montre directement pour $i = 2$ et pour $i > 2$ on utilise une double récurrence sur n et i .

Remarque.- Pour A_n , ce résultat fut prouvé par Arnol'd [3] à l'aide d'une méthode différente.

Ainsi la partie libre de $H^*(X_W , \mathbb{Z})$ a été déterminée. En ce qui concerne la torsion, la situation est beaucoup plus compliquée. Cependant il y a au moins un résultat systématique concernant les groupes G_W associés aux groupes de réflexions des trois séries infinies A_n , C_n , D_n : leur cohomologie se stabilise. Il y a des inclusions évidentes, non uniques, $A_n \subset A_{n+1}$, $C_n \subset C_{n+1}$, $D_n \subset D_{n+1}$, et des inclusions correspondantes pour les groupes G_W qui peuvent, par exemple, être définies à l'aide des générateurs donnés dans la proposition 1. Pour les applications induites en cohomologie on a le résultat suivant :

THÉORÈME 8.-

$$H^p(G_{A_{n+1}} , \mathbb{Z}) \cong H^p(G_{A_n} , \mathbb{Z}) ,$$

$$H^p(G_{C_{n+1}} , \mathbb{Z}) \cong H^p(G_{C_n} , \mathbb{Z}) ,$$

$$H^p(G_{D_{n+1}} , \mathbb{Z}) \cong H^p(G_{D_n} , \mathbb{Z}) ,$$

pour $n \geq 2p + 2$.

Remarque.- Dans le cas A_n , le théorème est dû à Arnol'd [3]. En fait, il donne une meilleure borne pour n en fonction de p . L'idée de base de la preuve d'Arnol'd est la même que celle qui suit pour tous les cas.

Preuve. (a) Fixons l'une des séries A_n , C_n , D_n et soit W_n le groupe correspondant de rang n . A cause de la proposition 2, on doit comparer $H^p(X_{W_{n+1}})$ et $H^p(X_{W_n})$ (Les coefficients sont toujours les entiers avec action triviale). Les homomorphismes entre les groupes de cohomologie en question peuvent être décrits comme ci-dessous. W_{n+1} opère sur V . Choisissons un point dans V ayant W_n comme groupe d'isotropie et soit x_o l'image de ce point dans V/W_{n+1} . Alors pour un bon voisinage U de x_o l'espace $U \cap X_{W_{n+1}}$ a le type d'homotopie de X_{W_n} et l'inclusion $U \cap X_{W_{n+1}} \subset X_{W_{n+1}}$ induit l'homomorphisme désiré entre les groupes de cohomologie.

(b) Afin de prouver que c'est un isomorphisme jusqu'à un certain degré p_o , on passe de la cohomologie de X_W , qui est le complément du discriminant D , à l'homologie de $\bar{D}$, compactifié de D auquel on a rajouté un point. (Dans ce qui suit, pour tout espace X , on note $\bar{X}$ le compactifié de X auquel on a rajouté un point et si $\bar{X}$ s'envoie dans $\overline{V/W_{n+1}}$, on note $\bar{X}^o$ l'espace X moins les points qui s'envoient sur x_o .) La dualité d'Alexander donne :

$$H^p(X_{W_{n+1}}) \cong H_{2n+1-p}(\bar{D}) .$$

D'autre part, il n'est pas difficile de voir que l'homologie relative de $(\bar{D}, \bar{D}^o)$ est isomorphe à l'homologie réduite de la double suspension du compactifié du discriminant de W_n . Ainsi les isomorphismes désirés $H^p(X_{W_{n+1}}) \cong H^p(X_{W_n})$ pour $p \leq p_o$ proviendront de la suite d'homologie de $(\bar{D}, \bar{D}^o)$ si nous pouvons prouver que $H_i(\bar{D}^o) = 0$ pour $i \geq 2n - p_o$.

(c) Ceci sera prouvé par récurrence, où en plus de D d'autres espaces similaires doivent être considérés. D est composé d'une ou deux composantes irréductibles. Chaque composante E est l'image dans V/W_{n+1} d'un hyperplan de réflexion. Il est suffisant de montrer que $H_i(\bar{E}^o) = 0$ pour $i \geq 2n - p_o$.

C'est nécessaire de généraliser cette situation de la façon suivante : soit $V'' \subset V'$ une paire de sous-espaces de V obtenus comme intersections d'hyperplans de réflexion. Soit $W' \subset W$ un sous-groupe du stabilisateur de V' qui opère sur V' comme un groupe engendré par des réflexions. Soit W'' le stabilisateur de V'' dans W' . Dans les cas que nous aurons à considérer, W'' opère sur V'' comme un groupe engendré par des réflexions, donc $F = V''/W''$ est un espace affine complexe. Soit $E \subset V'/W'$ l'image de F . Ce que l'on doit prouver par récurrence est que $H_i(\bar{E}^o) = 0$ pour certains i et certaines paires de sous-espaces $V'' \subset V'$.

Les paires $V'' \subset V'$ que l'on a à considérer sont obtenues inductivement de la façon suivante : on commence avec une paire $V'' \subset V'$, où $V' = V$ et V'' est un hyperplan de réflexion. Supposons qu'une paire $V'' \subset V'$ ait été construite. Alors l'application correspondante $F \to E$ induit un isomorphisme dans le complémentaire de certains sous-ensembles analytiques de codimension 1 .

Les composantes irréductibles de ces sous-ensembles sont les images de certains sous-espaces $V''' \subset V''$. Ainsi on obtient de nouvelles paires $V''' \subset V''$ et $V''' \subset V'$. De cette façon on continue de construire des paires $V'' \subset V'$ aussi longtemps que $2 \cdot \dim V'' > n + 1$. Cette condition sur la dimension garantit le fait que V'' contienne des points au-dessus de x_o .

(d) Pour les espaces construits ci-dessus :

$$H_i(\bar{E}^o) = 0 \qquad \text{pour } i \geq \dim_{\mathbb{C}} E + \frac{n}{2} + 1 .$$

La preuve se fait par récurrence sur la dimension de E. Considérons l'application $\bar{F}^o \to \bar{E}^o$. Restreinte aux complémentaires de certains ensembles $\bar{B}^o \subset \bar{F}^o$ et $\bar{A}^o \subset \bar{E}^o$, c'est un homéomorphisme. C'est pourquoi les homomorphisme de la suite exacte d'homologie de $(\bar{F}^o, \bar{B}^o)$ dans celle de $(\bar{E}^o, \bar{A}^o)$ sont des isomorphismes pour les groupes d'homologie relative. L'homologie de $\bar{A}^o$ et $\bar{B}^o$ s'annule au-dessus d'un certain degré d'après l'hypothèse de récurrence. Le point crucial maintenant est le suivant : $\bar{F}$ contient seulement un point au-dessus de x_o. Donc $\bar{F}^o$ est une cellule et son homologie réduite est nulle. C'est pourquoi le résultat désiré sur la nullité de $H_i(\bar{E}^o)$ provient immédiatement de la comparaison des deux suites exactes. L'application de ce résultat au discriminant démontre le théorème à cause de (b).

La méthode utilisée dans la preuve du théorème 8 peut également être utilisée pour calculer certains des groupes de cohomologie $H^p(X_W, \mathbb{Z})$. Jusqu'à maintenant des résultats partiels seulement sont connus. Par exemple, Arnol'd dans [3] a calculé les quelques premiers groupes de cohomologie stables des groupes de tresses.

THÉORÈME 9.- Les sept premiers groupes de cohomologie stables $H^p(B(n), \mathbb{Z})$ des groupes de tresses sont ceux qui sont donnés dans le tableau suivant :

p	0	1	2	3	4	5	6
H^p	$\mathbb{Z}$	$\mathbb{Z}$	0	$\mathbb{Z}_2$	$\mathbb{Z}_2$	$\mathbb{Z}_6$	$\mathbb{Z}_6$

Il y a un autre résultat intéressant sur la cohomologie entière dans [3] qui semble être une particularité des groupes de tresses :

THÉORÈME 10.- $\qquad H^p(B_{2n+1}, \mathbb{Z}) = H^p(B_{2n}, \mathbb{Z})$.

L'anneau de cohomologie des groupes de tresses à coefficients dans $\mathbb{Z}_2$ a été entièrement déterminé par D. B. Fuks [14] par une méthode assez différente. Utilisant le fait que l'action du groupe symétrique sur l'espace complexe de dimension n provient d'une action réelle, Fuks construit de manière très naturelle une décomposition cellulaire de X_W. L'analyse du complexe de chaînes à coefficients dans $\mathbb{Z}_2$ permet de calculer $H^*(B(n), \mathbb{Z}_2)$.

Il est convenable de décrire le résultat pour l'homologie au lieu de la cohomologie et de passer à l'homologie stable. $H_*(B(\infty), \mathbb{Z}_2)$ a la structure d'une algèbre de Hopf sur $\mathbb{Z}_2$, où la comultiplication μ correspond à la multiplication de l'anneau de cohomologie et la multiplication est définie par la somme directe des tresses $B(n) \oplus B(n) \rightarrow B(n+m)$. D. B. Fuks prouve :

THÉORÈME 11.- (i) L'algèbre de Hopf $H_*(B(\infty), \mathbb{Z}_2)$ est une algèbre de polynômes avec coefficients $\mathbb{Z}_2$ ayant des générateurs x_i, $i = 1,2,\ldots$ de degré $2^i - 1$ et dont la comultiplication μ est donnée par

$$\mu(x_i) = 1 \otimes x_i + x_i \otimes 1 .$$

(ii) Les homomorphismes des groupes de tresses dans les groupes orthogonaux induisent des monomorphismes d'algèbre de Hopf

$$H_*(BO(\infty), \mathbb{Z}_2) \leftarrow H_*(B(\infty), \mathbb{Z}_2) .$$

(iii) $H_*(B(n), \mathbb{Z}_2)$ est la sous-coalgèbre ayant pour une base les monômes $x_1^{k_1} \ldots x_r^{k_r}$ tels que $\Sigma k_i 2^i \leq n$.

Remarques.- $H^*(B(n), \mathbb{Z}_2)$ est entièrement déterminé par ce théorème. De plus, R. Switzer m'a fait remarquer que l'homomorphisme $H_*(BO(\infty), \mathbb{Z}_2) \leftarrow H_*(B(\infty), \mathbb{Z}_2)$ est déjà entièrement déterminé par (i) et l'injectivité (ii). La raison en est que l'algèbre de Hopf $H_*(BO(\infty), \mathbb{Z}_2)$ ne possède qu'un seul élément primitif p_j de degré j. Donc x_i s'envoie nécessairement sur p_{2^i-1}. Enfin, G. Segal et R. Switzer m'ont fait remarquer que l'algèbre de Hopf $H_*(B(\infty), \mathbb{Z}_2)$ est isomorphe à $H_*(\Omega^2 S^3, \mathbb{Z}_2)$; l'homologie des espaces de lacets itératifs $\Omega^k S^n$, $k < n$, a été déterminée par T. Kudo et S. Araki pour coefficients $\mathbb{Z}_2$ dans leur article " On $H_*(\Omega^N(S^n) ; \mathbb{Z}_2)$ ", Proc. Japan Acad. 32(1956), 333-335. Très récemment G. Segal a même déterminé $H_*(B(\infty),\mathbb{Z})$ (voir les remarques ajoutées aux épreuves).

5. Relations des groupes de tresses avec l'algèbre et la géométrie algébrique.

Arnol'd utilise les résultats sur la cohomologie des groupes pour traiter un problème classique : la construction de fonctions algébriques à partir de fonctions algébriques d'un plus petit nombre de variables.

Plus précisément soit f une fonction algébrique de n variables $x_1,\dots,x_n$. On dira que f est une "composition" de fonctions algébriques d'un plus petit nombre de variables si f peut être construite de la manière suivante. On commence par substituer des fonctions polynomiales $p_i(x)$ des variables $x_1,\dots,x_n$ aux indéterminées d'une fonction algébrique de k variables, $k < n$. On obtient ainsi une fonction algébrique des x_ν. Ayant construit des fonctions algébriques $\varphi_j(x)$, on peut former des fonctions polynomiales des φ_j et des x_ν et on peut substituer ces fonctions aux indéterminées d'une fonction algébrique de moins de n variables. Si en répétant ce processus un nombre fini de fois on atteint f, alors f est dite "composition" de fonctions algébriques d'un plus petit nombre de variables. Ici la composition des fonctions "multiformes" est définie de telle manière que les nombres de valeurs se multiplient.

Arnol'd [4], [5] prouve :

PROPOSITION 12.- Pour $n = 2^r$ la fonction algébrique f des $n-1$ variables $a_1, \dots, a_{n-1}$ définie par l'équation

$$z^n + a_1 z^{n-2} + \dots + a_{n-1} = 0$$

n'est pas une composition de fonctions algébriques d'un plus petit nombre de variables.

Esquisse de preuve. (i) L'ensemble des points $a \in \mathbf{C}^{n-1}$ pour lesquels toutes les valeurs de la fonction f sont distinctes est exactement l'espace classifiant X de $B(n)$ qu'on a décrit ci-dessus. Utilisant le fait que le groupe de transformations du revêtement $Y \to X$ est le groupe symétrique, on se ramène facilement à prouver qu'il n'y a pas de polynômes q et p_i, $i = 1, \dots, k$, et de fonction algébrique φ de k variables, $k < n-1$, tels que

$$f(x) = q(\varphi(p(x)), x) .$$

(ii) Supposons que f soit de cette forme. Soit Z l'ensemble des points de $\mathbf{C}^k$ pour lesquels toutes les valeurs de φ sont distinctes. Les polynômes p_i définissent alors une application $p : X \to Z$, et le revêtement $Y \to X$ est obtenu à partir du revêtement de Z correspondant à φ par changement de base. Par conséquence, on a un diagramme commutatif d'homomorphismes :

$$\begin{array}{ccc} H^*(BS(n), \mathbf{Z}_2) & \xrightarrow{\rho^*} & H^*(B(n), \mathbf{Z}_2) \\ & \searrow \quad \nearrow p^* & \\ & H^*(Z, \mathbf{Z}_2) & \end{array}$$

où ρ^* est l'homomorphisme de cohomologie des espaces classifiants induit par l'homomorphisme évident $\rho : B(n) \to S(n)$. On peut déduire du théorème 11 que $\rho(w_{n-1}) \neq 0$ pour la classe de Stiefel-Whitney w_{n-1}, $n = 2^r$. Mais $H^i(Z, \mathbf{Z}_2) = 0$

pour $i > k$, parce que Z est une variété de Stein de dimension k . On a ainsi une contradiction.

Remarques.- On a vu que les classes de cohomologie des groupes de tresses définissent des classes caractéristiques pour les fonctions algébriques, qui sont des classes d'obstruction pour le problème considéré ci-dessus. Il ne faut pas confondre ce problème avec le problème classique qui consiste à simplifier la solution des équations algébriques au moyen d'une transformation de Tschirnhaus. Pendant que le problème de Arnol'd a une réponse négative, A. Wiman et plus récemment R. Brauer ont donnés des solutions positives pour le problème classique.

Une raison pour laquelle les groupes de tresses généralisés sont intéressants du point de vue de la géométrie algébrique est que leurs espaces classifiants X_W figurent d'une manière naturelle comme espaces de base de familles de variétés algébriques. Considérons, par exemple, l'application $\mathbb{C}^{k+1} \times \mathbb{C}^{n-2} \to \mathbb{C} \times \mathbb{C}^{n-2}$ donnée par

$$(z_o,\ldots,z_k , t_1,\ldots,t_{n-2}) \mapsto (\sum_{i=1}^{k} z_i^2 + z_o^n + t_1 z_o^{n-2} + \ldots + t_{n-2} z_o ; t_1,\ldots,t_{n-2}) .$$

Cette fibration est lisse précisément au-dessus de l'espace classifiant $X_{S(n)}$. C'est pourquoi on obtient une opération du groupe fondamental $B(n)$ sur l'homologie de la fibre non-singulière. Dans ce cas là, la fibre F^k a le type d'homotopie d'un bouquet de $(n - 1)$ sphères S^k . D'après une idée très intéressante de F. Pham, on peut déterminer la forme d'intersection de $H_k(F^k , \mathbb{Z})$ à une équivalence près utilisant la théorie classique de Picard-Lefschetz et les relations du groupe de tresses. Par cette méthode, on montre que pour k pair l'image de $B(n)$ dans le groupe des automorphismes de $H_k(F^k,\mathbb{Z})$ est $S(n)$. Le cas où k est impair a aussi été traité par Arnol'd [1] et Varchenko [20]. Varchenko affirme que l'image de $B(n)$ est $Sp(n-1, Z)$ pour n impair. Le germe à l'origine de l'application décrite ci-dessus est la déformation semi-universelle de la singularité donnée par l'équation $z_o^n + z_1^2 + \dots + z_k^2 = 0$. Généralisant ce fait, on peut prouver, [12], [6].

THÉORÈME 13.- Pour les groupes W de type A_n, D_n, E_6, E_7, E_8 les espaces X_W sont le complément du discriminant de la déformation semi-universelle de la singularité rationnelle du type correspondant.

Les singularités rationnelles furent introduites par M. Artin [9] ; et le théorème 13 montre qu'il y a une relation étroite entre ces singularités et les tresses de E. Artin.

REMARQUES AJOUTÉES AUX ÉPREUVES

1) Quelques jours avant l'exposé oral, G. Segal m'a signalé qu'il avait démontré le théorème suivant : Soit $\Omega_o^2 S^2$ la composante connexe du lacet trivial de l'espace de lacets itéré $\Omega^2 S^2$. Soit $H_*(B(\infty),G)$ l'homologie stable des groupes de tresses à coefficients dans un groupe abélien G quelconque, où l'opération de $B(\infty)$ sur G est triviale.

THÉORÈME.- Il y a un isomorphisme

$$H_*(B(\infty),G) \cong H_*(\Omega_o^2 S^2, G) .$$

Ce résultat a un analogue déjà connu pour le groupe symétrique stable $S(\infty)$ et pour $\Omega^\infty S^\infty$ (cf. M. Barrat- S. Priddy : On the homology of non-connected monoids and their associated groups, Comment. Math. Helv. 47 (1972), 1-14).

Le résultat de Segal permet de déterminer complètement l'homologie stable des groupes de tresses. Car la fibration de Hopf $S^3 \to S^2$ permet d'identifier $H_*(\Omega_o^2 S^2, G)$ avec $H_*(\Omega^2 S^3, G)$, et l'homologie de $\Omega^2 S^3$ est connue. L'algèbre de Hopf $H_*(\Omega^2 S^3, \mathbb{Z}_2)$ est d'après Kudo et Araki une algèbre de polynômes avec coefficients $\mathbb{Z}_2$ engendrée par des éléments primitifs x_i de degré $2^i - 1$, où $i \geq 1$. L'opération de Bockstein β_2 est donnée par $\beta_2 x_i = x_{i-1}^2$. Quant à l'algèbre de Hopf $H_*(\Omega^2 S^3, \mathbb{Z}_p)$ pour p impair, d'après les résultats de E. Dyer - R. K. Lashof (Homology of iterated loop spaces, Amer. J. Math. 84 (1962), 35-88, Theorem 5.2) c'est le produit tensoriel d'une algèbre de polynômes engendrée par des éléments z_i de degré $2p^i - 2$, où $i \geq 1$, et d'une algèbre extérieure engendrée par des éléments y_i de degré $2p^i - 1$, où $i \geq 0$. L'opération de Bockstein β_p est déterminée par $\beta_p(y_o) = 0$ et $\beta_p(y_i) = z_i$ pour $i \geq 1$. Enfin, la composante p-primaire du groupe d'homologie $H_q(\Omega^2 S^3, \mathbb{Z})$ est isomorphe au noyau de $\beta_p : H_q(\Omega^2 S^3, \mathbb{Z}_p) \to H_{q-1}(\Omega^2 S^3, \mathbb{Z}_p)$ pour $q > 1$, tandis que les deux premiers groupes d'homologie sont évidemment infinis cycliques.

2) Je signale que quelques problèmes posés dans l'exposé précédent ont été résolus. P. Deligne a prouvé que les espaces X_W sont des espaces d'Eilenberg Mc-Lane. Il a même démontré que pour un ensemble fini d'hyperplans complexes homogènes H_i, $i \in I$, d'un espace vectoriel complexe V, le complémentaire $V - \bigcup_{i \in I} H_i$ est un $K(\pi, 1)$, à condition que les H_i soient les complexifiés d'hyperplans réels H_i' d'un espace vectoriel réel V' tels que les composantes connexes de $V' - \bigcup H_i'$ soient des cônes simpliciaux : c'est le résultat principal d'un article sur " Les immeubles des groupes de tresses généralisés ", à paraître dans Inv. Math. 17 (1972).

Une étude des groupes de tresses généralisés utilisant les méthodes de Garside a été faite par K. Saito et moi-même : dans un article intitulé " Artin-Gruppen und Coxeter-Gruppen ", à paraître dans Inv. Math. 17, nous déterminons le centre de ces groupes, et nous donnons une solution du problème des mots et du problème de la conjugaison. Ces problèmes sont aussi résolus dans l'article de P. Deligne.

BIBLIOGRAPHIE

[1] V. I. ARNOL'D - Remark on the Branching of Hyperelliptic Integrals as Functions of the Parameters, Functional Anal. Appl., 2 (1968), p. 187-189.

[2] V. I. ARNOL'D - The Cohomology Ring of the Colored Braid Group, Math. Notes of the Academy of Sci. of the USSR, 5 (1969), p. 138-140.

[3] V. I. ARNOL'D - O nektoryh topologičeskih invariantah algebraičeskih funkcii, (Sur quelques invariants topologiques de fonctions algébriques), Trudy Moskovskogo Matematičeskogo Obščestva. 21 (1970), p. 27-46.

[4] V. I. ARNOL'D - Topological Invariants of Algebraic Functions II, Functional Anal. Appl., 4 (1970), p. 91-98.

[5] V. I. ARNOL'D - Cohomology Classes of Algebraic Functions Invariant under Tschirnhausen Transformations, Functional Anal. Appl., 4 (1970), p. 74-75.

[6] V. I. ARNOL'D - O matricah, zavisjaščih ot parametrov, (Sur des matrices qui dépendent de paramètres), Uspehi matematičeskih nauk, 26 (1971), p. 101-114.

[7] E. ARTIN - Theorie der Zöpfe, Hamb. Abh., 4 (1925), p. 47-72.

[8] E. ARTIN - Theory of Braids, Annals of Math., 48 (1947), p. 101-126.

[9] M. ARTIN - Some Numerical Criteria for Contractibility of Curves on Algebraic surfaces, Amer. J. Math., 84 (1962), p. 485-496.

[10] N. BOURBAKI - Groupes et algèbres de Lie, chapitres 4, 5 et 6, Eléments de mathématique XXXIV, Hermann, Paris, 1968.

[11] E. BRIESKORN - Die Fundamentalgruppe des Raumes der regulären Orbits einer endlichen komplexen Spiegelungsgruppe, Invent. Math., 12 (1971), p. 57-61.

[12] E. BRIESKORN - Singular Elements of Semisimple Algebraic Groups, Comptes Rendus du Congrès International des mathématiciens, Nice 1970.

[13] R. H. FOX, L. NEUWIRTH - The Braid Groups, Math. Scand., 10 (1962), p. 119-126.

[14] D. B. FUKS - Cohomologies of the Braid Groups mod. 2 , Functional Anal. Appl., 4 (1970), p. 143-151.

[15] F. A. GARSIDE - The Braid Group and other Groups, Quart. J. Math. Oxford, 2. Ser. 20 (1969), p. 235-254.

[16] N. IWAHORI - On the Structure of a Hecke Ring of a Chevalley Group over a Finite Field, J. Fac. Sci. Univ. Tokyo, Sect. I, 10 (1963/64), p. 215-236.

[17] LÊ DŨNG TRÁNG - Un théorème de Zariski du type de Lefschetz, Preprint, Centre de Mathématique de l'Ecole Polytechnique, Paris, 1971.

[18] L. SOLOMON - Invariants of Finite Reflection Groups, Nagoya Math. J., 22 (1963), p. 57-64.

[19] L. SOLOMON - The Orders of the Finite Chevalley Groups, J. Algebra, 3 (1966), p. 376-393.

[20] A. N. VARCHENKO - On the Bifurcation of Multiple Integrals Depending on a Parameter, Functional Anal. Appl., 3 (1969), p. 322-324.

Séminaire BOURBAKI
24e année, 1971/72, n° 402

VARIÉTÉS UNIRATIONNELLES NON RATIONNELLES

[d'après M. ARTIN et D. MUMFORD]

par Pierre DELIGNE

Cet exposé contient une description de la variété construite par Artin et Mumford, et la démonstration de ce qu'elle est unirationnelle et non rationnelle. Il contient aussi l'énoncé des théorèmes que démontrent Clemens et Griffiths [4], et Manin et Iskovskih [6], pour construire d'autres exemples. J'ai assisté à des exposés de Artin et Mumford sur le même sujet, et m'en suis largement inspiré.

Dans tout ce qui suit, l'expression "variété algébrique" signifiera "schéma séparé de type fini sur $\mathbf{C}$, réduit et irréductible". On notera $k(X)$ le corps des fonctions rationnelles sur une variété algébrique X .

1. Rationalité et unirationalité.

Soit K une extension de type fini de $\mathbf{C}$. Il existe alors une variété algébrique X telle que K soit isomorphe à $k(X)$. On appelle X un modèle de K . D'après [5], K admet toujours un modèle projectif et lisse.

Soient K et L deux extensions de type fini de $\mathbf{C}$, de modèles X et Y . Les homomorphismes $a^{\bullet} : K \hookrightarrow L$ correspondent biunivoquement aux applications rationnelles dominantes $a_{\bullet} : Y \dashrightarrow X$, par la formule $a^{\bullet}(f) = f \circ a_{\bullet}$. D'après [5], si X et Y sont projectifs et lisses, toute application rationnelle $a_{\bullet} : Y \to X$ admet une décomposition $a = b c_n^{-1} \dots c_1^{-1}$

$$
(1.1) \qquad \begin{array}{ccccccc}
Y_{n+1} & \xrightarrow{c_n} & \cdots \to & Y_2 & \xrightarrow{c_1} & Y_1 & = Y \, . \\
b \downarrow & & & & & & \\
X & & & & & &
\end{array}
$$

où b et les c_i sont des morphismes (partout définis) et où Y_{i+1} se déduit de Y_i par éclatement d'une sous-variété lisse Z_i (de codimension ≥ 2).

Si $a^{\bullet} : K \to L$ est un isomorphisme, on peut appliquer le résultat précédent à $(a^{\bullet -1}, Y_{n+1}, X)$. Par itération, on obtient un diagramme commutatif de morphismes de schémas

$$
(1.2) \qquad \begin{array}{ccccccccc}
\cdots & Y^2 & \xrightarrow{y^2} & Y^1 & = & Y^1 & \xrightarrow{y^1} & Y & \\
& \downarrow a^2 & & \uparrow b^1 & & \downarrow a^1 & & \downarrow a & \\
\cdots & X^1 & = & X^1 & \xrightarrow{x^1} & X & = & X & .
\end{array}
$$

Dans ce diagramme, les flèches horizontales x^i , y^i sont des composés d'éclatements à centre non singulier, comme en (1.1) ; les a^i et b^i sont birationnels.

Un invariant d'une variété projective et lisse X est dit birationnel s'il ne dépend que de $k(X)$. On vérifie souvent le caractère birationnel d'un invariant à l'aide de (1.2) (pour un exemple typique, voir 2.1). Les invariants utilisables d'un corps K sont en général définis comme la valeur d'un invariant birationnel d'un quelconque modèle projectif et lisse de K .

DÉFINITION 1.3.- Soit X une variété algébrique de dimension n . On dit que X est unirationnelle si les conditions suivantes sont vérifiées :

(i) $k(X)$ est un sous-corps d'une extension transcendante pure $\mathbf{C}(T_1,\ldots,T_r)$ de $\mathbf{C}$;

(ii) *une extension finie de* $k(X)$ *est isomorphe à* $\mathbb{C}(T_1,\ldots,T_n)$;

(iii) *(pour* X *projectif et lisse), il existe un diagramme* (1.1) *avec* $Y = \mathbb{P}^r(\mathbb{C})$;

(iv) *(pour* X *projectif et lisse), il existe un diagramme* (1.1) *avec* $Y = \mathbb{P}^n(\mathbb{C})$.

On peut supposer X projectif et lisse, et on a (ii) $\Rightarrow$ (i) $\Leftrightarrow$ (iii) $\Rightarrow$ (iv) $\Leftrightarrow$ (ii).

DÉFINITION 1.4.- *On dit que* X *est rationnelle si, au choix*

(i) $k(X)$ *est une extension transcendante pure de* $\mathbb{C}$;

(ii) *(pour* X *projectif et lisse), il existe un diagramme* (1.2) *avec* $Y = \mathbb{P}^n(\mathbb{C})$.

Les invariants birationnels les plus évidents ne permettent pas de distinguer les variétés unirationnelles des variétés rationnelles.

PROPOSITION 1.5.- *Soit* X *une variété algébrique unirationnelle projective et lisse de dimension* $n > 0$.

(i) *Les plurigenres* $P_k = \dim H^0(X, (\Omega_X^n)^{\otimes k})$ $(k > 0)$ *sont nuls. Plus généralement,* $H^0(X, (\Omega_X^1)^{\otimes k}) = 0$ *pour* $k > 0$ (voir [9] Remarque page 02).

(ii) X *est simplement connexe* ([10]).

Pour $n = 1$ ou 2 , la propriété (i) ci-dessus caractérise déjà les variétés rationnelles. Une variété unirationnelle de dimension ≤ 2 est donc rationnelle, et une sous-extension de degré de transcendance ≤ 2 de $\mathbb{C}(T_1,\ldots,T_k)$ est automatiquement pure. On a plus précisément ceci :

a) Pour $n = 1$, si $H^0(X, \Omega_X^1) = 0$, alors $X \simeq \mathbb{P}^1(\mathbb{C})$. D'après le théorème de Riemann-Roch, pour tout $x \in X$, $\mathcal{O}(x)$ définit en effet un plongement de X dans $\mathbb{P}^1(\mathbb{C})$.

b) Pour $n = 2$, le critère de Castelnuovo-Enriques affirme que X est rationnelle si $p_a = P_2 = 0$, i.e. si $H^0(X, \Omega_X^1) = H^0(X, (\Omega_X^2)^{\otimes 2}) = 0$ (voir [9]).

Pour $n > 2$, il a été très difficile de définir ou de calculer des invariants birationnels qui puissent distinguer entre variétés rationnelles et unirationnelles.

2. Quelques invariants birationnels.

A) Artin et Mumford.

PROPOSITION 2.1.- *Le sous-groupe de torsion $H^3(X, \mathbb{Z})_{tors}$ de $H^3(X, \mathbb{Z})$ est un invariant birationnel de la variété projective et lisse X.*

Si une variété X_2 se déduit d'une variété lisse X_1 par éclatement d'une sous-variété lisse $Z \subset X_1$ de codimension $r \geq 2$, alors (SGA 5 VII)

$$H^n(X_2, \mathbb{Z}) \simeq H^n(X_1, \mathbb{Z}) \oplus \bigoplus_{1}^{r-1} H^{n-2i}(Z, \mathbb{Z}) .$$

En particulier, $H^3(X_2, \mathbb{Z}) \simeq H^3(X_1, \mathbb{Z}) \oplus H^1(Z, \mathbb{Z})$. Puisque $H^1(Z, \mathbb{Z})$ est sans torsion, on a donc

$$H^3(X_1, \mathbb{Z})_{tors} \xrightarrow{\sim} H^3(X_2, \mathbb{Z})_{tors} .$$

Supposons que $k(X)$ soit isomorphe à $k(Y)$, et soit un diagramme (1.2) On en déduit un diagramme

$$\begin{array}{ccccccc}
H^3(X, \mathbb{Z})_{tors} & \xrightarrow{\sim} & H^3(X_1, \mathbb{Z})_{tors} & = & H^3(X_1, \mathbb{Z})_{tors} & \xrightarrow{\sim} & H^3(X_2, \mathbb{Z})_{tors} \\
 & & \uparrow a^{1*} & & \downarrow b^{1*} & & \uparrow a^{2*} \\
H^3(Y, \mathbb{Z})_{tors} & = & H^3(Y, \mathbb{Z})_{tors} & \xrightarrow{\sim} & H^3(Y_1, \mathbb{Z})_{tors} & = & H^3(Y_1, \mathbb{Z})_{tors} .
\end{array}$$

Puisque $a^{2*}b^{1*}$ est bijectif, b^{1*} est injectif. Puisque $b^{1*}a^{1*}$ est bijectif et b^{1*} injectif, a^{1*} est bijectif, et l'assertion en résulte.

L'exemple de Artin et Mumford est basé sur la

CONSTRUCTION 2.2.- On construira une variété unirationnelle X, projective et lisse, de dimension 3, telle que $H^3(X, \mathbb{Z})_{tors} \neq 0$ (on aura $H^3(X, \mathbb{Z}) \simeq \mathbb{Z}/(2)$).

Multipliant cette variété par $\mathbb{P}^r(\mathbb{C})$, on obtient un exemple analogue en toute dimension ≥ 3.

B) Clemens et Griffiths.

Soit X une variété projective et lisse de dimension 3, telle que $H^0(X, \Omega_X^3) = 0$. La décomposition de Hodge de $H^3(X, \mathbb{C})$ se réduit alors à $H^3(X, \mathbb{C}) = H^{2,1} \oplus H^{1,2}$ et, d'après Weil [11], le tore complexe

$$J(X) = H^3(X, \mathbb{Z})\backslash H^3(X, \mathbb{C})/H^{2,1}$$

est une variété abélienne : la jacobienne intermédiaire de X. Soit

$$\psi : H^3(X, \mathbb{Z}) \otimes H^3(X, \mathbb{Z}) \to H^6(X, \mathbb{Z}) \simeq \mathbb{Z}$$

le cup-produit. D'après le théorème de dualité de Poincaré, la forme alternée sur $H^3(X, \mathbb{Z})$/torsion déduite de ψ est de discriminant un. Si $H^1(X, \mathbb{Z}) = 0$, il résulte de Weil [11] qu'elle définit sur $J(X)$ une polarisation principale.

PROPOSITION 2.3 ([4] 3.26).- Si X est rationnelle, la variété abélienne polarisée $J(X)$ est un produit de jacobiennes.

Dans l'esquisse de démonstration qui suit, le signe $\simeq$ désigne un isomorphisme de variétés abéliennes polarisées.

On vérifie successivement :

a) $J(\mathbb{P}^3(\mathbb{C})) = 0$.

b) Si Y'' se déduit de la variété projective non singulière Y' par éclatement d'une courbe lisse Z de jacobienne J(Z) (resp. d'un point), on a ([4] 3.11)

$$J(Y'') \simeq J(Y') \times J(Z)$$

(resp. $J(Y'') \simeq J(Y')$).

c) Si un morphisme $b : Y' \to X$ est birationnel, J(X) est facteur direct dans J(Y') : il existe une variété abélienne principalement polarisée de la série principale B telle que

$$J(Y') \simeq J(X) \times B \ .$$

d) Soient $(A_i)_{1 \leq i \leq n}$ des variétés abéliennes principalement polarisées $\neq 0$. On suppose qu'aucun A_i n'admet une décomposition $A_i \simeq A_i' \times A_i''$ (par exemple que A_i est une jacobienne). Alors, toute décomposition de $A = \prod A_i$ est de la forme

$$A \simeq (\prod_{i \in I} A_i) \times (\prod_{i \notin I} A_i) \qquad \text{pour } I \subset [1,n] \quad ([4]\ 3.23).$$

Si X est rationnelle, il existe un diagramme 2.1 avec $Y = \mathbb{P}^3(\mathbb{C})$ et b birationnel. D'après a) et b), $J(Y_{n+1})$ est un produit de jacobiennes. D'après c) et d), J(X) en est un aussi.

Prenons pour X une hypersurface cubique dans $\mathbb{P}^4(\mathbb{C})$. On a

$$H^1(X, \mathbb{Z}) = H^3(X, \mathbb{Z})_{tors} = H^0(X, \Omega_X^3) = 0 \ ,$$

$$\dim J(X) = \dim H^1(X, \Omega_X^2) = 5 \ ,$$

et X est unirationnelle d'après [7]. Soit S la surface qui paramétrise les droites contenues dans X et soit $\alpha : S \to \mathrm{Alb}(S)$ l'application de S dans sa variété d'Albanese. Un des résultats essentiels de [4] est le suivant

THÉORÈME 2.4 ([4] 11.19 et 13.4).- <u>Il existe un isomorphisme</u> $J(X) \xrightarrow{\sim} \mathrm{Alb}(S)$, <u>qui transforme le diviseur</u> Θ <u>de</u> J(X) <u>en l'image de</u> $S \times S$ <u>par l'application</u>

$$(x,y) \overset{\delta}{\longmapsto} \alpha(x) - \alpha(y) \ .$$

Clemens et Griffiths parviennent alors à utiliser des résultats de [1] pour prouver que $(\mathrm{Alb}(S), \delta(S\times S))$ ne peut pas être la jacobienne polarisée d'une courbe. Une autre preuve de l'irrationalité de X est suggérée dans l'appendice à [4]. Il s'agit de prouver

THÉORÈME 2.5.- _Le lieu singulier du diviseur_ Θ _de_ $J(X)$ _est de dimension_ 0, _donc de codimension_ > 4. _Il est même réduit à l'image par_ δ _de la diagonale de_ $S\times S$.

On sait que tel n'est jamais le cas pour le diviseur Θ d'une jacobienne.

C) _Manin et Iskovskih._

Le groupe des automorphismes birationnels d'une variété X (égal au groupe des $\mathbb{C}$-automorphismes de $k(X)$) est un invariant birationnel de X. C'est celui qu'utilisent Manin et Iskovski pour montrer qu'une hypersurface quartique lisse dans $\mathbb{P}^4(\mathbb{C})$ n'est jamais rationnelle :

THÉORÈME 2.6 ([6]).- _Soient_ X _et_ Y _deux hypersurfaces quartiques lisses dans_ $\mathbb{P}^4(\mathbb{C})$. _Tout isomorphisme birationnel_ $a : X \dashrightarrow Y$ _est automatiquement birégulier._

Puisque certaines hypersurfaces quartiques sont unirationnelles, [7] ce théorème fournit un nouvel exemple de variétés unirationnelles non rationnelles.

3. L'exemple de Artin et Mumford.

Soit dans $\mathbb{P}^2(\mathbb{C})$ une configuration consistant en

a) deux courbes cubiques lisses C_1 et C_2, d'équations $f_1 = 0$ et $f_2 = 0$, qui se coupent transversalement ;

b) une conique lisse Q, d'équation $q = 0$, qui rencontre chaque C_i en trois points de tangence distincts.

Nous construirons

a) un fibré vectoriel V sur $\mathbb{P}^2(\mathbb{C})$, de rang 3 ;

b) une forme quadratique $\Phi : V \to \mathcal{L}$ ($\mathcal{L}$ faisceau inversible) de discriminant $f_1 f_2$ (si Δ , section de $\mathcal{L}^{\otimes 3} \otimes (\Lambda^3 V)^{\otimes(-2)}$, est le discriminant, le sous-schéma de $\mathbb{P}^2(\mathbb{C})$ d'équation $\Delta = 0$ est $C_1 \cup C_2$).

Soit $X \subset \mathbb{P}(V^*)$ le fibré en coniques sur $\mathbb{P}^2(\mathbb{C})$, dégénérant le long de $C_1 \cup C_2$, d'équation homogène $\Phi = 0$. Les conditions suivantes seront vérifiées.

c) Φ est en tout point de rang ≥ 2 : pour $s \in C_1 \cup C_2$, la fibre $X_s = f^{-1}(s)$ est réunion de deux droites concourantes ; les seuls points singuliers de X sont les points singuliers des fibres X_s pour $s \in C_1 \cap C_2$.

d) Soit S le revêtement double de $\mathbb{P}^2(\mathbb{C})$, ramifié le long de Q et $X_S = X \times_{\mathbb{P}^2(\mathbb{C})} S$. Alors, X_S/S admet une section

$$\begin{array}{ccc} & & X \\ & \overset{\alpha}{\nearrow} & \downarrow \\ S & \xrightarrow{\pi} & \mathbb{P}^2(\mathbb{C}) . \end{array}$$

e) Pour $s \in (C_1 \cup C_2) - Q$, les deux points $\alpha(t)$ pour $\pi(t) = s$ sont dans les deux composantes irréductibles de X_s .

Localement (pour la topologie usuelle) sur $C_1 \cup C_2$, la restriction du fibré X à $C_1 \cup C_2$ s'obtient en recollant deux fibrés en droites projectives le long d'une section. Toutefois, lorsqu on parcourt un lacet dans $C_1 \cup C_2$, ces deux fibrés peuvent s'échanger : il existe un revetement double non ramifié $(C_1 \cup C_2)^*$ de $C_1 \cup C_2$ dont, localement, l'es deux sections locales correspondent aux deux fibrés en droites projectives dont $X|C_1 \cup C_2$ est réunion. Soit $\pi_i : C_i^* \to C_i$

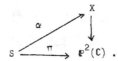

le revêtement double de C_i induit par $(C_1 \cup C_2)^*$. Nous n'utiliserons de e) que le corollaire suivant

<u>Lemme</u> 3.1.- C_i^* <u>est irréductible.</u>

D'après e), C_i^* est le normalisé du revêtement double de C_i induit par S . Le lemme résulte de ce que la section q de $\mathcal{O}(2)|_{C_i}$ n'est pas le carré d'une section de $\mathcal{O}(1)|_{C_i}$; si q était un carré, les trois points d'intersection de Q avec C_i seraient en effet collinéaires.

Au revêtement double C_i^* de C_i correspondent un caractère d'ordre 2 du groupe fondamental de C_i et un système local A_i localement isomorphe à $\mathbb{Z}$, défini par la suite exacte de faisceaux sur C_i

$$0 \to A_i \to \pi_{i*}\mathbb{Z} \xrightarrow{\mathrm{Tr}} \mathbb{Z} \to 0 ,$$

où Tr est la "somme des valeurs sur les deux feuillets du revêtement".

On a

(3.2) $H^0(C_i , A_i) = 0$, $H^1(C_i , A_i) = \mathbb{Z}/2$, $H^2(C_i , A_i) = \mathbb{Z}/2$.

Nous n'utiliserons d) que pour prouver le fait suivant

<u>Lemme</u> 3.3.- X <u>est unirationnel.</u>

La surface S est une quadrique dans $\mathbb{P}^3(\mathbb{C})$, donc est rationnelle. Puisque X_S/S admet une section, on a un isomorphisme birationnel $X_S \sim S \times \mathbb{P}^1(\mathbb{C})$, et X est image de la variété rationnelle X_S .

Les neuf points singuliers de X sont des points quadratiques ordinaires. On peut résoudre chacun d'eux comme suit (cf. [3])

a) On l'éclate ; ceci résoud X et remplace le point singulier par une quadrique P , isomorphe à $\mathbb{P}^1(\mathbb{C}) \times \mathbb{P}^1(\mathbb{C})$.

b) On choisit une projection $P \xrightarrow{\beta} \mathbb{P}^1(\mathbb{C})$, et on contracte dans l'éclaté $\widetilde{X}_1$ de X les fibres de cette projection ; c'est possible car β est lisse, que ses fibres sont isomorphes à $\mathbb{P}^1(\mathbb{C})$ et que le fibré normal à P dans $\tilde{X}_1$ induit sur chaque fibre un fibré $\mathcal{O}(-1)$ ([8]).

Soit $\tilde{X}$ la variété obtenue. On dispose d'une application de $\tilde{X}$ dans X, et $\tilde{X}$ se déduit de X en remplaçant chaque point singulier par une droite projective. Les fibres de la projection $p : \tilde{X} \to \mathbb{P}^2(\mathbb{C})$ sont des trois types suivants

$s \notin C_1 \cup C_2$ — une conique

$s \in C_1 \cup C_2$, $s \notin C_1 \cap C_2$ — deux droites concourantes

$s \in C_1 \cap C_2$ — trois droites comme indiqué.

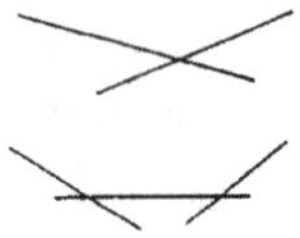

Quand on passe du point générique η de $\mathbb{P}^2(\mathbb{C})$ au point générique η_i de C_i $(i = 1,2)$ à $s \in C_1 \cap C_2$, les composantes irréductibles se spécialisent comme indiqué dans le diagramme suivant

(3.4)

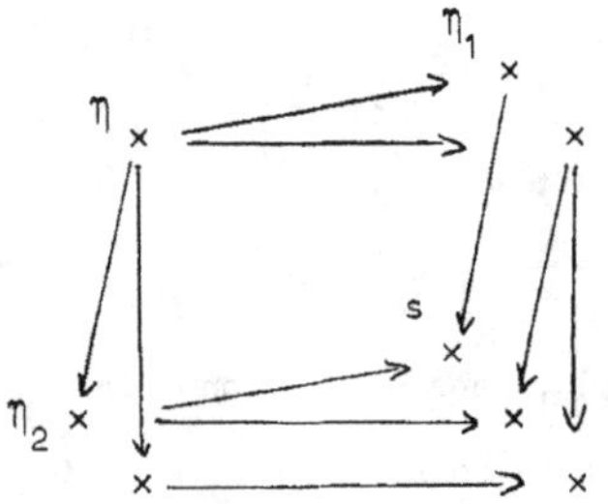

(les croix représentent des composantes irréductibles, les multiplicités sont toutes **un**). La fastidieuse vérification de ce résultat local est omise. On en tire

<u>Lemme</u> 3.5.- <u>On a</u> $R^0p_*\underline{\mathbb{Z}} = \underline{\mathbb{Z}}$, $R^1p_*\mathbb{Z} = 0$ <u>et une suite exacte de faisceaux</u>

$$0 \to A_1 \oplus A_2 \to R^2p_*\underline{\mathbb{Z}} \xrightarrow{\mathrm{Tr}} \underline{\mathbb{Z}} \to 0 .$$

On peut maintenant utiliser la suite spectrale de Leray de p pour calculer $H^*(\tilde{X}, \mathbb{Z})$. Le fait essentiel est le suivant (qui implique l'irrationalité de X).

<u>Lemme</u> 3.6.- <u>On a</u> $H^3(\tilde{X}, \mathbb{Z}) = \mathbb{Z}/(2)$.

Calculons les termes E_2 de la suite spectrale de Leray de p . On a

$R^o p_* \mathbb{Z} = \mathbb{Z}$ donc $E^{p,o} = \mathbb{Z}, 0, \mathbb{Z}, 0, \mathbb{Z}$ pour $p = 0$ à 4 ,

et $R^1 p_* \mathbb{Z} = 0$ donc $E^{p,1} = 0$.

Pour calculer $E^{p,2} = H^p(R^2 p_* \underline{\mathbb{Z}})$, on utilise la suite exacte longue définie par la suite exacte courte de faisceaux 3.5. On trouve

$$0 \to E^{o,2} \xrightarrow{a} \mathbb{Z} \xrightarrow{j} \mathbb{Z}/2 \oplus \mathbb{Z}/2 \to E^{1,2} \to 0 ,$$

$$0 \to \mathbb{Z}/2 \oplus \mathbb{Z}/2 \to E^{2,2} \to \mathbb{Z} \to 0 ,$$

$$E^{3,2} = 0 \quad \text{et} \quad E^{4,2} = \mathbb{Z} .$$

On vérifie facilement que $a(E^{o,2}) = 2\mathbb{Z}$ (ce fait n'est d'ailleurs pas nécessaire à la démonstration de $H^3(\tilde{X}, \mathbb{Z})_{tors} \neq 0$). Les E_2^{pq} sont donc les suivants

q					
	$2\mathbb{Z}$	$\mathbb{Z}/2$	$E^{2,2}$	0	$\mathbb{Z}$
	0	0	0	0	0
	$\mathbb{Z}$	0	$\mathbb{Z}$	0	$\mathbb{Z}$
					p

Les différentielles d_r ne peuvent qu'être nulles, de sorte que $E_2^{pq} = E_\infty^{pq}$, et le lemme en résulte.

On voit qu'il était essentiel de disposer de <u>deux</u> courbes $C_i \subset \mathbb{P}^2(\mathbb{C})$ le long desquelles X dégénère, car on tue un groupe $\mathbb{Z}/2$ en passant de $H^1(\mathrm{Ker}(R^2 p_* \mathbb{Z} \to \underline{\mathbb{Z}}))$ à $H^1 R^2 p_* \mathbb{Z} = E^{1,2}$.

Il reste à effectuer les constructions promises. Artin et Mumford savent prouver <u>a priori</u> l'existence d'un fibré en coniques du type voulu. Je me contenterai de donner des équations qui en définissent un.

1) L'image de f_1f_2 dans $H^o(Q, \mathcal{O}(6))$ est le carré de $g_1 \in H^o(Q, \mathcal{O}(3))$, car Q est rationnelle et les zéros de f_1f_2 sur Q sont doubles. Ce g_1 se relève en $g \in H^o(\mathbb{P}^2(\mathbb{C}), \mathcal{O}(3))$ car $H^1(\mathbb{P}^2(\mathbb{C}), \mathcal{O}(1)) = 0$. Puisque $f_1f_2 - g^2$ s'annule sur Q, c'est un multiple de q :

$$f_1f_2 = g^2 + qd .$$

2) On prend $V = \mathcal{O}(-1) \oplus \mathcal{O}(-2) \oplus \mathcal{O}$, et la forme

$$\Phi : V \to \mathcal{O} : (x, y, z) \longmapsto qx^2 + 2gxy - dy^2 - z^2 .$$

On a $\Delta = g^2 + qd = f_1f_2$. En un point où Φ serait de rang ≤ 1, on aurait $\Delta = q = d = 0$, d'où $g = 0$, et $\Delta = g^2 + qd$ aurait un zéro double. Ceci est absurde car $C_1 \cap C_2 \cap Q = \emptyset$. Enfin, S s'identifie au sous-schéma de X d'équation $y = 0$, et d) e) en résultent.

BIBLIOGRAPHIE

[1] A. ANDREOTTI - On a theorem of Torelli, Am. J. of Math., 80 4 (1958), p. 801-828.

[2] M. ARTIN and D. MUMFORD - Some elementary examples of unirational varieties which are not rational, Journal London Math. Soc., (to appear).

[3] M. ATIYAH - On analytic surfaces with double points, Proc. Roy. Soc. London, Ser. A 247 (1958), p. 237-244.

[4] C. H. CLEMENS and P. A. GRIFFITHS - The intermediate jacobian of the cubic threefold, preprint.

[5] H. HIRONAKA - Resolution of singularities of an algebraic variety over a field of characteristic zero : I, II, Ann. of Math., 79 (1964), p. 109-326.

[6] Ju. I. MANIN et V. A. ISKOVSKIH - L'hypersurface quartique de dimension trois, et un contre-exemple au problème de Lüroth, Mat. Sbornik, 86 1 (1971),140-166

[7] L. ROTH - Algebraic threefolds, Ergebnisse der Math., Heft 6, Springer-Verlag, 1955.

[8] B. SAINT-DONAT - Sur un théorème de G. Castelnuovo et F. Enriques, Thèse de 3ème Cycle, Lyon 1968.

[9] J.-P. SERRE - Critère de rationalité pour les surfaces algébriques (d'après K. Kodaira), Séminaire Bourbaki, exposé 146, volume 1956/57, W. A. Benjamin, New York.

[10] J.-P. SERRE - On the fundamental group of a unirational variety, J. London Math. Soc. 34 (1959), p. 481-484.

[11] A. WEIL - Introduction à l'étude des variétés kählériennes, Hermann, Paris 1958.

DÉVELOPPEMENTS RÉCENTS DE LA THÉORIE DU POTENTIEL

(Travaux de Jacques FARAUT et de Francis HIRSCH)

par Jacques DENY

I. Introduction : le recto et le verso de la Théorie classique.

La théorie newtonnienne classique sur $\mathbb{R}^3$ est l'étude de deux opérateurs : le laplacien Δ et le noyau newtonnien N , celui-ci étant l'opérateur de convolution par la fonction $1/4\pi r$ ($r(\xi) = |\xi|$, distance du point ξ à l'origine). Ils sont liés par la relation $\Delta N = -I$, où I est l'identité sur le domaine de N (domaine qu'il faudrait définir avec précision).

Le laplacien est le générateur infinitésimal d'un semi-groupe de Feller : le semi-groupe des opérateurs de convolution par les distributions de Gauss. Le noyau N est l'intégrale de ce semi-groupe (en un sens à préciser), ou encore la limite, pour λ tendant vers 0 , de la résolvante R_λ de ce semi-groupe (i.e. l'opérateur de convolution par la fonction $\exp(-\sqrt{\lambda}r)/4\pi r$, $\lambda > 0$).

On sait que la considération de ce semi-groupe permet de donner des interprétations probabilistes (en termes de mouvement brownien) des résultats fondamentaux de la théorie newtonnienne. Plus généralement, à un semi-groupe de Feller (vérifiant quelques conditions de régularité) sur un espace localement compact, on peut associer diverses théories du potentiel : c'est le point de départ de la théorie de Hunt [4] ; on y trouve deux opérateurs (analogues à Δ et N) dont nous allons rappeler les propriétés caractéristiques.

<u>Notations</u>. Si X est un espace localement compact, $\mathcal{C}_0 = \mathcal{C}_0(X, \mathbb{K})$ est l'espace des fonctions continues sur X, à valeurs dans le corps des scalaires $\mathbb{K} = \mathbb{R}$ ou $\mathbb{C}$, tendant vers 0 à l'infini ; $\mathcal{K} = \mathcal{K}(X, \mathbb{K})$ est l'ensemble des fonctions continues à support compact ; $\mathcal{K}^+$ est le sous-ensemble de $\mathcal{K}$ constitué par les éléments ≥ 0.

<u>Principe du maximum</u>.- <u>On dit que l'opérateur linéaire</u> A, <u>défini sur un sous-espace</u> $D(A)$ <u>de</u> $\mathcal{C}_0(X, \mathbb{R})$, <u>vérifie ce principe si</u>, <u>pour tout élément</u> f <u>de</u> $D(A)$, <u>on a</u> $Af(\xi_0) \leq 0$ <u>en tout point</u> $\xi_0 \in X$ <u>vérifiant</u> $f(\xi_0) = \sup_{\xi \in X} f(\xi) \geq 0$.

Il est bien connu que l'opérateur laplacien vérifie le principe du maximum. Plus généralement, tout générateur infinitésimal d'un semi-groupe de Feller vérifie ce principe. Il existe une réciproque, moyennant des hypothèses de densité (théorème de Hille-Yosida-Ray) ; on verra au n° 2 un énoncé plus général, dû à Lumer et Phillips.

Dans le cas où X est un ouvert de $\mathbb{R}^n$ on sait déterminer explicitement (sous forme intégro-différentielle) les opérateurs A vérifiant le principe du maximum et dont le domaine contient suffisamment de fonctions régulières (cf. Courrège [1]). Pour $X = \mathbb{R}^n$ la formule obtenue se réduit à celle de Lévy-Khintchine lorsque A permute avec les translations ; l'opérateur A est l'opérateur de convolution par une distribution d'un type particulier, appelée "laplacien généralisé".

<u>"Coprincipe" du maximum</u>.- <u>On dit que l'opérateur linéaire</u> V, <u>défini sur un sous-espace</u> $D(V)$ <u>de</u> $\mathcal{C}_0(X, \mathbb{R})$, <u>vérifie ce principe si</u>, <u>pour tout élément</u> f <u>de</u> $D(V)$, <u>on a</u> $f(\xi_0) \geq 0$ <u>en tout point</u> $\xi_0 \in X$ <u>vérifiant</u> $Vf(\xi_0) = \sup_{\xi \in X} Vf(\xi) \geq 0$.

Dans le cas important $D(V) = \mathfrak{K}$, une forme affaiblie de ce principe (remplacer dans l'énoncé "en tout point ξ_0 " par "en au moins un point ξ_0 , s'il en existe") est équivalente au <u>principe complet du maximum</u> (de Cartan et Deny) : <u>pour tout élément</u> f <u>de</u> $\mathfrak{K}(X, \mathbb{R})$ <u>la relation</u> $Vf(\xi) \leq 1$ <u>sur</u> $\{\xi ; f(\xi) > 0\}$ <u>entraîne</u> $Vf \leq 1$. D'autre part, si l'image de V est dense dans $\mathcal{C}_0$, toutes ces propriétés sont équivalentes (voir les démonstrations dans [4] et [5]).

Le noyau newtonnien possède ces propriétés. Il en est de même des résolvantes d'un semi-groupe de Feller. En sens inverse on a le célèbre théorème de Hunt : si l'opérateur V défini sur $\mathfrak{K}$ vérifie le principe complet du maximum et si l'image $V(\mathfrak{K})$ est dense dans $\mathcal{C}_0$, il existe un semi-groupe de Feller $\{P_t\}_{t \geq 0}$ tel qu'on ait $Vf = \int_0^\infty P_t f \, dt \quad (f \in \mathfrak{K})$. Plus généralement (Lion) si V , défini sur $\mathfrak{K}$, vérifie la forme affaiblie du "coprincipe" du maximum, il existe une famille résolvante sous-markovienne $\{R_\lambda\}_{\lambda > 0}$ telle qu'on ait $Vf = \lim_{\lambda \to 0} R_\lambda f \quad (f \in \mathfrak{K})$; aucune hypothèse n'est faite sur la densité de l'image. A noter que les démonstrations données dans [4] et [5] supposent X dénombrable à l'infini.

2. <u>Opérateurs dissipatifs et opérateurs codissipatifs.</u>

Soit E un espace de Banach sur $\mathbb{K}$; la norme sur E est notée $\| . \|$.

On dit que l'opérateur linéaire A (non partout défini sur E) est <u>dissipatif</u> si, pour tout $\lambda > 0$ et tout élément $x \in D(A)$ on a $\|\lambda x - Ax\| \geq \|\lambda x\|$.

Cette définition est équivalente à celle de Kato (à l'aide d'un produit semi-intérieur). Tout opérateur vérifiant le principe du maximum est dissipatif (cas de $E = \mathcal{C}_0(X, \mathbb{R})$).

Un résultat essentiel concernant les opérateurs dissipatifs est le théorème de Lumer-Phillips : Soit A un opérateur linéaire de domaine $D(A)$; pour que A soit préfermé et que son plus petit prolongement fermé soit le générateur infinitésimal d'un semi-groupe à contraction sur E, il faut et il suffit que les conditions suivantes soient remplies :

(a) $D(A)$ est dense ;

(b) A est dissipatif ;

(c) l'image de $\lambda I - A$ est dense dans E pour un $\lambda > 0$ (et par suite pour tout $\lambda > 0$).

D'une façon analogue on dit (Hirsch) que l'opérateur linéaire V (non partout défini sur E) est codissipatif si, pour tout $\lambda > 0$ et tout élément $x \in D(V)$, on a $\|\lambda Vx\| \leq \|x + \lambda Vx\|$.

Le noyau newtonnien, plus généralement tout opérateur vérifiant le "coprincipe" du maximum, est codissipatif.

Il existe un résultat analogue au théorème de Lumer-Phillips concernant les opérateurs codissipatifs ; il met en jeu une famille résolvante (et non un semi-groupe). Rappelons d'abord qu'une famille résolvante sur E est une famille $\{R_\lambda\}_{\lambda > 0}$ d'opérateurs bornés, vérifiant l'équation résolvante

$$(\lambda - \mu)R_\lambda R_\mu = R_\mu - R_\lambda \qquad (\lambda > 0 \, , \, \mu > 0) \, .$$

La famille est dite à contraction si on a $\|\lambda R_\lambda\| \leq 1$ pour tout $\lambda > 0$. La famille résolvante est dite de classe L_o (Hirsch) si, pour tout élément $x \in E$, on a $\lim_{\lambda \to 0} \lambda R_\lambda x = 0$. Lorsqu'il en est ainsi l'ensemble $D(V)$ des points x de E pour lesquels $Vx = \lim_{\lambda \to 0} R_\lambda x$ existe est partout dense ; l'opérateur linéaire V ainsi défini est fermé ; on l'appelle cogénérateur de la famille résolvante. On dira enfin qu'un opérateur linéaire V "précoengendre" la famille résolvante $\{R_\lambda\}$ si V est préfermé et si son plus petit prolongement fermé est le cogénérateur de $\{R_\lambda\}$.

On peut alors énoncer (Hirsch) : soit V un opérateur de domaine $D(V)$; pour que V "précoengendre" une famille résolvante à contraction, il faut et il suffit que les propriétés suivantes aient lieu :

(a) $D(V)$ est dense dans E ;

(b) V est codissipatif ;

(c) l'image de $I + \lambda V$ est dense dans E pour un $\lambda > 0$ (et par suite pour tout $\lambda > 0$).

Remarques.- 1°) Si V est un opérateur dissipatif (ou codissipatif) on a $\overline{\ker V} \cap \overline{\operatorname{Im} V} = \{0\}$, et la somme $\overline{\ker V} + \overline{\operatorname{Im} V}$ est fermée.

Cette remarque de Hirsch se déduit aisément du lemme suivant : si V est codissipatif, on a $\|x + y\| \geq \|x\|$ pour tout $x \in \overline{\operatorname{Im} V}$ et tout $y \in \overline{\ker V}$ (appliquer la définition de la codissipativité à l'élément $z + \lambda y$ avec $z \in D(V)$, $y \in \ker V$, $\lambda > 0$, puis faire tendre λ vers l'infini). Il en résulte que si l'image de V est dense, V est injectif.

2°) Si V est un opérateur dissipatif (resp. codissipatif) de domaine dense, il est préfermé et son plus petit prolongement fermé est dissipatif (resp. codissipatif) ; cela n'entraîne pas que V "préengendre" un semi-groupe à contraction (resp. "précoengendre" une famille résolvante à contraction) : la condition (c) du théorème de Lumer-Phillips n'est pas en général une conséquence des conditions (a) et (b). Cependant, on verra des cas importants où ceci a lieu.

3. Principe du maximum du module et applications.

Les notions et résultats de ce paragraphe sont dus à J. Faraut [2]. Le point de départ est une propriété importante du générateur infinitésimal d'un semi-groupe à contraction sur $\mathcal{C}_0(X, \mathbb{K})$, propriété plus faible que le principe du maximum (vérifié dans le cas particulier où le semi-groupe est de Feller). En voici l'énoncé :

DÉFINITION.- On dit qu'un opérateur A non partout défini sur $\mathcal{C}_0(X, \mathbb{C})$ vérifie le principe du maximum du module si, pour tout élément f de $D(A)$, on a $R_e Af(\xi) \leq 0$ en tout point ξ de X tel que $f(\xi) = \|f\|$.

Un tel opérateur est dissipatif. Le théorème de Lumer-Phillips montre donc qu'inversement, sous certaines hypothèses de densité, un opérateur vérifiant le principe du maximum du module "préengendre" un semi-groupe à contraction sur $\mathcal{C}_0$. On va étudier un cas important où l'hypothèse (c) du théorème de Lumer-Phillips est une conséquence des deux premières.

DÉFINITION.- Une distribution T sur $\mathbb{R}^n$ est dite distribution de Faraut si, pour tout élément f de $\mathcal{D}(\mathbb{R}^n)$ vérifiant $f(0) = \|f\|$, on a $R_e T(f) \leq 0$.

Tout laplacien généralisé est donc une distribution de Faraut.

Hors tout voisinage fermé de l'origine, une distribution de Faraut T coïncide avec une mesure bornée. En effet, soit $\varepsilon > 0$ et soit g un élément fixe de $\mathcal{D}(\mathbb{R}^n)$ vérifiant $\mathrm{supp}(g) \subset B(0, \varepsilon)$ et $1 = g(0) = \|g\|$. Soit $f \in \mathcal{D}(\complement B(0, \varepsilon))$; posons $h = \|f\|g + e^{i\alpha}f$, où α est réel et tel que $T(e^{i\alpha}f) \geq 0$. On a $h(0) = \|h\|$, d'où $0 \leq R_e T(h) = \|f\| R_e T(g) + |T(f)|$, d'où finalement $|T(f)| \leq R_e T(-g)\|f\|$, d'où le résultat.

On en déduit qu'on peut prolonger T aux fonctions indéfiniment dérivables bornées ; en particulier, en prenant pour f un caractère de $\mathbb{R}^n$, on voit qu'on a $R_e\hat{T} \leq 0$, où la fonction continue $\hat{T}$ est la transformée de Fourier de T.

DÉFINITION.- Une famille $\{\mu_t\}_{t>0}$ de mesures complexes sur $\mathbb{R}^n$ est dite un semi-groupe de type (H) si elle vérifie les propriétés suivantes :

(a) la variation totale de μ_t est ≤ 1 $(t > 0)$;

(b) on a $\mu_{s+t} = \mu_s * \mu_t$ $(s > 0, t > 0)$;

(c) μ_t tend faiblement vers δ lorsque t tend vers 0.

Pour qu'une famille $\{P_t\}_{t>0}$ d'opérateurs sur $\mathcal{C}_0(\mathbb{R}^n, \mathbb{C})$ soit un semi-groupe à contraction et que les P_t permutent avec les translations de $\mathbb{R}^n$, il faut et il suffit qu'il existe un semi-groupe $\{\mu_t\}$ de type (H) tel que P_t soit l'opérateur de convolution par μ_t.

THÉORÈME.- Pour qu'une distribution T sur $\mathbb{R}^n$ soit une distribution de Faraut, il faut et il suffit qu'il existe un semi-groupe $\{\mu_t\}$ de type (H) tel qu'on ait, au sens des distributions

$$T = \lim_{t \to 0} \frac{\mu_t - \delta}{t} ;$$

un tel semi-groupe $\{\mu_t\}$ est unique.

Soit en effet T une distribution de Faraut. Posons $Af = T * f$ pour $f \in \dot{\mathcal{B}}$ (espace des fonctions indéfiniment dérivables tendant vers 0 à l'infini ainsi que chacune de leurs dérivées). La partie importante de l'énoncé (nécessité) résultera du théorème de Lumer-Phillips si on démontre que, pour tout $\lambda > 0$, $(\lambda I - A)(\dot{\mathcal{B}})$ est dense dans $\mathcal{C}_0$. Or cette image contient $\mathcal{F}(\mathcal{K})$, où $\mathcal{F}$ désigne la transformation de Fourier, car l'équation $\lambda\varphi - A\varphi = \mathcal{F}^{-1}\psi$ (avec $\psi \in \mathcal{K}$) admet une solution dans $\dot{\mathcal{B}}$, à savoir $\mathcal{F}^{-1}(\psi/(\lambda - \hat{T}))$; en effet, on a $R_e\hat{T} \leq 0$, donc

$\psi/(\lambda - \hat{T})$ est un élément de $\mathfrak{K}$.

Le problème se pose de déterminer explicitement toutes les distributions de Faraut sur $\mathbb{R}^n$. A cet effet on observe d'abord que, à tout laplacien généralisé S sur le produit $\mathbb{R}^n \times \mathbb{T}$, on peut associer une distribution de Faraut sur $\mathbb{R}^n$, à savoir la distribution $T = \pi(S)$ définie par $T(f) = S(e^{i\theta}f)$ $(f \in \mathcal{D}(\mathbb{R}^n))$. Alors :

THÉORÈME.- <u>L'application</u> π <u>du cône</u> Q <u>des laplaciens généralisés sur</u> $\mathbb{R}^n \times \mathbb{T}$ <u>dans le cône</u> P <u>des distributions de Faraut sur</u> $\mathbb{R}^n$ <u>est surjective.</u>

Voici le principe de la démonstration (qui est loin d'être immédiate) : Posons $u(\xi) = 1/(1 + |\xi|^2)$. On commence par établir la décomposition

$$P = P \cap (-P) + \bigcup_{\lambda \geq 0} \lambda M ,$$

où M est l'ensemble des $T \in P$ vérifiant $R_e T(\xi_j u) = 0$ $(j = 1,2,\ldots,n)$ et $T(u) = 1$. On montre que les éléments de $P \cap (-P)$ sont les distributions de la forme $ic\delta + \sum_j b_j D_j$ (où c et les b_j sont réels) ; une telle distribution est l'image par π de l'élément $-cD_\theta + \sum_j b_j D_j$ de Q . D'autre part, on montre que les points extrémaux du convexe M ont un support contenant au plus un point différent de l'origine (c'est la partie délicate) ; on en déduit leur expression explicite, d'où il résulte qu'elles sont les images par π d'éléments de Q . On conclut grâce au théorème de Krein et Milman et un argument de compacité.

L'expression des laplaciens généralisés sur $\mathbb{R}^n \times \mathbb{T}$ (formule de Lévy-Khintchine) fournit alors une représentation intégro-différentielle des distributions de Faraut. Donnons cette représentation dans le cas (particulièrement important pour les applications) des distributions de $P(\mathbb{R}_+)$, i.e. des distributions de Faraut qui engendrent un semi-groupe de type (H) de mesures portées par $[0, \infty[$:

$$T(f) = af'(0) - bf(0) + \iint [e^{i\theta} f(t) - (1 + i \frac{\sin \theta}{1+t}) f(0)] d\sigma(t,\theta) ,$$

avec $a \geq 0$, $R_e b \geq 0$, et σ étant une mesure ≥ 0 sur $]0, +\infty[\times \mathbb{T}$, vérifiant $\iint \frac{1 - \cos \theta + t}{1 + t} d\sigma(t,\theta) < \infty$.

Les distributions de Faraut ont des applications intéressantes à l'Analyse harmonique et à l'Analyse fonctionnelle. Mentionnons brièvement une application au calcul symbolique sur les générateurs infinitésimaux de semi-groupes. On sait (cf. par exemple, L. Schwartz [7]) qu'à un semi-groupe à contraction $\{P_t\}$ sur un espace de Banach E on peut associer un homomorphisme G de $\mathfrak{M}(R_+)$ (algèbre des mesures bornées portées par R_+) dans $\mathcal{L}(E)$, défini par

$$G(\mu)x = \int_0^\infty P_t x \, d\mu(t) \qquad (x \in E) .$$

Cet homomorphisme se prolonge aux distributions T de $\mathcal{D}'_{L^1}(R_+)$, mais l'opérateur fermé $G(T)$, qu'on définit par régularisation, est en général non borné ; en particulier $G(-\delta')$ est le générateur infinitésimal du semi-groupe.

THÉORÈME.- Soit $\{P_t\}$ un semi-groupe à contraction sur E , et soit G l'homéomorphisme d'algèbre associé. Soit $\{\mu_t\}$ un semi-groupe de type (H), dont les éléments sont des mesures portées par R_+ . Alors $\{G(\mu_t)\}$ est un semi-groupe à contraction sur E dont le générateur infinitésimal est $G(T)$, où T est la distribution de Faraut qui "engendre" le semi-groupe $\{\mu_t\}$.

Ce résultat admet une interprétation élégante : les fonctions qui "opèrent" sur les générateurs infinitésimaux des semi-groupes à contraction sont les transformées de Laplace des distributions du cône $P(R_+)$.

4. Enoncés abstraits des principes ; extensions des théorèmes de Hunt et Lion.

Les notions et résultats de ce paragraphe sont dus à F. Hirsch [3]. On notera B' et S' la boule-unité et la sphère-unité du dual E' de l'espace de Banach E, $\mathcal{E}$ l'ensemble des points extrémaux de B', enfin $\hat{\mathcal{E}}$ l'ensemble des points de S' qui sont faiblement adhérents à $\mathcal{E}$.

Par exemple pour $E = \mathcal{C}_0(X, \mathbb{C})$, $\mathcal{E} = \hat{\mathcal{E}}$ est l'ensemble des mesures de la forme $e^{i\alpha}\delta_\xi$, avec $\alpha \in \mathbb{R}$ et $\xi \in X$; cet ensemble n'est pas faiblement fermé si X n'est pas compact.

A tout $x \in E$ associons l'ensemble $W(x)$ des formes $\varphi \in S'$ vérifiant $\langle x, \varphi\rangle = \|x\|$. On a évidemment $W(0) = S'$. Pour $x \neq 0$, $W(x)$ est une partie convexe de S', fermée et non vide (d'après Hahn-Banach) ; il en résulte que $W(x)$ contient au moins un point de $\mathcal{E}$.

Voici alors une caractérisation des opérateurs dissipatifs et des opérateurs codissipatifs ; la première partie précise un résultat de Kato [8] :

THÉORÈME.- Pour qu'un opérateur linéaire A défini dans E soit dissipatif, il faut et il suffit que, pour tout élément $x \in D(A)$, il existe au moins un élément $\varphi \in \hat{\mathcal{E}}$ tel qu'on ait $\langle x, \varphi\rangle = \|x\|$ et $R_e \langle Ax, \varphi\rangle \leq 0$.

Pour que l'opérateur V soit codissipatif il faut et il suffit que, pour tout élément $x \in D(V)$, il existe au moins un élément $\varphi \in \hat{\mathcal{E}}$ tel qu'on ait $\langle Vx, \varphi\rangle = \|Vx\|$ et $R_e\langle x, \varphi\rangle \geq 0$.

Donnons la démonstration dans le cas codissipatif. Supposons la condition vérifiée. Soit $x \in D(V)$. Par hypothèse il existe $\varphi \in S'$ avec $\langle Vx, \varphi\rangle = \|Vx\|$ et

$R_e\langle x, \varphi\rangle \geq 0$, d'où, pour $\lambda > 0$,

$$\|\lambda Vx\| = \lambda\langle Vx, \varphi\rangle \leq R_e\langle x + \lambda Vx, \varphi\rangle \leq \|x + \lambda Vx\| ,$$

donc V est codissipatif.

Supposons inversement V codissipatif et soit $x \in D(V)$. On peut supposer $Vx \neq 0$ (sinon tout élément $\varphi \in S'$ convient). A tout $\lambda > 0$ associons un élément φ_λ de $\mathfrak{E} \cap W(x + \lambda Vx)$. On a

$$\|\lambda Vx\| \leq \|x + \lambda Vx\| = \langle x + \lambda Vx, \varphi_\lambda\rangle \leq R_e\langle x, \varphi_\lambda\rangle + \|\lambda Vx\| ,$$

d'où $R_e\langle x, \varphi_\lambda\rangle \geq 0$. Soit alors $\varphi \in B'$ une valeur d'adhérence faible de φ_λ lorsque λ tend vers $+\infty$. En passant à la limite on obtient $R_e\langle x, \varphi\rangle \geq 0$; d'autre part, l'égalité $\|x + \lambda Vx\| = \langle x + \lambda Vx, \varphi_\lambda\rangle$ donne $\|Vx\| = \langle Vx, \varphi\rangle$. Il reste à vérifier qu'on a $\|\varphi\| = 1$, ce qui résulte immédiatement de l'hypothèse $Vx \neq 0$.

Dans le cas $E = \mathcal{C}_0(X, \mathbb{C})$ l'expression des éléments de $\hat{\mathfrak{E}}$ conduit au résultat suivant : <u>pour que l'opérateur</u> A <u>soit dissipatif, il faut et il suffit que, à tout élément</u> $f \in D(A)$, <u>on puisse associer un nombre réel</u> α <u>et un point</u> $\xi \in X$ <u>tels qu'on ait</u>

$$e^{i\alpha} f(\xi) = \|f\| \quad \underline{\text{et}} \quad R_e(e^{i\alpha} Af(\xi)) \leq 0 .$$

Cette propriété caractéristique est plus faible que le principe du maximum du module ; elle lui est équivalente lorsque le domaine de A est partout dense dans $\mathcal{C}_0$.

On a un résultat analogue concernant les opérateurs codissipatifs sur $\mathcal{C}_0(X, \mathbb{C})$; un tel opérateur est caractérisé par une propriété qu'on pourrait appeler "coprincipe faible" du maximum du module. Lorsque l'<u>image</u> de V est dense, cette propriété est équivalente à la suivante ("coprincipe" du maximum du module) : pour tout élément f de $D(V)$, on a $R_e f(\xi) \geq 0$ en tout point $\xi \in X$ tel que $Vf(\xi) = \|Vf\|$.

Dans le cas réel, on a l'énoncé suivant :

THÉORÈME.- Soit V un opérateur de domaine partout dense dans l'espace de Banach réel E ; pour que V soit codissipatif il faut et il suffit que, pour tout élément x de $D(V)$, la relation " $\langle Vx, \varphi\rangle \leq 1$ pour tout $\varphi \in \mathcal{E}$ tel que $\langle x, \varphi\rangle > 0$ " entraîne $\|Vx\| \leq 1$.

C'est une conséquence non immédiate du théorème précédent. Dans le cas $E = \mathcal{C}_0(X, \mathbb{R})$ la condition peut s'énoncer ainsi : pour tout élément $f \in D(V)$ les relations $Vf(\xi) \leq 1$ sur $\{f(\xi) > 0\}$ et $Vf(\xi) \geq -1$ sur $\{f(\xi) < 0\}$ entraînent $\|Vf\| \leq 1$. On reconnait là une forme affaiblie du principe complet du maximum (cf. n° 1).

Cette nouvelle forme de la condition permet une extension intéressante du théorème de Hunt et Lion :

THÉORÈME.- Soit V un opérateur linéaire de $\mathcal{C}_0(X, \mathbb{R})$ dont le domaine contient $\mathcal{K}(X, \mathbb{R})$. Pour que V "précoengendre" une famille résolvante à contraction, il faut et il suffit qu'il soit codissipatif.

Donnons brièvement la démonstration, qui mérite d'être connue, même dans le cas classique de Hunt et Lion (elle évite un laborieux procédé d'approximation). La condition est évidemment nécessaire. Pour montrer qu'elle est suffisante il suffit de vérifier (d'après le n° 2) que, pour $\lambda > 0$, l'image de $I + \lambda V$ est partout dense dans $\mathcal{C}_0$.

Or soit $\varphi \in \mathcal{K}^+(X)$. On voit facilement que l'opérateur partout défini $V_\varphi : f \to V(f\varphi)$ vérifie la forme affaiblie du principe complet du maximum, donc est codissipatif. Il est donc borné (car il est préfermé et partout défini). De plus on a $\mathrm{Im}(I + \lambda V_\varphi) = \mathcal{C}_o$ (il en est ainsi pour les petites valeurs de λ). Soit alors μ une mesure bornée orthogonale à $\mathrm{Im}(I + \lambda V)$. Soit $f_\varphi \in \mathcal{C}_o$ tel que $f = f_\varphi + \lambda V_\varphi f_\varphi$ (où f est donné dans $\mathcal{C}_o$). D'après la codissipativité de V_φ on a $\|f_\varphi\| \leq 2\|f\|$. D'autre part, écrivant $f = (1 - \varphi)f_\varphi + (I + \lambda V)\varphi f_\varphi$, il vient

$$\langle f , \mu\rangle = \int f \, d\mu = \int (1 - \varphi)f_\varphi \, d\mu ,$$

d'où

$$\left|\int f \, d\mu\right| \leq 2\|f\| \int |1 - \varphi| \, d|\mu| .$$

L'arbitraire sur φ entraîne $\int f \, d\mu = 0$, d'où finalement $\mu = 0$, ce qui prouve la densité de l'image de $I + \lambda V$.

<u>Remarques</u>.- 1°) Dans le cas où l'opérateur codissipatif V (défini dans $\mathcal{C}_o$) est positif, on pourrait se demander s'il vérifie le principe complet du maximum (et non seulement la forme affaiblie) ; il n'en est rien (contre-exemple sur un espace à trois points).

2°) Dans le cas $X = \mathbb{R}^n$, supposons que $V \neq 0$ soit codissipatif et permute avec les translations. Alors V est un précogénérateur, même si on ne suppose pas que son domaine contient $\mathfrak{X}$. Ce résultat est intéressant, car il englobe le cas du noyau logarithmique dans le plan ; il se démontre par une méthode de balayage.

3°) Il existe des opérateurs codissipatifs de domaine et d'image dense dans $\mathcal{C}_o(]0,1[, \mathbb{R})$ qui ne sont pas des précogénérateurs.

BIBLIOGRAPHIE

[1] Ph. COURRÈGE - Sur la forme intégro-différentielle des opérateurs de $\mathcal{C}_k^\infty$ dans $\mathcal{C}$ satisfaisant au principe du maximum, Séminaire de Théorie du potentiel, Faculté des Sciences de Paris, 10e année, 1965/66, n° 2.

[2] J. FARAUT - Semi-groupes de mesures complexes et calcul symbolique sur les générateurs infinitésimaux de semi-groupes d'opérateurs, Ann. Inst. Fourier, 20 (1970), p. 235-301.

[3] F. HIRSCH - Familles résolvantes, générateurs, cogénérateurs, potentiels, à paraître aux Annales de l'Institut Fourier.

[4] G. A. HUNT - Markoff processes and potentials, Illinois J. of Math, 1 (1957), p. 44-93 et p. 316-369.

[5] G. LION - Familles d'opérateurs et frontières en théorie du potentiel, Ann. Inst. Fourier, 16 (1966), fasc. 2, p. 389-453.

[6] G. LUMER and R. S. PHILLIPS - Dissipative operators in a Banach space, Pacific J. of Math., 11 (1961), p. 679-698.

[7] L. SCHWARTZ - Lectures on mixed problems in partial differential equations and representation of semi-groups, Tata Institute, Bombay, 1958.

[8] T. KATO - Nonlinear semi-groups and evolution equations, J. of Math. Soc. Japan, 19 (1967), p. 508-520.

Séminaire BOURBAKI 404-01
24e année, 1971/72, n° 404 Novembre 1971

LE THÉORÈME DES IMAGES DIRECTES DE GRAUERT

[d'après KIEHL-VERDIER]

par Adrien DOUADY

1. Introduction.

Soient X un espace $\mathbb{C}$-analytique séparé à base dénombrable et $\underline{F}$ un faisceau analytique cohérent sur X. On sait que, pour tout ouvert U de X, l'espace vectoriel $\underline{F}(U)$ est de façon naturelle un espace de Fréchet nucléaire. Si V est un ouvert relativement compact de U, ce que nous écrirons $V \subset\subset U$, la restriction $\rho : \underline{F}(U) \to \underline{F}(V)$ est nucléaire, donc compacte [6].

THÉORÈME de finitude [1].- *Si X est compact, les espaces vectoriels $H^n(X ; \underline{F})$ sont de dimension finie sur $\mathbb{C}$.*

La démonstration de ce résultat utilise les ingrédients suivants :

THÉORÈME de perturbation.- *Soient E et F deux espaces de Fréchet, $f : E \to F$ un morphisme surjectif et $u : E \to F$ un morphisme compact. Alors $\operatorname{Coker}(f - u)$ est de dimension finie et séparé.*

De ce théorème, on déduit facilement :

COROLLAIRE (L. Schwartz).- *Soient $E^\bullet$ et $F^\bullet$ deux complexes d'espaces de Fréchet et $f^\bullet : E^\bullet \to F^\bullet$ un morphisme induisant un isomorphisme sur l'homologie et tel que f^n soit compact. Alors les espaces vectoriels $H^n(E^\bullet)$ et $H^n(F^\bullet)$ sont de dimension finie.*

Pour démontrer le Théorème de finitude, on prend deux recouvrements finis $\underline{V} = (V_i)$ et $\underline{W} = (W_i)$ de X par des ouverts de Stein tels que $W_i \subset\subset V_i$ pour tout i . Posons $E^{\bullet} = C^{\bullet}(X, \underline{V}; \underline{F})$ et $F^{\bullet} = C^{\bullet}(X, \underline{W}; \underline{F})$. D'après le Théorème B de Cartan et le Théorème de Leray, on a $H^n(E^{\bullet}) = H^n(F^{\bullet}) = H^n(X; \underline{F})$. Comme la restriction $\rho : E^{\bullet} \to F^{\bullet}$ est compacte, le Théorème de finitude découle du résultat de Schwartz.

On notera qu'on utilise seulement la compacité de ρ , non sa nucléarité.

Le Théorème des images directes est une "version relative" du théorème de finitude :

THÉORÈME des images directes.- *Soient X et S des espaces* $\mathbb{C}$*-analytiques séparés,* $\pi : X \to S$ *un morphisme propre et* $\underline{F}$ *un faisceau cohérent sur X . Alors les faisceaux* $R^n\pi_*\underline{F}$ *sont cohérents.*

Rappelons que $R^n\pi_*\underline{F}$ est le faisceau sur S associé au préfaisceau $U \mapsto H^n(\pi^{-1}(U); \underline{F})$.

Une démonstration de cet énoncé a été donnée par Grauert en 1960 (cf. [2]). Une tentative a été faite pour l'exposer au Séminaire Bourbaki en Mai 1961. En fait, la démonstration de Grauert était extrêmement pénible et comportait de nombreuses erreurs de détail. Il a fallu attendre 1969 pour que Knorr [3] donne une démonstration correcte, mais toujours pénible. Au Congrès de Nice, en 1970, Kiehl a exposé le principe d'une nouvelle démonstration. Cette démonstration a été réalisée par Kiehl-Verdier [4]. Forster-Knorr [5] ont également obtenu une démonstration élémentaire.

C'est la méthode de Kiehl-Verdier que nous rapportons ici. Elle suit le plan de la démonstration du Théorème de finitude, mais en considérant des modules de

Fréchet sur des algèbres de Fréchet, et en exploitant la nucléarité. Il faut introduire une notion de nucléarité relativement à une algèbre (l'algèbre $\underline{O}(S)$), notion qui décrive les propriétés des restrictions $\rho : \underline{F}(U) \to \underline{F}(V)$ pour $V \subset U \subset X$ et V relativement S-propre dans U . Ceci nécessite de continuels changements d'algèbre, qui correspondent à des rétrécissements de la base S .

A titre d'application, nous indiquons à la fin une démonstration du théorème de semi-continuité.

2. Les foncteurs $\hat{\otimes}_A$ et $\hat{\mathrm{Tor}}_n^A$.

Dans ce n° et le suivant, A désigne une algèbre de Fréchet nucléaire, i.e. un espace de Fréchet nucléaire sur $\mathbf{C}$ muni d'une multiplication bilinéaire continue qui en fait une algèbre commutative associative et unifère. On appelle A-module de Fréchet nucléaire un espace de Fréchet nucléaire E sur $\mathbf{C}$ muni d'une loi bilinéaire continue $A \times E \to E$ qui en fait un A-module. On dit qu'un A-module de Fréchet est nucléairement libre s'il est isomorphe à un A-module de la forme $A \hat{\otimes} V$, où V est un espace de Fréchet nucléaire sur $\mathbf{C}$. Soit E un A-module de Fréchet nucléaire ; on appelle résolution nucléairement libre de E une suite exacte

$$\cdots \to L_n \xrightarrow{d_n} L_{n-1} \to \cdots \to L_o \to E \to 0 ,$$

de A-modules de Fréchet, où les L_i sont nucléairement libres. Une telle résolution est dite directe si, pour tout n , l'image de d_n admet un supplémentaire topologique dans L_{n-1} comme espace vectoriel sur $\mathbf{C}$ (pas comme A-module).

PROPOSITION 1.- a) Tout A-module de Fréchet nucléaire admet une résolution nucléairement libre directe.

b) Soient L. et L'. deux résolutions nucléairement libres directes d'un A-module E . Il existe un morphisme de L'. dans L. unique à homotopie près.

Démonstration. a) Elle répond à la question, la "résolution standard" de E , qu'on obtient en posant $L_n = \underbrace{A \hat{\otimes} \ldots \hat{\otimes} A}_{n+1} \hat{\otimes} E$, la structure de A-module provenant du premier facteur, et

$$d_n(a_o \otimes \ldots \otimes a_n \otimes x) = \Sigma (-1)^i a_o \otimes \ldots \otimes a_i a_{i+1} \otimes \ldots \otimes a_n \otimes x + (-1)^n a_o \otimes \ldots \otimes a_{n-1} \otimes a_n x ;$$

un opérateur d'homotopie, $\mathbb{C}$-linéaire seulement, est donné par $t \longmapsto 1 \otimes t$.

b) Si $L = A \hat{\otimes} V$, on a $\mathcal{L}_A(L ; F) = \mathcal{L}_{\mathbb{C}}(V ; F)$ pour tout A-module de Fréchet F , donc L est projectif au sens suivant : si $F \to G \to 0$ est une suite exacte, directe (sur $\mathbb{C}$), de A-modules de Fréchet, $\mathcal{L}_A(L ; F) \to \mathcal{L}_A(L ; G)$ est surjectif. L'assertion b) en résulte de façon classique.

Soient E et F deux A-modules de Fréchet nucléaires. On pose $E \hat{\otimes}_A F = \mathrm{Coker}\,(d : E \hat{\otimes} A \hat{\otimes} F \to E \hat{\otimes} F)$, où $d(x \otimes a \otimes y) = ax \otimes y - x \otimes ay$. L'espace $E \hat{\otimes}_A F$ est un A-module non nécessairement séparé. Il est séparé si E est nucléairement libre, car si $E = A \hat{\otimes}_{\mathbb{C}} V$, on a $E \hat{\otimes}_A F = V \hat{\otimes}_{\mathbb{C}} F$.

Pour tout n , on définit $\hat{\mathrm{Tor}}_n^A(E , F)$ de la façon suivante : on prend une résolution $L. \to F$ nucléairement libre directe de F et on pose $\hat{\mathrm{Tor}}_n^A(E , F) = H_n(E \hat{\otimes}_A L.)$; c'est un A-module non nécessairement séparé qui, à isomorphisme canonique près, ne dépend pas du choix de L. ; on a $\hat{\mathrm{Tor}}_o^A(E , F) = E \hat{\otimes}_A F$.

On a $\hat{\mathrm{Tor}}_q^A(E , F) = 0$ pour $q > 0$ si F est nucléairement libre, car on peut alors prendre L. réduite à $L_o = F$. Si $0 \to E_1 \to E_2 \to E_3 \to 0$ est une suite exacte courte de A-modules de Fréchet nucléaires, on a une suite exacte courte de complexes $0 \to E_1 \hat{\otimes}_A L. \to E_2 \hat{\otimes}_A L. \to E_3 \hat{\otimes}_A L. \to 0$, d'où une suite exacte (algébrique) longue des $\hat{\mathrm{Tor}}_n$. En prenant pour $L.$ la résolution standard de F , on obtient $E \hat{\otimes}_A L_n = E \hat{\otimes} \underbrace{A \hat{\otimes} \ldots \hat{\otimes} A}_{n} \hat{\otimes} F$, et on constate la symétrie des bifoncteurs $\hat{\mathrm{Tor}}_n^A$. De tout cela on déduit que l'on peut calculer les $\hat{\mathrm{Tor}}_n^A(E, F)$ en prenant une résolution nucléairement libre non nécessairement directe de F .

3. Transversalité.

DÉFINITION 1.- Soient E et F deux A-modules de Fréchet nucléaires. On dit que E et F sont transverses si $E \hat{\otimes}_A F$ est séparé et si $\hat{\mathrm{Tor}}_q^A(E, F) = 0$ pour $q > 0$.

Si E est nucléairement libre, il est transverse à F pour tout F .

Soit $0 \to E_1 \to E_2 \to E_3 \to 0$ une suite exacte, si F est transverse à E_2 et E_3 , il est transverse à E_1 .

Soient $A \to A_1 \to A_2$ des homomorphismes d'algèbres nucléaires et E un A-module de Fréchet nucléaire. Si A_1 et A_2 sont transverses à E sur A , alors A_2 est transverse à $A_1 \hat{\otimes}_A E$ sur A_1 .

PROPOSITION 2.- Soient S_o un espace de Stein, U_o un ouvert de Stein de $\mathbb{C}^n$ et $\underline{F}$ un faisceau analytique cohérent sur $S_o \times U_o$. Soient $S \subset\subset S_o$ et $U \subset\subset U_o$ des ouverts de Stein, et S' un ouvert de Stein de S . Alors $\underline{O}(S')$ et $\underline{F}(S \times U)$ sont transverses sur $\underline{O}(S)$.

Démonstration. L'espace de Fréchet $\underline{O}(S \times U) = \underline{O}(S) \hat{\otimes} \underline{O}(U)$ est un module nucléairement libre sur $\underline{O}(S)$. Soit $\underline{L}. \to \underline{F}$ une résolution libre de $\underline{F}$ sur $S \times U$ (une telle résolution existe d'après le Théorème A). D'après le Théorème B, $\underline{L}.(S \times U)$ est une résolution de $\underline{F}(S \times U)$, nucléairement libre sur $\underline{O}(S)$. On a

$\underline{O}(S') \hat{\otimes}_{\underline{O}(S)} \underline{O}(S \times U) = \underline{O}(S') \hat{\otimes}_{\mathbf{C}} \underline{O}(U) = \underline{O}(S' \times U)$, d'où

$\underline{O}(S') \hat{\otimes}_{\underline{O}(S)} \underline{L}.(S \times U) = \underline{L}.(S' \times U)$. Mais $\underline{L}.(S' \times U)$ est une résolution de $\underline{F}(S' \times U)$, d'où $\underline{O}(S') \hat{\otimes}_{\underline{O}(S)} \underline{F}(S \times U) = \underline{F}(S' \times U)$ et $\hat{\mathrm{Tor}}_q^{\underline{O}(S)}(\underline{O}(S'), \underline{F}(S \times U)) = 0$ pour $q > 0$. C.Q.F.D.

PROPOSITION 3.- Soient $E^{\bullet}$ un complexe borné à droite de A-modules de Fréchet nucléaires, et F un A-module de Fréchet nucléaire, transverse aux E^n . Si $E^{\bullet}$ est acyclique en degré $\geq k$, il en est de même de $F \hat{\otimes}_A E^{\bullet}$.

Démonstration. Les suites exactes $0 \to Z^n(E^{\bullet}) \to E^n \to Z^{n+1}(E^{\bullet}) \to 0$ montrent par récurrence descendante que $Z^n(E^{\bullet})$ est transverse à F pour $n \geq k - 1$. Ces suites restent donc exactes par $\hat{\otimes}_A F$.

COROLLAIRE.- Soient $E^{\bullet}$ et $F^{\bullet}$ deux complexes bornés à droite de A-modules de Fréchet nucléaires, $f : E^{\bullet} \to F^{\bullet}$ un morphisme et M un A-module de Fréchet nucléaire transverse aux E^n et aux F^n . Si f induit un isomorphisme sur l'homologie, il en est de même de $1 \otimes f : M \hat{\otimes}_A E^{\bullet} \to M \hat{\otimes}_A F^{\bullet}$.

S'obtient en appliquant la proposition au "mapping cylinder" de f .

4. Applications A-nucléaires et A-sous-nucléaires.

DÉFINITION 2.- Soient A une algèbre de Fréchet, E et F deux A-modules de Fréchet et $f : E \to F$ une application A-linéaire. On dit que f est A-nucléaire s'il existe une famille équicontinue (ξ_i) d'applications A-linéaires de E dans A , une famille bornée (y_i) d'éléments de F et une famille absolument sommable (λ_i) de nombres complexes telles que, $\forall x \in E$,

$$f(x) = \Sigma \lambda_i \xi_i(x) y_i .$$

On dit que f est A-sous-nucléaire s'il existe un A-module de Fréchet M et un diagramme commutatif

$$\begin{array}{ccc} M & & \\ {\scriptstyle h}\downarrow & \searrow {\scriptstyle g} & \\ E & \xrightarrow{f} & F \end{array}$$

où h est surjectif et g est A-nucléaire.

Si $u : E \to F$ est A-nucléaire, et si $f : E_1 \to E$ et $g : F \to F_1$ sont A-linéaires continues, $g \circ u \circ f$ est A-nucléaire. Si V et W sont des espaces de Fréchet nucléaires et $u : V \to W$ une application $\mathbb{C}$-nucléaire, $1_A \otimes u : A \hat{\otimes} V \to A \hat{\otimes} W$ est A-nucléaire. Par exemple :

PROPOSITION 4.- *Soient* S *un espace de Stein,* U *et* V *deux ouverts de Stein de* $\mathbb{C}^n$ *tels que* $V \subset\subset U$. *Alors la restriction* $\rho : \underline{O}(S \times U) \to \underline{O}(S \times V)$ *est* $\underline{O}(S)$-*nucléaire. Si* $S \subset\subset S_o$ *et* $U \subset\subset U_o$, *où* S_o *et* U_o *sont de Stein, pour tout faisceau analytique cohérent* $\underline{F}$ *sur* $S_o \times U_o$, *la restriction* $\rho : \underline{F}(S \times U) \to \underline{F}(S \times V)$ *est* $\underline{O}(S)$-*sous-nucléaire.*

Soient E et F deux A-modules de Fréchet et $f : E \to F$ une application A-linéaire. Soit F_1 un sous-A-module fermé de F tel que $f(E) \subset F_1$ et notons f_1 l'application $x \mapsto f(x)$ de E dans F_1 . Si f est A-nucléaire, f_1 n'est pas A-sous-nucléaire en général (même si A , E et F sont nucléaires). Cependant :

PROPOSITION 5.- *Avec les notations ci-dessus, supposons* A , E *et* F *nucléaires. Soient* B *une algèbre de Fréchet nucléaire et* $\rho : A \to B$ *un homomorphisme* $\mathbb{C}$-*nucléaire d'algèbres. On suppose que* B *est transverse sur* A *à* E , F *et* F/F_1 . *Alors, si* f *est* A-*sous-nucléaire,* $1_B \otimes f_1 : B \hat{\otimes}_A E \to B \hat{\otimes}_A F_1$ *est* B-*sous-nucléaire.*

<u>Lemme</u> 1.- <u>Si</u> f <u>est</u> <u>A-nucléaire,</u> $\rho \otimes f_1 : E \to B \hat{\otimes}_A F_1$ <u>est</u> <u>C-nucléaire.</u>

<u>Démonstration du lemme</u>. Ecrivons $f(x) = \Sigma \lambda_i \xi_i(x) y_i$ comme dans la définition 2, et factorisons ρ en $A \to A_1 \xrightarrow{\rho_1} B_1 \to B$, où A_1 et B_1 sont des espaces de Banach et ρ_1 est nucléaire. Alors $\rho \otimes f : E \to B \hat{\otimes}_A F$ se factorise en $E \xrightarrow{u} \ell^\infty(A_1) \xrightarrow{R} \ell^1(B_1) \xrightarrow{v} B \hat{\otimes}_A F$, où u est donnée par les ξ_i, v par les y_i, et $R = \Sigma \lambda_i \iota_i \circ \rho_1 \circ \pi_i$ est nucléaire. Donc $\rho \otimes f$ est C-nucléaire de E dans $B \hat{\otimes}_A F$. Grâce aux hypothèses de transversalité, $B \hat{\otimes}_A F_1$ s'identifie à un sous-espace fermé de $B \hat{\otimes}_A F$ et $\rho \otimes f$ applique E dans ce sous-espace, l'application induite étant $\rho \otimes f_1$. Comme E est nucléaire, il en résulte que $\rho \otimes f_1$ est nucléaire.

<u>Démonstration de la proposition</u>. Soit

$$\begin{array}{ccc} M & & \\ {\scriptstyle h}\downarrow & \searrow^{g} & \\ E & \xrightarrow{f} & F \end{array}$$

un diagramme commutatif où h est surjectif et g est A-nucléaire. Alors g induit une application $g_1 : M \to F_1$, et on a un diagramme commutatif

$$\begin{array}{ccc} B \hat{\otimes}_C M & \xrightarrow{1_B \otimes (\rho \otimes g_1)} & B \hat{\otimes}_C (B \hat{\otimes}_A F_1) \\ \downarrow & & \downarrow \\ B \hat{\otimes}_A E & \xrightarrow{1_B \otimes f_1} & B \hat{\otimes}_A F_1 \end{array}$$

qui montre que $1_B \otimes f_1$ est A-sous-nucléaire.

5. Perturbations A-sous-nucléaires.

THÉORÈME 1.- Soient A une algèbre de Fréchet nucléaire, E et F des A-modules de Fréchet nucléaires, f et u deux morphismes de E dans F. On suppose que u est A-sous-nucléaire, et que f est surjectif. Soient A_1 une algèbre de Fréchet et $\rho : A \to A_1$ un homomorphisme d'algèbres qui se factorise à travers une algèbre de Banach B. On suppose A_1 transverse sur A à E et F. Alors le conoyau de $1 \otimes (f - u) : A_1 \hat{\otimes}_A E \to A_1 \hat{\otimes}_A F$ est un A_1-module de type fini.

(La conclusion de ce théorème est purement algébrique ; le conoyau en question n'est pas nécessairement séparé.)

Lemme 2.- Soient B une algèbre de Banach, M un B-module de Fréchet et $v : M \to M$ un morphisme B-nucléaire. Alors $\mathrm{Coker}(1_M - v)$ est un B-module de type fini.

Démonstration. Ecrivons $v(x) = \Sigma \lambda_i \xi_i(x) y_i$ comme dans la définition 2 et factorisons v en $M \xrightarrow{\alpha} \ell^1(B) \xrightarrow{\beta} M$, où $\alpha(x) = (\lambda_i \xi_i(x))$ et β est défini par les y_i. Posons $w = \alpha \circ \beta : \ell^1(B) \to \ell^1(B)$. L'application w est B-nucléaire car α l'est, et on a $\mathrm{Coker}(1_M - v) \approx \mathrm{Coker}(1_{\ell^1(B)} - w)$. On est donc ramené au cas où M est un module de Banach.

Si M est un module de Banach, on peut mettre v sous la forme $v' + v''$, où v' est de rang fini sur B et $\|v''\| < 1$. Alors $1 - v''$ est un automorphisme et $1 - v = (1 - v'') - v'$ a un conoyau de type fini.

Démonstration du Théorème. a) On peut supposer que u est A-nucléaire et E nucléairement libre.

b) On peut alors factoriser u en $f \circ v$, où $v : E \to E$ est A-nucléaire. En effet, écrivons $u(x) = \Sigma \lambda_i \xi_i(x) y_i$ comme dans la définition 2, et $\lambda_i = \lambda'_i \lambda''_i$ avec (λ'_i) sommable et (λ''_i) tendant vers 0. Quitte à remplacer y_i par $\lambda''_i y_i$, on peut supposer que les y_i tendent vers 0. On peut alors écrire $y_i = f(x_i)$, où les x_i tendent vers 0, et on a $u = f \circ v$, où $v(x) = \Sigma \lambda_i \xi_i(x) x_i$.

c) On peut supposer que $F = E$ et $f = 1_E$. En effet, si $u = f \circ v$, f donne une application surjective de $\mathrm{Coker}(1_E - v)$ sur $\mathrm{Coker}(f - u)$, et de même après $\hat{\otimes}_A A_1$.

d) Supposons donc que $\rho : A \to A_1$ se factorise à travers une algèbre de Banach B, que $E = A \hat{\otimes}_{\mathbb{C}} V$, où V est un espace de Fréchet nucléaire et que $u : E \to E$ est A-nucléaire. Alors $B \hat{\otimes}_A E = B \hat{\otimes}_{\mathbb{C}} V$ est un B-module de Fréchet, et $1_B \otimes u : B \hat{\otimes}_A E \to B \hat{\otimes}_A E$ est B-nucléaire, donc le conoyau de $1 - (1_B \otimes u)$ est un B-module de type fini. Autrement dit, il existe $r \in \mathbb{N}$ et $h : B^r \to B \hat{\otimes}_A E$ tel que $(1_B \otimes (1-u), h) : B \hat{\otimes}_A E \oplus B^r \to B \hat{\otimes}_A E$ soit surjectif. Alors $(1_{A_1} \otimes (1-u), 1_{A_1} \otimes h) : A_1 \hat{\otimes}_A E \oplus A_1^r \to A_1 \hat{\otimes}_A E$ est surjectif.

C.Q.F.D.

6. Un Théorème "à la Schwartz".

La démonstration du Théorème 2 comporte une récurrence utilisant le Théorème 1 et la Proposition 5, donc un grand nombre d'extensions des scalaires. Ceci nous amène à poser la définition suivante :

DÉFINITION 3.- <u>On appelle chaîne nucléaire d'algèbres un système inductif</u> $\underline{A} = ((A_t), (\rho_t^{t'}))_{t \in [0,1]}$ <u>où les</u> A_t <u>sont des algèbres de Fréchet nucléaires</u>

et où, pour $t < t'$, $\rho_t^{t'} : A_t \to A_{t'}$ est un homomorphisme d'algèbres, C-nucléaire et se factorisant à travers une algèbre de Banach.

Si E est un A_o-module de Fréchet nucléaire, on dit que $\underline{A}$ est transverse à E si A_t est transverse à E sur A_o pour tout t.

Exemple.- Soient S un sous-espace analytique d'un ouvert Ω de $\mathbb{C}^m$, $r = (r_1,\ldots,r_m)$ tel que $D_r \subset\subset \Omega$, où D_r est le polydisque ouvert de polyrayon r, et $s = (s_1,\ldots,s_m)$ où $0 < s_i < r_i$. Alors les $\underline{O}(S \cap D_{r-ts})$ forment une chaîne nucléaire d'algèbre. Si U_o et U sont des ouverts de Stein de $\mathbb{C}^n$ tels que $U \subset\subset U_o$ et $\underline{F}$ un faisceau cohérent sur $S \times U_o$, cette chaîne nucléaire d'algèbre est transverse à $\underline{F}((S \cap D_r) \times U)$.

THÉORÈME 2.- Soient $\underline{A} = (A_t)_{t\in[0,1]}$ une chaîne nucléaire d'algèbres, $E^{\bullet}$ et $F^{\bullet}$ des complexes de A_o-modules de Fréchet nucléaires, bornés à droite, et $f^{\bullet} : E^{\bullet} \to F^{\bullet}$ un morphisme de complexes. On suppose que $f^{\bullet}$ induit des isomorphismes sur l'homologie, que les f^n sont A_o-sous-nucléaires et que $\underline{A}$ est transverse aux E^n et aux F^n. Alors, il existe un complexe $L^{\bullet}$ de A_1-modules tel que L^n soit libre de type fini sur A_1, et un morphisme de complexes $h : L^{\bullet} \to A_1 \hat{\otimes}_{A_o} E^{\bullet}$ qui induit un isomorphisme sur l'homologie.

Lemme 3.- Soit $t_o < 1$, soient $E^{\bullet}$ et $F^{\bullet}$ deux complexes de A_{t_o}-modules de Fréchet nucléaires bornés à droite et acycliques en degré $> n$, et soit $f^{\bullet} : E^{\bullet} \to F^{\bullet}$ un morphisme de complexes. On suppose que f^n est A_{t_o}-sous-nucléaire, que $f^{\bullet}$ induit un isomorphisme $H^k(E^{\bullet}) \to H^k(F^{\bullet})$ pour tout k, et que A_t est transverse à E^k et F^k pour tout k et tout $t \geq t_o$. Alors il existe $t_1 < 1$ tel que $H^n(E^{\bullet}_{t_1})$ et $H^n(F^{\bullet}_{t_1})$ soient des modules de type fini sur A_{t_1}, où $E^{\bullet}_{t_1} = A_{t_1} \hat{\otimes}_{A_{t_o}} E^{\bullet}$ et $F^{\bullet}_{t_1}$ de même.

Démonstration. Les suites exactes $0 \to Z^k(E^\cdot) \to E^k \to Z^{k+1}(E^\cdot) \to 0$ montrent par récurrence descendante que A_t est transverse à $Z^k(E^\cdot)$, et de même à $Z^k(F^\cdot)$, pour $k \geq n$. L'application f^n induit une application A_{t_o} -sous-nucléaire $Z^n(E^\cdot)$ dans F^n , dont l'image est contenue dans $Z^n(F^\cdot)$. D'après la prop. 5 , pour $t_o < t' < 1$, l'application $Z^n(E^\cdot_{t'}) \to Z^n(F^\cdot_{t'})$ induite par f^n est $A_{t'}$-sous-nucléaire. L'application $(d\, ,f^n) : F^{n-1}_{t'} \oplus Z^n(E^\cdot_{t'}) \to Z^n(F^\cdot_{t'})$ est surjective, et $(0,f^n)$ est $A_{t'}$-sous-nucléaire, donc pour $t' < t_1 < 1$ l'application $d : F^{n-1}_{t_1} \to Z^n(F^\cdot_{t-1})$ a un conoyau de type fini sur A_{t_1} . C.Q.F.D.

Démonstration du Théorème. On va construire par récurrence descendante $t_n < 1$, un A-module libre de type fini L^n sur A_{t_n} , des morphismes $d^n : L^n \to L^{n+1}_{t_n}$ et $h^n \to E^n_{t_n}$ tels que :

1) $L_{(n)} : 0 \to L^n \to L^{n+1}_{t_n} \to \dots$ soit un complexe et $h^\cdot$ un morphisme de ce complexe dans $E^\cdot$;

2) le "mapping cylinder" $M_{(n)}$ de ce morphisme, défini par $M^k_{(n)} = E^k \oplus L^{k+1}$ pour $k \geq n-1$, soit acyclique en degré $\geq n$.

Supposons L^k , etc. construits pour $k \geq n+1$. Le "mapping cylinder" $N_{(n+1)}$ de $f^\cdot \circ h^\cdot$ est également acyclique en degré $> n$, et le morphisme de $M^\cdot_{(n+1)}$ dans $N^\cdot_{(n+1)}$ donné par $f^\cdot$ est $A_{t_{n+1}}$ -sous-nucléaire en chaque degré et induit un isomorphisme sur l'homologie. D'après le lemme 3, il existe $t_n < 1$ tel que $H^n(M^\cdot_{t_n})$ soit un A_{t_n} -module de type fini. On peut alors trouver un A_{t_n} -module libre de type fini L^n et un morphisme $\binom{h^n}{d^n} : L^n \to M^n = E^n_{t_n} \oplus L^{n+1}_{t_n}$ dont l'image est contenue dans $Z^n(M^\cdot)$ et tel que l'image de $E^{n-1} + L^n$ soit $Z^n(M^\cdot)$. Le module L^n , muni de $(h^n\, , d^n)$ répond à la question. C.Q.F.D.

7. Démonstration du Théorème des images directes.

Soient X et S des espaces $\mathbf{C}$-analytiques séparés, $\pi : X \to S$ un morphisme propre, $\underline{F}$ un faisceau analytique cohérent sur X et s_o un point de S. On va montrer que les faisceaux $\underline{R}^n\pi_* \underline{F}$ sont cohérents au voisinage de s_o. On peut supposer que S est un sous-espace analytique fermé d'un ouvert Ω de $\mathbf{C}^m$ et $s_o = 0$. On peut trouver un polydisque $D_R \subset \Omega$ et des familles $(X_i)_{i \in I}$, $(\varphi_i)_{i \in I}$ telles que I soit un ensemble fini, que (X_i) soit un recouvrement ouvert de $\pi^{-1}(D_R \cap S)$ et que φ_i soit un isomorphisme au-dessus de Ω de X_i sur un sous-espace analytique fermé de $D_R \times U_i$, où U_i est un ouvert de Stein de $\mathbf{C}^{n_i}$. On peut trouver $D_{r_o} \subset\subset D_R$ et des ouverts de Stein $W_i \subset\subset V_i \subset\subset U_i$ tels que, en posant $V_{i,r} = \varphi_i^{-1}(D_r \times V_i)$ et $W_{i,r}$ de même, les W_{i,r_o} forment un recouvrement de $\varphi^{-1}(D_{r_o} \cap S)$. Soit $s = (s_1,\dots,s_m)$ tel que $s_i < r_{o_i}$, posons $r_t = r - ts$, $A_t = \underline{O}(D_{r_t} \cap S)$, $\underline{V}_t = (V_{i,r_t})$ et $\underline{W}_t$ de même. Alors les A_t forment une chaîne nucléaire, et les complexes de cochaînes alternées $C^\bullet(\underline{V}_o ; \underline{F})$ et $C^\bullet(W_o ; \underline{F})$ satisfont aux hypothèses du Théorème 2 en vertu du Théorème B, du Théorème de Leray et de la Proposition .

Par suite, il existe un complexe $\underline{L}^\bullet$ de faisceaux libres de type fini sur $S \cap D_{r_1}$ et un morphisme $h : \underline{L}^\bullet(S \cap D_{r_1}) \to C^\bullet(\underline{V}_1 ; \underline{F})$ qui induit un isomorphisme de $H^n(S \cap D_{r_1})$ sur $H^n(\varphi^{-1}(S \cap D_{r_1}) ; \underline{F})$ pour tout n, en notant $\underline{H}^n$ le faisceau d'homologie du complexe de faisceaux $\underline{L}^\bullet$. Il résulte de la Prop. 2 et du Cor. de la Prop. 3 que, pour tout ouvert de Stein S' de S contenu dans $S \cap D_{r_1}$, le morphisme h donne un isomorphisme de $\underline{H}^n(S')$ sur $H^n(\varphi^{-1}(S') ; \underline{F})$. Par suite, h définit un isomorphisme de $\underline{H}^n$, qui est cohérent, sur $\underline{R}^n\pi_* \underline{F}$, au-dessus de $S \cap D_{r_1}$, ce qui démontre le théorème.

8. Le Théorème de semi-continuité. (*)

Avec les hypothèses et notations du Théorème des images directes, pour $s \in S$, posons $X(s) = \pi^{-1}(s)$ et $\underline{F}(s) = \underline{O}_{X(s)} \otimes_{\underline{O}_X} \underline{F}$.

THÉORÈME 3.- *Si* $\underline{F}$ *est plat sur* S, *pour tout* $k \in \mathbb{N}$, *l'ensemble des* $s \in S$ *tels que* $\dim H^n(X(s)\,;\underline{F}(s)) \geq k$ *est un sous-ensemble analytique de* S.

Démonstration. Reprenons les notations du n° 7. Il suffit de voir que, pour $s \in S \cap D_{r_1}$, le morphisme $h : \underline{L}^{\bullet}(S \cap D_{r_1}) \to C^{\bullet}(\underline{V}_1\,;\underline{F})$, qui induit un isomorphisme sur l'homologie, définit un isomorphisme de $H^n(\underline{L}^{\bullet}(s))$ sur $H^n(X(s)\,;\underline{F}(s))$. Or cela résulte du Cor. de la Prop. 3 et du lemme suivant :

Lemme 4.- *Avec les notations de la Prop. 2, si* $\underline{F}$ *est plat sur* S_o, *le module* $\underline{F}(S \times U)$ *est transverse à* $\underline{O}_{S,s}/\underline{m}_s$ *pour tout* $s \in S$.

La démonstration de ce lemme est analogue à celle de la prop. 2, en remarquant que $\underline{L}_{\bullet}(s)$ est une résolution de $\underline{F}(s)(U)$ car $\underline{F}$ est plat.

(*) La rédaction de ce numéro distribuée lors du séminaire contenait un énoncé faux du Th. 3. Je remercie P. Siegfried de me l'avoir signalé.

BIBLIOGRAPHIE

[1] H. CARTAN et J.-P. SERRE - Un théorème de finitude concernant les variétés analytiques compactes, C. R. Acad. Sci. Paris, 237 (1953), p. 128-130.

[2] H. GRAUERT - Ein Theorem der Analytischen Garbentheorie und die modulräume Complexer Strukturen, Publ. Math. I.H.E.S., Bures-sur-Yvette, 1960.

[3] K. KNORR - Der Grauertsche Kohärenzsatz, Inventiones Math. 1970.

[4] KIEHL-VERDIER - Ein Einfacher Beweis des Kohärensatzes von Grauert, Math. Ann. 195 (1971), p. 24-50.

[5] FORSTER-KNORR - Ein Beweis des Grauertschen Bildgarbensatzes nach idees von B. Malgrange, Manuscripta Mathematica, Vol. 5, Fasc. 1, 1971.

[6] Par exemple : F. TRÈVES - Topological Vector spaces, Academic Press.

Séminaire BOURBAKI 405-01
24e année, 1971/72, n° 405 Novembre 1971

TRAVAUX DE QUILLEN SUR LA COHOMOLOGIE DES GROUPES

par Luc ILLUSIE

Un nombre premier p est fixé pour toute la suite. Si X est un espace topologique, on note $H^*(X) = H^*(X, \mathbb{F}_p)$ la cohomologie de X à valeurs dans le faisceau constant $\mathbb{F}_p$; c'est une $\mathbb{F}_p$-algèbre graduée, commutative (resp. strictement anticommutative) si p est pair (resp. impair), et munie d'opérations de Steenrod.

1. Cohomologie équivariante et p-groupes abéliens élémentaires ([7], [8], [9]).

1.1. Soit G un groupe de Lie compact, et soit X un G-espace, i.e. un espace topologique sur lequel G opère continûment. Soit $PG \to BG$ un fibré principal de groupe G tel que PG soit contractile. On dit que

$$H_G^*(X) = H^*(PG \times^G X) \qquad (^1)$$

est la cohomologie équivariante de X . On montre (²) que $H_G^*(X)$ est essentiellement indépendant du choix de $PG \to BG$, et dépend de façon contravariante de la paire (G,X) , un morphisme $(G,X) \to (G', X')$ étant défini comme un couple (u,f) formé d'un homomorphisme $u : G \to G'$ et d'une application continue $f : X \to X'$ telle que $f(gx) = u(g)f(x)$ pour $g \in G$, $x \in X$. Si X est un point, on écrit H_G^* au lieu de $H_G^*(X) = H^*(BG)$. Quand G est un groupe fini, H_G^* coïncide avec la cohomologie habituelle de G à valeurs dans le G-module trivial $\mathbb{F}_p$. Quand

---

(¹) Si Y , Z sont des G-espaces, on note comme d'habitude $Y \times^G Z$ le quotient de $Y \times Z$ par l'action diagonale de G , $g(y,z) = (gy,gz)$.

(²) par un petit argument dû à Borel, reproduit dans [8] ; d'aucuns préféreront définir la cohomologie équivariante à l'aide du topos classifiant de Grothendieck (SGA 4 IV 2.5) (cf. n° 4) (N.B. les deux définitions coïncident)

G est le groupe unité, on a bien entendu $H_G^*(X) = H^*(X)$.

Soit $K \subset G$ un sous-groupe fermé, et soit Y un K-espace. Le morphisme $(K,Y) \to (G, G \times^K Y)$, $(k,y) \mapsto (k, cl(1,y))$, induit un isomorphisme

(1.1.1) $\quad H_G^*(G \times^K Y) \xrightarrow{\sim} H_K^*(Y)$ ("formule d'induction").

En particulier, si Y est réduit à un point et $K = G_x$ est le stabilisateur d'un point x de X , le morphisme $(G_x, Y) \to (G, Gx)$, $(k,y) \mapsto (k,x)$, induit un isomorphisme

(1.1.2) $\quad H_G^*(Gx) \xrightarrow{\sim} H_{G_x}^*$.

PROPOSITION 1.2 ([8], [17]).- _Supposons_ $\dim_{\mathbb{F}_p} H^*(X) < \infty$. _Alors_ $H_G^*(X)$ _est une_ $\mathbb{F}_p$_-algèbre de type fini. En particulier, la série de Poincaré de_ $H_G^*(X)$,

$$PS_t(H_G^*(X)) = \sum_{i \geq 0} \dim_{\mathbb{F}_p} H_G^i(X) t^i ,$$

est une fonction rationnelle de t .

Preuve. Plongeant G dans un groupe unitaire $U = U(n)$, on se ramène, grâce à la formule d'induction (1.1.1), au cas où $G = U$. Comme $H_U^* = \mathbb{F}_p[c_1, \ldots, c_n]$, la suite spectrale de Leray de la projection $PU \times^U X \to BU$ permet alors de conclure.

DÉFINITION 1.3.- _On dit qu'un groupe_ G _est un p-groupe abélien élémentaire s'il existe un entier_ r _tel que_ $G \simeq (\mathbb{Z}/p\mathbb{Z})^r$. _L'entier_ r _s'appelle alors le rang de_ G .

On notera $\underline{\underline{A}}$ la catégorie des p-groupes abéliens élémentaires.

1.4. Soit $A \in \mathrm{ob}\,\underline{\underline{A}}$. Identifions H_A^1 à $A^\vee = \mathrm{Hom}(A, \mathbb{F}_p)$ par l'isomorphisme canonique. L'homomorphisme de Bockstein $\beta : A^\vee \to H_A^2$ est injectif, et l'on a des isomorphismes fonctoriels canoniques

$$H_A^* \xleftarrow{\sim} \begin{cases} \Lambda A^\vee \otimes S(\beta A^\vee) & \text{si } p \text{ est impair} \\ S(A^\vee) & \text{si } p = 2 \text{ ,} \end{cases}$$

où Λ (resp. S) est le foncteur algèbre extérieure (resp. symétrique) sur $\mathbb{F}_p$. En effet, par Künneth on se ramène au cas où A est de rang un, pour lequel les assertions précédentes sont bien connues.

1.5. Revenant à la situation de (1.1), on définit une catégorie $A(G,X)$ de la manière suivante. Les objets de $A(G,X)$ sont les couples (A,c), où $A \in \mathrm{ob}\,\underline{\underline{A}}$ est un sous-groupe de G et $c \in \pi_0(X^A)$, X^A désignant l'ensemble des points de X fixes par A. Une flèche $(A,c) \to (A',c')$ de $A(G,X)$ est un homomorphisme $u : A \to A'$ de la forme $u(x) = gxg^{-1}$ pour un élément g de G tel que $gc \supset c'$ (N.B. $gAg^{-1} \subset A' \Rightarrow X^{A'} \subset X^{gAg^{-1}} = gX^A$). En d'autres termes, si l'on pose

$$\mathrm{Transp}(A,c\,;A',c') = \{g \in G \mid gAg^{-1} \subset A' \,,\ gc \supset c'\} \,,$$

$$\mathrm{Norm}(A,c) = \mathrm{Transp}(A,c\,;A,c) \,,$$

$$\mathrm{Cent}(A,c) = \{g \in G \mid gag^{-1} = a \text{ pour tout } a \in A \,,\ gc = c\} \,,$$

on a :

$$\mathrm{Hom}_{A(G,X)}((A,c),(A',c')) = \mathrm{Transp}(A,c\,;A',c')/\mathrm{Cent}(A,c) \,.$$

En particulier,

$$\mathrm{End}_{A(G,X)}(A,c) = \mathrm{Norm}(A,c)/\mathrm{Cent}(A,c)$$

est un groupe, noté $W(A,c)$, et appelé <u>groupe de Weyl de</u> (A,c). Quand X est un point, on retrouve les notions habituelles de transporteur, normalisateur, etc. Pour $(A,c) \in \mathrm{ob}\,A(G,X)$, notons

(1.5.1) $\qquad (A,c)^* : H_G^*(X) \to H_A^*$

l'homomorphisme induit par $(A,pt) \to (G,X)$, $(a,pt) \mapsto (a,x)$, où x est un point donné de c ([1]). On vérifie facilement que, pour toute flèche $u : (A,c) \to (A',c')$ de $A(G,X)$, le diagramme

$$\begin{array}{ccc} & \xrightarrow{(A,c)^*} & H_A^* \\ H_G^*(X) & & \uparrow u^* \\ & \xrightarrow[(A',c')^*]{} & H_{A'}^* \end{array}$$

est commutatif (quand X est un point, cela résulte du fait bien connu que les automorphismes intérieurs agissent trivialement sur H_G^*). Les $(A,c)^*$ définissent par suite un homomorphisme

(1.5.2) $$a(G,X) : H_G^*(X) \to \varprojlim_{(A,c) \in A(G,X)} H_A^* .$$

DÉFINITION 1.6- *Soit* $f : R \to S$ *un morphisme de* $\mathbb{F}_p$*-algèbres. On dit que* f *est un* F*-isomorphisme (resp. un* F*-isomorphisme uniforme) si tout élément de* $\mathrm{Ker}(f)$ *est nilpotent et si, pour tout* $s \in S$ *, il existe un entier* n *tel que* $s^{p^n} \in \mathrm{Im}(f)$ *(resp. si* $\mathrm{Ker}(f)$ *est nilpotent et s'il existe un entier* n *tel que, pour tout* $s \in S$ *, on ait* $s^{p^n} \in \mathrm{Im}(f)$ *).*

Le résultat principal de Quillen ([8] 6.2) est le suivant :

THÉORÈME 1.7.- *Soit* G *un groupe de Lie compact, et soit* X *un* G*-espace. On suppose* X *compact (resp. paracompact et de* p*-dimension cohomologique finie* ([2])*) et tel que, pour tout* p*-sous-groupe abélien élémentaire* A *de* G *,* $\pi_0(X^A)$ *soit*

([1]) l'homomorphisme en question est évidemment indépendant du choix de x ; quand $X^A = \emptyset$, on convient que $(A,c)^* = 0$.

([2]) la p-dimension cohomologique de X est le sup des entiers n tels qu'il existe un faisceau $\mathcal{M}$ de $\mathbb{F}_p$-modules tel que $H^n(X,\mathcal{M}) \neq 0$.

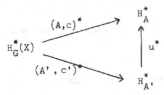

fini [1]. Alors $a(G,X)$ (1.5.2) est un F-isomorphisme (resp. un F-isomorphisme uniforme).

La démonstration sera donnée à la fin de ce numéro.

COROLLAIRE 1.8.- Sous les hypothèses de (1.7), supposons $H^*(X)$ de dimension finie. Alors l'ordre du pôle de $PS_t(H_G^*(X))$ (1.2) pour $t = 1$ est égal à la borne supérieure des rangs des p-sous-groupes abéliens élémentaires A de G tels que $X^A \neq \emptyset$.

En particulier :

COROLLAIRE 1.8.1.- L'ordre du pôle de $PS_t(H_G^*)$ pour $t = 1$ est égal à la borne supérieure des rangs des p-sous-groupes abéliens élémentaires de G. [2]

Pour la démonstration de (1.8), voir ([8] 7.7) : c'est une conséquence facile du fait que le noyau de $a(G,X)$ est nilpotent.

1.9. Quand X est un point, nous noterons $a(G)$ l'homomorphisme (1.5.2), qui est simplement donné par la famille des restrictions $H_G^* \to H_A^*$, $A \hookrightarrow G$, $A \in \operatorname{ob} \underline{\underline{A}}$. Voici, dans ce cas, quelques illustrations de (1.7).

1.9.1. $G = \mathbf{Z}/p^n\mathbf{Z}$, $n \geq 2$; soit $A = p^{n-1}\mathbf{Z}/p^n\mathbf{Z}$ le p-sous-groupe abélien élémentaire maximal ; d'après ([3], p. 252) on a $H_G^* = \Lambda[x] \otimes S[y]$, où x (resp. y) est un générateur de H_G^1 (resp. H_G^2) ; $a(G)$ est la restriction $H_G^* \to H_A^*$, qui est un isomorphisme en degré pair et zéro en degré impair ; pour $u \in \operatorname{Ker} a(G)$ (resp. H_A^*) on a $u^p = 0$ (resp. $u^p \in \operatorname{Im} a(G)$).

1.9.2. $G = U(n)$; soit T un tore maximal, et soit $A \subset T$ le sous-groupe des

---

(1) Quillen montre ([8] 4.3) que cette hypothèse est vérifiée par exemple si $H^*(X)$ est de dimension finie ; voir ([8] 6.2) pour un énoncé légèrement plus général.

(2) ce résultat avait été conjecturé indépendamment par Atiyah et Swan.

points d'ordre p ; tout p-sous-groupe abélien élémentaire de G est conjugué à un sous-groupe de A, et $a(G)$ n'est autre que la restriction $H_G^* \to (H_A^*)^W$, où l'exposant W signifie qu'on prend les invariants par le groupe de Weyl ; elle est injective (voir ([10] § 3) pour le calcul de $(H_A^*)^W$).

1.9.3. $p = 2$, $G = \{\pm 1, \pm i, \pm j, \pm k\}$ est le groupe des quaternions d'ordre 8 ; le centre $A = \{\pm 1\}$ est l'unique 2-sous-groupe abélien élémentaire non trivial ; $a(G)$ est la restriction $H_G^* \to H_A^*$; on a $H_A^* = \mathbf{F}_2[z]$, où z est le générateur de H_A^1, et $H_G^* = \mathbf{F}_2[x,y,e]/(x^2 + xy + y^2, x^2y + xy^2)$, où $\{x,y\}$ forment une base de H_G^1 et e engendre H_G^4 ; $a(G)$ est donné par $a(G)x = a(G)y = 0$, $a(G)e = z^4$; donc, pour $u \in \operatorname{Ker} a(G)$ (resp. H_A^*), on a $u^4 = 0$ (resp. $u^4 \in \operatorname{Im} a(G)$). Plus généralement, Quillen dévisse complètement H_G^* pour G extension centrale d'un 2-groupe abélien élémentaire par $\mathbf{Z}/2\mathbf{Z}$ [12].

1.9.4. $G = \mathfrak{S}_n$, groupe des permutations de n lettres ; Quillen montre [6] que $a(G)$ est injectif.

1.10. <u>Preuve de</u> (1.7). a) Examinons d'abord le cas particulier où, pour tout $x \in X$, le groupe d'isotropie G_x est un p-groupe abélien élémentaire. On montre alors facilement que $a(G,X)$ s'identifie à l'homomorphisme latéral

(1.10.1) $\qquad H_G^*(X) \to H^0(X/G, R^*q_*(\mathbf{F}_p))$

défini par la suite spectrale de Leray

$$E_2^{ij} = H^i(X/G, R^jq_*(\mathbf{F}_p)) \Rightarrow H_G^*(X)$$

relative à la projection canonique $q : PG \times^G X \to X/G$. Les ingrédients de cette vérification sont d'une part l'hypothèse que chaque X^A n'a qu'un nombre fini de composantes connexes, qui permet de considérer un élément du second membre de (1.5.2) comme une famille d'applications localement constantes $X^A \to H_A^*$ vérifiant une certaine condition de compatibilité, d'autre part le fait ([8] 6.3) que G ne possède qu'un nombre fini de classes de p-sous-groupes abéliens élémentaires à conjugaison près, grâce à quoi on se ramène à une limite projective finie, enfin la formule d'induction (1.1.2) qui résout le cas crucial où X n'a qu'une orbite. Il s'agit maintenant de montrer que (1.10.1) est un F-isomorphisme (resp. un F-isomorphisme uniforme). Pour cela, on n'a plus besoin de l'hypothèse sur les groupes d'isotropie. Dans le cas compact, l'assertion résulte d'une suite exacte de Mayer-Vietoris équivariante, et, dans le cas paracompact, de la structure multiplicative de la suite spectrale de Leray (une fois établi que X/G est de p-dimension cohomologique finie).

b) Dans le cas général, plongeons G dans un groupe unitaire U . Soient T un tore maximal de U , et $S \subset T$ le sous-groupe des points d'ordre p . Faisons agir G sur $F = U/S$ par translations à gauche. Les G-espaces $X \times F$ et $X \times F \times F$ vérifient encore les hypothèses de (1.7), et le diagramme de G-espaces

$$X \times F \times F \underset{pr_{13}}{\overset{pr_{12}}{\rightrightarrows}} X \times F \xrightarrow{pr_1} X$$

fournit un diagramme commutatif

$$\begin{array}{ccccc} H_G^*(X) & \longrightarrow & H_G^*(X\times F) & \rightrightarrows & H_G^*(X\times F\times F) \\ \downarrow a(G,X) & & \downarrow a(G\,,X\times F) & & \downarrow a(G\,,X\times F\times F) \\ \varprojlim_{A(G,X)} H_A^* & \longrightarrow & \varprojlim_{A(G\,,X\times F)} H_A^* & \rightrightarrows & \varprojlim_{A(G\,,X\times F\times F)} H_A^* \end{array} \tag{1.10.2}$$

Les groupes d'isotropie de $X \times F$ (resp. $X \times F \times F$) sont conjugués à des sous-groupes de S , donc appartiennent à $\underline{\underline{A}}$. D'après le cas particulier a), $a(G\,,X\times F)$ et $a(G\,,X\times F\times F)$ sont donc des F-isomorphismes (resp. des F-isomorphismes uniformes). Pour en conclure qu'il en est de même de a(G,X) , il suffit donc, d'après une variante du lemme des 5, de montrer que les lignes de (1.10.2) sont exactes. L'exactitude de la ligne inférieure résulte trivialement du fait que, pour tout p-sous-groupe abélien élémentaire A de G , on a $F^A \neq \emptyset$. Celle de la ligne supérieure découle, par l'argument de descente habituel, du fait que $H^*_G(X \times F) = H^*_G(X) \otimes_{H^*_U} H^*_S$ et que H^*_S est un module libre de type fini sur H^*_U , ces deux derniers points se déduisant facilement du "splitting principle" de la théorie des classes de Chern. Ceci achève la démonstration de (1.7).

2. Stratification de Spec $H_G(X)$ ([9]).

2.1. Notation. Si X est un G-espace comme en (1.1), on posera

$$H_G(X) = \begin{cases} \oplus H^{2i}_G(X) & \text{si } p \text{ est impair} \\ H^*_G(X) & \text{si } p = 2 . \end{cases}$$

2.2. Soit A un p-groupe abélien élémentaire. Les formules (1.4) montrent que Spec H_A est irréductible, et que le sous-schéma intègre sous-jacent s'identifie (canoniquement et fonctoriellement) au fibré vectoriel $\underline{A}$ = Spec $S(A^\vee)$ (qui dépend de façon covariante de A).

2.3. Plaçons-nous dans la situation de (1.7). Pour $(A,c) \in \text{ob}\, A(G,X)$, l'homomorphisme $(A,c)^*$ (1.5.1) définit un morphisme de schémas

(2.3.1) $$(A,c)_* : \underline{A} \to \text{Spec } H_G(X) .$$

Les applications continues sous-jacentes aux $(A,c)_*$ fournissent, par passage à la limite, une application continue

(2.3.2) $$\varinjlim_{(A,c) \in A(G,X)} \underline{A} \to \text{Spec } H_G(X) ,$$

où le premier membre désigne l'espace topologique limite inductive des espaces sous-jacents aux $\underline{A}$. Le théorème (1.7) exprime essentiellement que (2.3.2) <u>est un homéomorphisme</u>. Compte tenu de ce que les H^*_A sont "finis" sur H^*_G (variante du théorème de finitude (1.2)) et du fait, signalé plus haut, que les classes de conjugaison de p-sous-groupes abéliens élémentaires de G sont en nombre fini, la traduction précédente découle en effet du

Lemme 2.3.3 ([9] B.7).- Soient R un anneau noethérien, $A \to B \rightrightarrows C$ un diagramme exact de R-algèbres, B et C étant finies sur R. Alors le diagramme d'espaces topologiques correspondant $\mathrm{Spec}(C) \rightrightarrows \mathrm{Spec}(B) \to \mathrm{Spec}(A)$ est exact.

2.4. Quillen pousse plus loin la description du cône $\mathrm{Spec}\, H_G(X)$. Pour $(A,c) \in \mathrm{ob}\, A(G,X)$, notons $\underline{p}_{A,c}$ l'image par (2.3.1) du point générique de $\underline{A}$ (i.e. l'idéal premier (gradué) noyau de l'application composée

$H_G(X) \xrightarrow{(A,c)^*} H_A \to H_A/\text{nilradical} = S(A^\vee)$), et $V_{A,c} = \overline{\{\underline{p}_{A,c}\}}$ le sous-schéma fermé image de $\underline{A}$. Notons $\underline{A}^+ \subset \underline{A}$ le complémentaire de la réunion des $\underline{A}'$, pour $A' \subset A$, $A' \neq A$; en d'autres termes, $\underline{A}^+$ est l'ouvert d'inversibilité de $e_A = \prod_{f \in A^\vee - \{0\}} f$. Notons enfin $V^+_{A,c} \subset V_A$ le complémentaire de la réunion des $V_{A',c'}$, pour $A' \subset A$, $A' \neq A$, c' désignant la composante connexe de $X^{A'}$ contenant c. Cela posé, on a le

THÉORÈME 2.5 ([9] 10.2, 11).- (i) Pour $(A,c) \in \mathrm{ob}\, A(G,X)$, $V^+_{A,c}$ est affine et irréductible. Le groupe de Weyl $W(A,c)$ (1.5) agit sur $\underline{A}^+$ et $(A,c)_*$ (2.3.1) induit un homéomorphisme $\underline{A}^+/W(A,c) \to V^+_{A,c}$ ([1]).

(ii) Soit I un système de représentants pour les classes d'isomorphie d'objets de $A(G,X)$. Alors $\mathrm{Spec}\, H_G(X)$ admet une décomposition

$$\mathrm{Spec}\, H_G(X) = \coprod_{(A,c) \in I} V^+_{A,c}$$

en sous-schémas localement fermés disjoints.

([1]) N.B.- Si Ω est une extension de $\mathbb{F}_p$, $W(A,c)$ agit librement sur $\underline{A}^+(\Omega)$.

<u>Remarques</u> 2.6.- La décomposition précédente est une "stratification" au sens naïf du terme : $V_{A,c}$ est l'adhérence de $V^+_{A,c}$, et se décompose à son tour en somme disjointe de $V^+_{A',c'}$ pour $A' \subset A$, $A' \neq A$. On a $V_{A_1,c_1} \hookrightarrow V_{A_2,c_2}$ (i.e. $\underline{p}_{A_2,c_2} \supset \underline{p}_{A_1,c_1}$) si et seulement si $\mathrm{Hom}_{A(G,X)}((A_1,c_1),(A_2,c_2)) \neq \emptyset$. En particulier, <u>les composantes irréductibles de</u> Spec $H_G(X)$ <u>correspondent bijectivement aux classes d'isomorphie d'objets maximaux de</u> $A(G,X)$ ([1]). On retrouve ainsi (1.8), car la dimension de Spec $H_G(X)$ (qui dans ce cas est finie) coïncide avec l'ordre du pôle de $PS_t(H^*_G(X))$ pour $t = 1$, comme il résulte d'un exercice facile sur les polynômes de Hilbert.

De plus, Quillen caractérise les sous-schémas fermés de Spec $H_G(X)$ de la forme $V_{A,c}$:

THÉORÈME 2.7 ([9] 12.1).- <u>Les</u> $V_{A,c}$ <u>sont exactement les sous-cônes fermés irréductibles de</u> Spec $H_G(X)$ <u>stables par les opérations de Steenrod.</u> ([2])

En d'autres termes, un idéal premier de $H_G(X)$ est de la forme $\underline{p}_{A,c}$ pour un objet (A,c) de $A(G,X)$ si et seulement s'il est homogène et stable par les opérations de Steenrod.

2.8. Pour la démonstration de (2.5), nous renvoyons à ([9] 9, 10) (c'est assez facile à partir du fait que (2.3.2) est un homéomorphisme). Le lecteur pourra aussi consulter [11], qui contient, dans le cas où X est ponctuel et G fini, une

---

([1]) on dit que (A,c) est maximal si toute flèche issue de (A,c) est un isomorphisme.

([2]) Rappelons que $H^*_G(X)$ ($\overset{\mathrm{dfn}}{=} H^*(PG \times^G X)$) est muni d'opérations de Steenrod $P^i : H^*_G(X) \to H^{*+2i(p-1)}_G(X)$ (resp. $H^{*+i}_G(X)$) pour p impair (resp. $p = 2$) ; $P_t = \Sigma P^i t^i : H^*_G(X) \to H^*_G(X)[t]$ est un homomorphisme d'anneaux ; pour u de degré 2 (resp. 1), on a $P_t(u) = u + u^p t$.

jolie démonstration directe de (2.5) (ainsi que de la F-injectivité de (1.5.2)) utilisant l'homomorphisme norme pour les revêtements finis.

L'ingrédient essentiel de (2.7) est le fait [13] qu'un sous-cône fermé irréductible de $\underline{A}$ ($A \in \operatorname{ob} \underline{\underline{A}}$) qui est stable par les opérations de Steenrod est nécessairement de la forme $\underline{A'}$, pour $A' \subset A$.

Exemple 2.9.- Soit G le groupe diédral d'ordre 8, i.e. le produit semi-direct $\mathbb{Z}/2\mathbb{Z} \tilde{\times} \mathbb{Z}/4\mathbb{Z} = \langle x\rangle \tilde{\times} \langle y\rangle$, avec $x^2 = y^4 = 1$, $xyx^{-1} = y^{-1}$. On peut aussi regarder G comme extension centrale de $(\mathbb{Z}/2\mathbb{Z})^2$ par $\langle y^2\rangle$ ($\simeq \mathbb{Z}/2\mathbb{Z}$). La suite spectrale de Hochschild-Serre correspondante ($p = 2$) fournit (cf. [12]) $H_G^* = \mathbb{F}_2[u,v,e]/(uv + v^2)$, avec u, v de degré 1, e de degré 2. Spec H_G est un "dièdre", dont les composantes irréductibles correspondent aux 2-sous-groupes abéliens élémentaires (de rang 2) $\langle x,y^2\rangle$ et $\langle xy,y^2\rangle$. Noter en passant que ceux-ci "détectent" la cohomologie de G, i.e. $a(G)$ (1.5.2) est injectif. On conseille au lecteur d'expliciter une stratification (2.5 (ii)) ... et de faire un dessin.

3. Variantes : groupes compacts, groupes discrets ([9] 13, 14).

Les résultats des n^os précédents s'étendent, au moins pour X ponctuel, au cas de certains groupes compacts (tels que les pro-p-groupes analytiques) et de certains groupes discrets (tels que les groupes arithmétiques).

3.1. Soit G un groupe compact. D'après Peter-Weyl, G est limite projective de ses quotients G_i qui sont des groupes de Lie compacts. On pose

$$H_G^* = \varinjlim H_{G_i}^* .$$

On note d'autre part $A(G) = \varprojlim A(G_i)$ la catégorie des pro-p-sous-groupes abéliens élémentaires de G , les morphismes étant donnés par conjugaison par des éléments de G . Alors les théorèmes (1.7), (2.5), (2.7) sont encore valables, mutatis mutandis (1), pourvu que $A(G)$ n'ait qu'un nombre fini de classes d'isomorphie d'objets. Quillen montre que cette hypothèse est vérifiée dès que G possède un sous-groupe distingué G' tel que $H^*_{G'}$ soit de dimension finie et que G/G' soit un groupe de Lie compact, ce qui est le cas par exemple pour les pro-p-groupes analytiques de Lazard ([5] V 2).

3.2. Soit Γ un groupe discret. Notons H^*_Γ la cohomologie de Γ à valeurs dans le Γ-module trivial $\mathbb{F}_p$, et $A(\Gamma)$ la catégorie des p-sous-groupes abéliens élémentaires de Γ (les flèches étant les homomorphismes de la forme $ad(g)$, $g \in \Gamma$). Alors ([9] 14.1), si Γ possède un sous-groupe Γ' d'indice fini tel que $cd_p(\Gamma') < \infty$ (2), la flèche canonique (définie comme en (1.5.2))

$$a(\Gamma) : H^*_\Gamma \rightarrow \varprojlim_{A \in A(\Gamma)} H^*_A$$

est un F-isomorphisme uniforme (1.6). Si, de plus, Γ ne possède qu'un nombre fini de p-sous-groupes abéliens élémentaires à conjugaison près, on a, pour Γ , des théorèmes analogues à (2.5) et (2.7). Les hypothèses précédentes sont vérifiées par les groupes S-arithmétiques de Borel-Serre, comme il résulte facilement du fait ([14], [15]) que de tels groupes possèdent des sous-groupes distingués d'indice fini de dimension cohomologique finie. La réduction des résultats qu'on vient d'énoncer à ceux des n°s 1 et 2 est particulièrement facile dans le cas où Γ est un groupe arithmétique : en effet, si X est "l'espace symétri-

---

(1) voir ([9] 13) pour des énoncés en forme !

(2) si G est un groupe discret, $cd_p(G)$ désigne la borne supérieure des entiers n tels qu'il existe un $\mathbb{F}_p[G]$-module M tel que $H^n(G,M) \neq 0$.

que" correspondant ([15]), et si $\Gamma' \subset \Gamma$ est un sous-groupe distingué d'indice fini sans torsion, on a $H^*_\Gamma \simeq H^*_{\Gamma/\Gamma'}(X/\Gamma')$, et l'on est ramené aux théorèmes des nos 1 et 2 pour l'action du groupe fini Γ/Γ' sur la variété X/Γ' . Pour le cas général, voir ([9] 14, 15).

4. Calculs utilisant l'isomorphisme de Lang ([7] § 2).

Ce n° est indépendant des précédents. Il reproduit pratiquement tels quels les résultats annoncés dans (loc. cit.) (1).

4.1. Soient T un topos, G un Groupe de T , BG le topos classifiant de G , i.e. (SGA 4 IV 2.4) la catégorie des G-objets de T . Pour $X \in \mathrm{ob}\, BG$, on note X_G le topos localisé $(BG)_{/X}$ (catégorie des G-objets au-dessus de X). Fixons un anneau A . La "cohomologie équivariante" de X à valeurs dans A , $H^*(X_G, A)$, notée encore $H^*_G(X,A)$ (voire $H^*_G(X)$), est l'aboutissement d'une suite spectrale de Leray

(4.1.1) $$E_2^{ij} = H^i(BG, R^j u_*(A)) \Rightarrow H^*_G(X,A) ,$$

où $u : X_G \to BG$ est le morphisme de localisation. Supposons que A soit un corps et que, pour tout $Y \in \mathrm{ob}\, T$ et tout $j \geq 0$, la flèche de changement de base $H^j(X,A)_{(Y)} \to R^j pr_{1*}(A)$ (où $pr_1 : Y \times X \to Y$) soit un isomorphisme. Alors $R^j u_*(A)$ est le faisceau constant de valeur $H^j(X,A)$, et (4.1.1) prend la forme

(4.1.2) $$E_2^{ij} = H^i(BG) \otimes H^j(X) \Rightarrow H^*_G(X) .$$

Soit H un sous-Groupe de G , faisons agir G sur G/H par translations à gauche. Le topos localisé $(G/H)_G$ est canoniquement équivalent à BH (SGA 4 IV

(1) Nous espérons que Quillen en donnera prochainement une version détaillée, ainsi que de ses résultats sur les K_i ([7] § 3).

5.8.1), donc $H^*_G(G/H) = H^*(BH)$. Par suite, si $X = G/H$ vérifie l'hypothèse de propreté cohomologique indiquée plus haut, (4.1.2) s'écrit, pour $X = G/H$,

(4.1.3) $$E_2^{ij} = H^i(BG) \otimes H^j(G/H) \Rightarrow H^*(BH) .$$

En particulier, prenant pour H le sous-Groupe unité, on obtient (sous réserve de propreté cohomologique pour G) une suite spectrale

(4.1.4) $$E_2^{ij} = H^i(BG) \otimes H^j(G) \Rightarrow H^*(T) .$$

4.2. Soient k un corps algébriquement clos de caractéristique p , k_o un sous-corps fini de k , G_o un groupe algébrique sur k_o , G le groupe induit sur k . On suppose G connexe, et l'on note $f : G \to G$ l'endomorphisme de Frobenius associé à (k_o, G_o) , dont le sous-groupe des points fixes $G^f \subset G$ est le groupe fini $G_o(k_o)$. Rappelons ([16] VI 4) que le morphisme $G \to G$, $x \mapsto x(fx)^{-1}$, est un revêtement étale surjectif de noyau G^f , qui induit donc un isomorphisme

(4.2.1) $$G/G^f \xrightarrow{\sim} G ,$$

appelé isomorphisme de Lang. Prenons pour topos T de (4.1) le topos des faisceaux sur la catégorie des schémas sur k munie de la topologie étale ("grand site étale de k "), et pour anneau de coefficients A le corps premier $\mathbf{F}_\ell$, avec $\ell \neq p$. Compte tenu de l'isomorphisme de Lang, la suite spectrale (4.1.3) pour $H = G^f$ s'écrit

(4.2.2) $$E_2^{ij} = H^i(BG) \otimes H^j(G) \Rightarrow H^*_{G^f}$$

(l'hypothèse de propreté cohomologique de (loc. cit.) est vérifiée du fait que $G/G^f \simeq G$ se dévisse en G/B et en groupes G_a et G_m). Elle permet d'atteindre la structure de $H^*_{G^f}$ lorsqu'on connaît celles de $H^*(BG)$ et $H^*(G)$ ou plus précisément celle de la suite spectrale (4.1.4), qui s'écrit ici

(4.2.3) $E_2^{ij} = H^i(BG) \otimes H^j(G) \Rightarrow \mathbf{F}_\ell$.

Supposons en particulier que $H^*(G)$ possède un système simple de générateurs transgressifs pour (4.2.3), de sorte que, d'après ([2] 13.1, 16.1), $H^*(BG)$ est une algèbre de polynômes $S(V)$, la transgression donnant un isomorphisme de degré 1 entre le sous-espace des éléments primitifs de $H^*(G)$ et l'espace vectoriel gradué V , et supposons de plus que V puisse être choisi de manière à être stable sous $f^* : H^*(BG) \to H^*(BG)$. Quillen affirme que, sous les hypothèses précédentes, il existe un isomorphisme de $\mathbf{F}_\ell$-vectoriels gradués

(4.2.4) $H^*_{G^f} \simeq S(V_f) \otimes \Lambda(V^f(-1))$,

qui est un isomorphisme d'algèbres pour ℓ impair, V_f et V^f étant définis par la suite exacte $0 \to V^f \to V \xrightarrow{Id - f^*} V \to V_f \to 0$.

Exemple (cf. ([10] 2.2)).- Si q est une puissance de p , et r désigne l'ordre de q mod. ℓ (i.e. le degré de l'extension $\mathbf{F}_q(\mu_\ell)$) , il existe un isomorphisme d'espaces vectoriels gradués

$$H^*(BGL_n(\mathbf{F}_q), \mathbf{F}_\ell) \simeq S[c'_r, \dots, c'_{mr}] \otimes \Lambda[c''_r, \dots, c''_{mr}] ,$$

où $\deg(c'_{jr}) = 2jr$, $\deg(c''_{jr}) = 2jr - 1$, $m = [n/r]$. Celui-ci est un isomorphisme d'algèbres si ℓ est impair, ou $\ell = 2$ et $q \equiv 1 \pmod 4$. Les c'_{jr} , c''_{jr} sont les classes de Chern, définies à la Grothendieck (cf. (loc. cit.) et ([4])), de la représentation standard de $GL_n(\mathbf{F}_q)$ sur $\mathbf{F}_q^n$ (les c''_{jr} sont "de nature arithmétique").

BIBLIOGRAPHIE

[1] M. ARTIN, A. GROTHENDIECK, et J.-L. VERDIER - Théorie des topos et cohomologie étale des schémas, Séminaire de Géométrie Algébrique du Bois-Marie 1963/64, à paraître aux Lecture Notes, cité (SGA 4).

[2] A. BOREL - Sur la cohomologie des espaces fibrés principaux et des espaces homogènes de groupes de Lie compacts, Ann. of Math., 57 (1953), p. 115-207.

[3] H. CARTAN and S. EILENBERG - Homological Algebra, Princ. Univ. Press, (1956).

[4] A. GROTHENDIECK - Classes de Chern et représentations linéaires des groupes discrets, in Dix exposés sur la cohomologie des schémas, North-Holl. Pub. Co. (1968).

[5] M. LAZARD - Groupes analytiques p-adiques, Pub. Math. de l'I.H.E.S., 26 (1965).

[6] D. G. QUILLEN - The Adams conjecture, à paraître.

[7] D. G. QUILLEN - Cohomology of groups, exposé au Congrès International de Nice 1970.

[8] D. G. QUILLEN - The spectrum of an equivariant cohomology ring I, à paraître.

[9] D. G. QUILLEN - The spectrum of an equivariant cohomology ring II, à paraître.

[10] D. G. QUILLEN - The K-theory associated to a finite field I, à paraître.

[11] D. G. QUILLEN - A cohomological criterion for p-nilpotence, à paraître.

[12] D. G. QUILLEN - The mod 2 cohomology rings of extra-special 2-groups and the spinor groups, à paraître.

[13] J.-P. SERRE - Sur la dimension cohomologique des groupes profinis, Topology, 3 (1965), p. 413-420.

[14] J.-P. SERRE - Cohomologie des groupes discrets, Ann. of Math. Studies, Princ. Univ. Press, 1971. (Voir aussi C. R. Acad. Sci. Paris, 268, série A (1969), p. 268-271.)

[15] J.-P. SERRE - Cohomologie des groupes discrets, Séminaire Bourbaki, exposé 399, Juin 1971, Lecture Notes 244, Springer-Verlag.

[16] J.-P. SERRE - Groupes algébriques et corps de classes, Hermann (1959).

[17] B. B. VENKOV - Cohomology algebras for some classifying spaces, Dokl. Akad. Nauk., 127 (1959), p. 943-944, Math. Rev. 21, n° 7500.

Séminaire BOURBAKI
24e année, 1971/72, n° 406 Février 1972

LAPLACIEN ET GÉODÉSIQUES FERMÉES SUR LES FORMES D'ESPACE HYPERBOLIQUE COMPACTES

par Lionel BÉRARD-BERGERY

1. Introduction et notations

Soient M une variété (toujours C^∞ connexe de dimension $d \geq 2$) et g une structure riemannienne sur M , c'est-à-dire une forme différentielle bilinéaire symétrique définie positive sur M . A l'aide de g , on définit une distance sur M, une dérivée covariante D , un transport parallèle, un élément de volume (une mesure) noté v_g ou simplement dx , une notion de longueur des courbes, etc...

a) Laplacien

Soit $C^\infty_R(M)$ (resp. $C^\infty(M)$) l'espace des fonctions C^∞ sur M à valeurs réelles (resp. complexes). Si $f \in C^\infty_R(M)$, on appelle gradient de f et on note $\mathrm{grad}(f)$ l'unique champ de vecteurs X tel que $g(X,Y) = df(Y)$ pour tout champ de vecteurs Y . Si X est un champ de vecteurs sur M , on appelle divergence de X et on note $\mathrm{div}(X)$ la fonction dont la valeur en $x \in M$ est la trace de l'endomorphisme $v \longmapsto D_v X$ de $T_x M$.

DÉFINITION.- *On appelle laplacien et on note* Δ *l'opérateur défini sur* $C^\infty_R(M)$ *par* $\Delta f = -\mathrm{div}(\mathrm{grad}(f))$.

En coordonnées locales, on a $\Delta = -(\sqrt{|g|})^{-1} \frac{\partial}{\partial x_i}(g^{ij} \sqrt{|g|} \frac{\partial}{\partial x_j})$ où $|g| = |\det(g_{ij})|$. On étend Δ à $C^\infty(M)$. Δ est un opérateur différentiel elliptique du deuxième ordre sur M , dépendant de g . Si, de plus, M est compacte, on munit $C^{\infty}(M)$ du produit scalaire

$$\langle f,h\rangle = \int_M f\,\bar{h}\,v_g \quad ;$$

Δ est alors auto-adjoint, son spectre est réel et discret et peut s'écrire $\{0 = \lambda_0 < \lambda_1 < \ldots < \lambda_n < \ldots\}$, λ_n tendant vers l'infini si n tend vers l'infini, la multiplicité $m(\lambda_n)$ de λ_n est finie, $m(0) = 1$ et les fonctions propres associées à 0 sont les constantes, et enfin il existe une base hilbertienne orthonormée formée de fonctions propres C^{∞} dans l'espace de Hilbert $L^2(M)$ complété de $C^{\infty}(M)$ pour $\langle\ ,\ \rangle$.

[Une référence générale pour le laplacien sur les variétés riemanniennes est [1].]

b) Géodésiques fermées

DÉFINITION.- On appelle géodésique fermée sur M toute application C^{∞} $c : \mathbb{R} \to M$, non constante, périodique et de période 1, vérifiant en tout point l'équation $D_{\dot{c}}\dot{c} = 0$, en convenant d'identifier les applications $t \to c(t)$ et $t \to c(t+u)$.

$\dot{c} = \frac{dc}{dt}$ est le "vecteur vitesse" de c en $x = c(t) \in M$ et l'équation $D_{\dot{c}}\dot{c} = 0$ signifie que c est une géodésique paramétrée proportionnellement à la longueur ; en particulier, $g(\dot{c},\dot{c})$ est constante en t et non nulle.

DÉFINITION.- Si c est une géodésique fermée, $\mu(c) = \sqrt{g(\dot{c},\dot{c})}$ est la longueur de c.

D'autre part, l'application $\tilde{c} : \mathbb{R}/\mathbb{Z} = S^1 \to M$ canoniquement associée à c définit un lacet de M.

Les géodésiques fermées sont particulièrement intéressantes sur les variétés riemanniennes compactes à courbure négative ou nulle ; on sait en effet que :

- Le revêtement universel riemannien d'une telle variété M est complet, simplement connexe et à courbure négative ou nulle, donc difféomorphe à $\mathbb{R}^d$ (Théorème de Hadamard-Cartan). En particulier, $\forall\ i \geq 2\ ,\ \pi_i(M) = 0$.

- Il y a une géodésique fermée dans toute classe non triviale pour l'homotopie libre des lacets de M (il suffit de prendre le lacet rectifiable de longueur minimale dans la classe considérée).

- Deux géodésiques fermées librement homotopes sont de même longueur et l'homotopie peut être réalisée par un "cylindre" $S^1 \times [0,1]$ totalement géodésique et plat dans M , de bords c_1 et c_2 .

En particulier, si M est à courbure strictement négative, il y a une et une seule géodésique fermée dans toute classe non triviale d'homotopie libre.

[Pour des démonstrations, voir [2] ou [15].]

Les longueurs des géodésiques fermées peuvent se présenter comme un "spectre" $\{\mu_1 < \mu_2 < \dots < \mu_n < \dots\}$ qu'on appellera <u>spectre des longueurs</u>. On montre que

μ_n tend vers l'infini si n tend vers l'infini.

$\mu_1 = 2i(M)$ où $i(M)$ est le rayon d'injectivité de M (c'est-à-dire le plus grand t tel que l'exponentielle en x soit injective sur la boule de centre 0 et de rayon t dans T_xM , pour tout x dans M).

Le but de cet exposé est d'étudier le lien entre le laplacien et les géodésiques fermées (et en particulier entre les deux spectres) sur les "formes d'espace", à l'aide de la formule des traces de Selberg, [13], en suivant les calculs faits par H. Huber dans le cas des surfaces orientables [8].

2. Cas des tores plats ([1] p. 146 et suivantes)

DÉFINITION.- On appelle tores plats les variétés riemanniennes (T^d, g_Γ) compactes à courbure nulle quotients de l'espace euclidien ($\mathbb{R}^d$ muni de sa s.r. canonique) par un groupe discret Γ de translations, isomorphe à $\mathbb{Z}^d$.

On note $\Lambda = \{\gamma(0) , \gamma \in \Gamma\}$ le réseau associé à Γ et $\Lambda^* = \{y \in \mathbb{R}^d ; \forall x \in \Lambda , \langle x|y\rangle \in \mathbb{Z}\}$ le réseau dual. On montre que

- les longueurs des géodésiques fermées de (T^d, g_Γ) sont les $|x|$, $x \in \Lambda$.
- les valeurs propres du laplacien de (T^d, g_Γ) sont les $4\pi^2|y|^2$, $y \in \Lambda^*$.
- Λ et Λ^* sont liés par la formule sommatoire de Poisson :

Si f est une fonction numérique continue sur $\mathbb{R}^d$ à décroissance rapide et $\hat{f}$ sa transformée de Fourier $\hat{f}(y) = \int_{\mathbb{R}^d} f(x) \exp(-2\pi i \langle x|y\rangle)dx$, on a

$$\sum_{x \in \Lambda} f(x) = (\mathrm{vol}\,\Lambda)^{-1} \sum_{y \in \Lambda^*} \hat{f}(y)$$

où $\mathrm{vol}\,\Lambda$ est le volume d'un domaine fondamental pour Γ , c'est-à-dire le volume riemannien de (T^d, g_Γ) .

On en déduit que le spectre du laplacien et le spectre des longueurs se déterminent mutuellement, bien qu'ils ne caractérisent pas le tore riemannien considéré.

3. Cas des formes d'espace hyperbolique

a) DÉFINITION.- Une forme d'espace hyperbolique compacte est une variété riemannienne compacte à courbure constante et égale à -1 .

C'est un quotient de l'espace hyperbolique H par un groupe Γ d'isométries, discret, uniforme et sans élément d'ordre fini. Rappelons que l'espace hyperbolique H (de dimension $d \geq 2$) est la variété riemannienne de dimension d complète, simplement connexe, à courbure -1. C'est aussi l'espace riemannien symétrique non compact de rang 1 : $G/K = SO_o(d,1)/O(d)$ (voir [7], [9] ou [20]).

Pour les espaces symétriques, on a une généralisation de la formule de Poisson, c'est

b) La formule des traces de Selberg

[Pour des exposés généraux sur cette formule, voir [4], [6], [13] ; nous nous contenterons ici d'une version élémentaire, adaptée à l'application envisagée.]

Soit $H = G/K$ un espace riemannien symétrique. On considère un opérateur linéaire T sur les fonctions numériques sur H, à "noyau", c'est-à-dire de la forme
$$(Tf)(x) = \int_H k(x,y)f(y)dy .$$
On montre que, si k est bi-invariant pour l'action naturelle de G sur $H = G/K$ (c'est-à-dire $\forall g \in G$, $k(gx,gy) = k(x,y)$), l'opérateur T commute à tous les opérateurs différentiels invariants sur H, et opère scalairement sur les espaces de fonctions propres
$$E_{\lambda_1,\dots,\lambda_r} = \{f \in C^\infty(H) \; ; \; D_i f = \lambda_i f \; , \; i = 1,\dots,r\}$$
où r est le rang de H et $D_1 = \Delta$, $D_2,\dots,D_r$ sont r opérateurs fondamentaux, engendrant l'algèbre des opérateurs différentiels invariants sur H. Si on note $\lambda = (\lambda_1,\dots,\lambda_r)$, et si $\varphi_\lambda \in E_\lambda$, on a donc
$$(T\varphi_\lambda)(x) = \int_H k(x,y)\varphi_\lambda(y)dy = h(\lambda)\varphi_\lambda(x) ,$$
et $h(\lambda)$ ne dépend que de λ et k.

Soit maintenant Γ un sous-groupe discret de G tel que le quotient $M = \Gamma\backslash H = \Gamma\backslash G/K$ soit compact. Grâce à la bi-invariance, T opère sur les fonctions sur M, identifiées aux fonctions sur H invariantes par Γ ($\forall \gamma \in \Gamma$, $f(\gamma x) = f(x)$). Sur $C^\infty(M)$, T peut s'écrire

$$(Tf)(x) = \int_D K(x,y)f(y)dy ,$$

où $K(x,y) = \sum_{\gamma\in\Gamma} k(x,\gamma y)$, (si toutefois cette expression converge uniformément) et D est un domaine fondamental pour Γ dans H .

D'autre part, les espaces $F_\lambda = E_\lambda \cap C^\infty(M)$ sont de dimension finie $m(\lambda)$ et $L^2(M)$ (l'espace de Hilbert associé à $C^\infty(M)$ pour le produit scalaire $\langle f,g\rangle = \int_D f\bar{g}\,dx$) possède une base hilbertienne orthonormée B formée de $\varphi_\lambda \in F_\lambda$. On montre alors que, moyennant certaines conditions sur k , l'opérateur T restreint à $C^\infty(M)$ est à trace. On peut calculer cette trace de deux façons et en égalant les deux résultats, on a la formule des traces de Selberg

(1) $$\sum_\lambda m(\lambda)h(\lambda) = \int_D K(x,x)dx = \int_D \sum_{\gamma\in\Gamma} k(x,\gamma x)\,dx .$$

On peut aussi écrire pour le noyau

(2) $$\sum_{\varphi_\lambda\in B} h(\lambda)\,\varphi_\lambda(x)\,\varphi_\lambda(y) = K(x,y) = \sum_{\gamma\in\Gamma} k(x,\gamma y)$$

(si toutefois ces deux séries convergent).

Il ne nous reste plus qu'à exploiter ces deux formules pour H l'espace hyperbolique.

4. Etude du premier membre de (1) et de (2)

a) Les coefficients $h(\lambda)$ se calculent de la façon suivante :

Soit $\omega_\lambda(x,y)$ la fonction sphérique élémentaire sur H associée à λ (ω_λ bi-invariante, $\forall\, y \in H$, $\omega_\lambda(\cdot,y) \in E_\lambda$, $\omega_\lambda(x,x) = 1$) . Alors :

$$h(\lambda) = \int_H k(x,y)\,\omega_\lambda(y,x)\,dy .$$

(C'est en fait la transformation de Fourier sur $G/K = H$; voir [5] pour plus de détails).

L'espace hyperbolique H est de rang 1 , donc Δ est l'unique opérateur fondamental, les espaces F_λ sont les espaces propres de la variété $M = \Gamma\backslash H$ et $m(\lambda)$ est la multiplicité de la valeur propre λ pour M. Pour simplifier les calculs, nous allons désormais nous limiter à des noyaux particulièrement simples, introduits par H. Huber [8].

Remarquons tout d'abord que les espaces symétriques de rang 1 sont homogènes à deux points (c'est-à-dire si les couples (x,y) et (z,t) de $H \times H$ vérifient $\rho(x,y) = \rho(z,t)$, où $\rho(.,.)$ est la distance sur H, il existe $g \in G$ tel que $gx = z$ et $gy = t$). Les noyaux bi-invariants ne sont donc fonctions que de la distance des deux variables. Nous prendrons les noyaux

$$k_s(x,y) = \operatorname{ch}^{-s} \rho(x,y) \qquad s \in \mathbf{C}.$$

On montre que ces noyaux vérifient toutes les conditions nécessaires pour les formules (1) et (2) dès que $\mathrm{Re}(s)$, la partie réelle de s, est supérieure à $d-1$. On peut alors éviter l'emploi des fonctions sphériques en remarquant, avec H. Huber, que les noyaux k_s vérifient l'équation fonctionnelle

$$\Delta_1 k_s = s(s+1)\, k_{s+2} + s(d-1-s)\, k_s$$

où Δ_1 est le laplacien pour la première variable.

Comme T commute à Δ_1, on obtient une équation fonctionnelle en s pour les $h_s(\lambda)$ associés aux k_s

$$s(s+1)\, h_{s+2}(\lambda) = (s^2 - (d-1)s + \lambda)\, h_s(\lambda),$$

qui se résoud en montrant que $h_s(\lambda)$ est analytique en s pour $\mathrm{Re}(s) > d-1$ et en étudiant la limite de h_s lorsque $\mathrm{Re}(s)$ tend vers l'infini. On trouve :

$$h_s(\lambda) = \frac{\pi^{\frac{d}{2}}}{\Gamma(\frac{s}{2})\Gamma(\frac{s+1}{2})}\, \Gamma\left(\frac{s-s^+(\lambda)}{2}\right) \Gamma\left(\frac{s-s^-(\lambda)}{2}\right) \tag{3}$$

où $s^+(\lambda)$ et $s^-(\lambda)$ sont les racines de l'équation $s^2 - s(d-1) + \lambda = 0$. ($\Gamma(.)$ est la fonction gamma d'Euler.) La convergence du premier terme de (2) est alors assurée par les résultats de [11].

b) Une première conséquence

DÉFINITION.- On appelle réseau hyperbolique sur H associé à Γ l'ensemble de points discret $\Lambda_x = \{\gamma x \, , \, \gamma \in \Gamma\}$ pour $x \in H$ fixé.

On note $N(x,y,t)$ le nombre de points de Λ_x dans la boule riemannienne de centre y et de rayon t sur H. On peut utiliser la formule (2) pour calculer un équivalent de $N(x,y,t)$ si t tend vers l'infini. Par exemple, $\sum_{\gamma \in \Gamma} k_s(x,y)$ peut s'interpréter comme une série de Dirichlet en s, et le premier membre $\sum_B h_s(\lambda) \, \varphi_\lambda(x) \, \varphi_\lambda(y)$ est une série de fonctions méromorphes, convergente, dont l'unique pôle de partie réelle maximum est $s = d-1$. On peut donc appliquer le théorème tauberien de Wiener-Ikehara [19]. On obtient

(4) $$N(x,y,t) \underset{t \to \infty}{\sim} \frac{2\pi^{\frac{d}{2}}}{\Gamma(\frac{d}{2})(d-1)\mathrm{Vol}(M)} \, \frac{e^{(d-1)t}}{2^{d-1}} .$$

5. Etude du deuxième membre de (1)

Il s'agit de calculer

$$\int_D K(x,x)\, dx = \int_D \sum_{\gamma \in \Gamma} k(x,\gamma x)\, dx = \sum_{\gamma \in \Gamma} \int_D k(x,\gamma x)\, dx .$$

Suivant Selberg, on peut transformer cette expression en regroupant certains termes. On note : (Γ) l'ensemble des classes de conjugaison du groupe Γ, (γ) la classe de γ, Γ_γ le centralisateur de γ dans Γ et D_γ un domaine fondamental dans H pour Γ_γ. On obtient, en mettant à part l'identité :

$$\int_D K(x,x)\, dx = \mathrm{Vol}(M) + \sum_{(\gamma) \in (\Gamma) - (\mathrm{Id})} I_k(\gamma) \quad \text{où} \quad I_k(\gamma) = \int_{D_\gamma} k(x,\gamma x)\, dx .$$

Lorsque $M = \Gamma \backslash H$ est une variété compacte, on sait que, $\forall \, \gamma \in \Gamma - \{\mathrm{Id}\}$, γ laisse globalement invariante une géodésique et une seule a_γ de H, appelée son axe, sur laquelle elle réalise le minimum $\mu(\gamma)$ de sa fonction de déplacement $\rho(q,\gamma q)$, c'est-à-dire $\mu(\gamma) = \inf_{q \in H} \rho(q,\gamma q)$ et $\mu(\gamma) = \rho(p,\gamma p) \Leftrightarrow p \in a_\gamma$.

DÉFINITION.- Une isométrie δ sera dite primitive si elle ne s'écrit pas $\delta = \gamma^p$, $\gamma \in \Gamma$, $p > 1$.

Alors, toute isométrie $\gamma \in \Gamma - \{Id\}$ peut s'écrire d'une façon et d'une seule $\gamma = \delta^p$, $p \geq 1$, δ primitive ; p s'appelle la multiplicité de γ ; on la note $\nu(\gamma)$. Et $\mu(\gamma) = \nu(\gamma)\mu(\delta)$; $\mu(\gamma)$ et $\nu(\gamma)$ ne dépendent que de la classe (γ) de γ . De plus, d'après le théorème de Preissmann [12], Γ_γ est isomorphe à $\mathbb{Z}$; plus précisément, $\Gamma_\gamma = \{\delta^p , p \in \mathbb{Z}\}$ et les δ^p ont toutes même axe, pour tout $p \in \mathbb{Z} - \{0\}$.

Enfin D_γ peut se décrire ainsi : $\forall\, q \in \mathbf{a}_\delta$, on note $L_q \subset T_q(M)$ l'hyperplan tangent orthogonal à a_δ en q et $H_q = \exp_q(L_q)$ l'hyperplan de H engendré par les géodésiques issues de q parallèlement à L_q ; $H_{\delta q} = \delta H_q$ et pour q fixé, D_γ est la " partie de H entre H_q et $H_{\delta q}$ ". On peut alors "paramétrer" D ainsi : on repère $p \in D_\gamma$ par $t = \rho(q,p')$ où p' est tel que $p \in H_{p'}$, $0 \leq t \leq \mu(\delta)$, et par $v_p \in L_{p'}$ tel que $\exp_{p'}(v_p) = p$; on peut aussi remplacer v_p par $w_p \in L_q$ tel que v_p soit l'image de w_p dans le transport parallèle de longueur t le long de a_δ . On remarque alors que $k(x,\gamma x)$ ne dépend que de w_p . (Figure 1)

Pour achever le calcul, le plus simple est de prendre une présentation de H , (Figure 2), par exemple le demi-espace $\mathbb{R}^d_+ = \{x = (x_1,\ldots,x_d) \in \mathbb{R}^d \ ; \ x_d > 0\}$, muni de la métrique $g = \frac{1}{(x_d)^2} \sum_{i=1}^{d} dx_i \otimes dx_i$, dont les géodésiques sont les demi-droites et demi-cercles $(x_d > 0)$ euclidiens de $\mathbb{R}^d$, orthogonaux à $x_d = 0$. Par l'homogénéité à deux points, on peut choisir pour a_δ la demi-droite $x_1 = \ldots = x_{d-1} = 0$. Alors γ peut s'écrire :
$\gamma(x_1,\ldots,x_d) = (e^{\mu(\gamma)} A_\gamma(x_1,\ldots,x_{d-1}) , e^{\mu(\gamma)} x_d)$, où A_γ est une transforma-

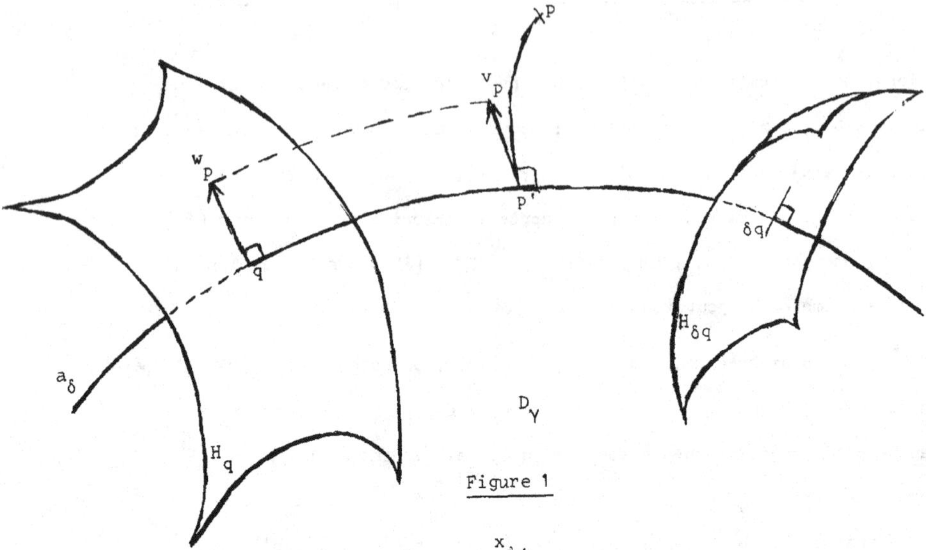

Figure 1

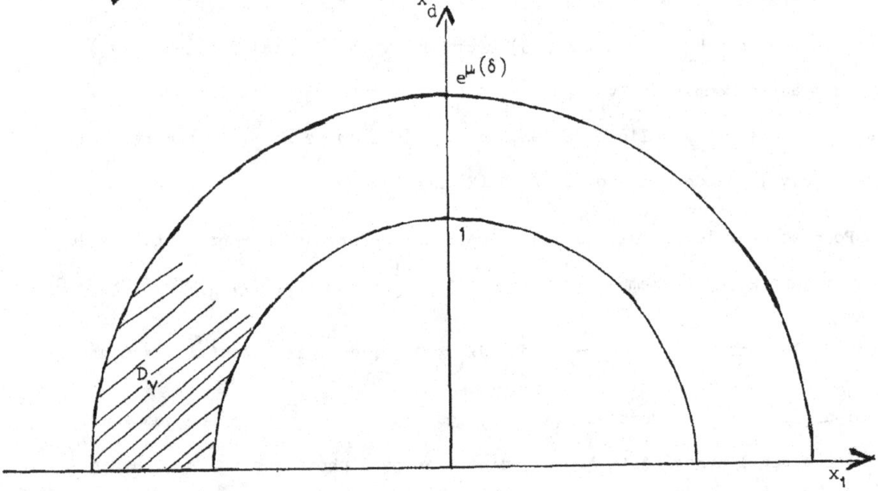

Figure 2

tion linéaire orthogonale de R^{d-1} . Et D_γ est la partie de H entre les deux hémisphères euclidiennes $x_1^2 + \dots + x_d^2 = 1$ et $x_1^2 + \dots + x_d^2 = e^{2\mu(\delta)}$, $(x_d > 0)$. On a

$$\operatorname{ch} \rho(x,y) = 1 + \frac{\sum_{i=1}^{d}(x_i - y_i)^2}{2x_d y_d} \quad \text{et} \quad dx = (x_d)^{-d}\, dx_1 \wedge \dots \wedge dx_d \, .$$

On pose $Q(\gamma) = \left| \det\left(\mathrm{Id} - \frac{A_\gamma + \tilde{A}_\gamma}{2 \operatorname{ch} \mu(\gamma)}\right) \right|^{-\frac{1}{2}}$ où $\tilde{A}_\gamma$ est la transposée de A_γ.

On obtient :

$$I_s(\gamma) = \frac{\mu(\gamma)}{\nu(\gamma)}\, Q(\gamma)\, \operatorname{ch}^{-s} \mu(\gamma)\, \frac{\pi^{\frac{d-1}{2}}\, \Gamma(s - \frac{d-1}{2})}{\Gamma(s)} \, ,$$

et, pour $\mathrm{Re}(s) > d-1$:

$$(5) \qquad \sum_{\lambda \in \mathrm{Spec}\, M} m(\lambda)\Gamma\left(\frac{s - s^+(\lambda)}{2}\right)\Gamma\left(\frac{s - s^-(\lambda)}{2}\right) =$$

$$\mathrm{Vol}(M)\pi^{-\frac{d}{2}}\,\Gamma\left(\frac{s}{2}\right)\Gamma\left(\frac{s+1}{2}\right) + 2^{1-s}\,\Gamma\left(s - \frac{d-1}{2}\right) \sum_{(\gamma) \in (\Gamma) - (\mathrm{Id})} \frac{\mu(\gamma)}{\nu(\gamma)}\, Q(\gamma) \operatorname{ch}^{-s} \mu(\gamma) \, .$$

6. Interprétation en termes de géodésiques fermées

On sait qu'on a une bijection canonique entre les classes de conjugaison de Γ et les classes d'homotopie libre de lacets de M , donc à toute classe $(\gamma) \in (\Gamma) - (\mathrm{Id})$ correspond une et une seule géodésique fermée, définie ainsi :

Soient a_γ l'axe de γ et $t \to a_\gamma(t)$ un paramétrage de a_γ proportionnel à la longueur tel que $a_\gamma(1) = \gamma a_\gamma(0)$. Si $p : H \to M$ est la projection canonique, $c_\gamma : \mathbb{R} \to M$ définie par $c_\gamma(t) = p(a_\gamma(t))$ est la géodésique fermée associée à (γ) . En particulier $\mu(\gamma)$ est la longueur de la géodésique fermée associée à c_γ , et A_γ est l'holonomie induite par le transport parallèle le long du lacet associé à c_γ . Pour décrire $\nu(\gamma)$, on introduit les définitions :

DÉFINITION.- On dit que la géodésique fermée c est la n-ième itérée de la géodésique fermée c' si $c(t) = c'(\frac{t}{n})$.

DÉFINITION.- Une géodésique fermée est dite primitive si elle n'est pas la n-ième itérée d'une autre géodésique fermée avec $n > 1$.

Alors toute géodésique fermée c est la n-ième itérée d'une géodésique fermée primitive, $n \geq 1$, et n ne dépend que de c ; on appelle n multiplicité de c et on le note $\nu(c)$.

On a γ primitive $\Leftrightarrow$ c_γ primitive ; et $\nu(\gamma) = \nu(c_\gamma)$.

La formule (5) relie donc le laplacien et les géodésiques fermées sur M . On a

(6) $$\sum_{\lambda \in \mathrm{Spec}\, M} m(\lambda)\Gamma\left(\frac{s - s^+(\lambda)}{2}\right)\Gamma\left(\frac{s - s^-(\lambda)}{2}\right) =$$

$$\mathrm{Vol}(M)\pi^{-\frac{d}{2}}\,\Gamma\left(\frac{s}{2}\right)\Gamma\left(\frac{s+1}{2}\right) + 2^{1-s}\,\Gamma\left(s - \frac{d-1}{2}\right) \sum_c \frac{\mu(c)}{\nu(c)}\, Q(c)\, \mathrm{ch}^{-s}\, \mu(c)$$

où c décrit l'ensemble des géodésiques fermées de M .

En particulier, elle montre que le spectre du laplacien détermine le spectre des longueurs. On remarque aussi que :

$$\left(\frac{\mathrm{ch}\,\mu(c) + 1}{\mathrm{ch}\,\mu(c)}\right)^{-\frac{d-1}{2}} \leq Q(c) \leq \left(\frac{\mathrm{ch}\,\mu(c) - 1}{\mathrm{ch}\,\mu(c)}\right)^{-\frac{d-1}{2}}$$

et donc $Q(c)$ tend vers 1 si $\mu(c)$ tend vers l'infini.

Si on note $\omega_M(t)$ le nombre de géodésiques fermées de longueur inférieure à t et $\pi_M(t)$ le nombre de géodésiques fermées primitives de longueur inférieure à t , on obtient (toujours par le théorème de Wiener-Ikehara) :

(7) $$\pi_M(t) \underset{t \to \infty}{\sim} \frac{e^{(d-1)t}}{(d-1)t} \quad \text{et} \quad \omega_M(t) \underset{t \to \infty}{\sim} \frac{e^{(d-1)t}}{(d-1)t} .$$

[Remarque.- Si on considère les sous-variétés de dimension 1 images des géodésiques fermées, à chacune d'entre elles il correspond une infinité dénombrable de géodésiques fermées, mais seulement deux géodésiques fermées primitives, une pour chaque sens de parcours.]

7. Quelques remarques

a) Ce dernier résultat précise pour le cas hyperbolique un résultat plus général.

THÉORÈME (Y. Sinai [16]).- Si M est une variété riemannienne compacte à courbures comprises entre $-b^2$ et $-a^2$, $0 < a < b$, alors :

$$e^{(d-1)a} \leq \underline{\lim}\, (\omega_M(t))^{\frac{1}{t}} \leq \overline{\lim}\, (\omega_M(t))^{\frac{1}{t}} \leq e^{(d-1)b} .$$

G. A. Margulis a, d'autre part, annoncé dans [10] des généralisations des formules (4) et (7) pour ce même cas. Ces deux résultats utilisent la théorie ergodique.

b) On a essentiellement utilisé la propriété de H d'être de rang 1 . On peut faire les mêmes calculs pour les autres espaces symétriques non compacts de rang 1 , mais le calcul final de $I_k(\gamma)$ se complique.

c) Cas des surfaces orientables

Ce cas est spécialement intéressant à plus d'un titre :

- il n'y a pas d'holonomie $A_\gamma = Id$, donc le spectre du laplacien et le spectre des longueurs se déterminent mutuellement. Ils déterminent aussi la topologie de la surface M , via l'égalité $Vol(M) = 4\pi(g_M - 1)$ où g_M est le genre de M (Gauss-Bonnet).
- le cas de la dimension 2 est le seul où l'on puisse faire varier le sous-groupe Γ [18]. On a alors le :

THÉORÈME (Gelfand [3 , 4], Tanaka [17]).- <u>Toute déformation de Γ à spectre constant est triviale.</u>

En effet, une déformation à spectre constant est à spectre des longueurs constant et on applique le lemme 4, page 150, de [14].

BIBLIOGRAPHIE

[1] M. BERGER, P. GAUDUCHON, E. MAZET - Le spectre d'une variété riemannienne, Lecture Notes in Math. 194, Springer, 1971.

[2] R. L. BISHOP, B. O'NEILL - Manifolds of negative curvature, Trans. A.M.S., 145 (1969), p. 1-48.

[3] I. M. GEL'FAND - Automorphic functions and the theory of representations, Pro. Int. Congress of Math., Stockholm, 1962.

[4] I. M. GEL'FAND, M. I. GRAEV, I. I. PYATETSKII-SHAPIRO - Representation theory and automorphic functions, W. B. Saunders Company, 1969.

[5] R. GODEMENT - Introduction aux travaux de Selberg, Sém. Bourbaki, 9e année, Vol. 1956/57, exposé 144, W. A. Benjamin, N.Y.

[6] R. GODEMENT - La formule des traces de Selberg, Sém. Bourbaki, 15e année, vol. 1962/63, exposé 244, W. A. Benjamin, N.Y.

[7] S. HELGASON - Differential geometry and symmetric spaces, Acad. Press, 1962.

[8] H. HUBER - Zur analytischen Theorie hyperbolischer Raumformen und Bewegungsgruppen, I) Math. Annalen, 138 (1959), p. 1-26 ;
II) Math. Annalen, 142 (1961), p. 385-398 ;
III) Math. Annalen, 143 (1961), p. 463-464.

[9] S. KOBAYASHI, K. NOMIZU - Foundations of dif. geometry II, Intersc., 1969.

[10] G. A. MARGULIS - Applications of ergodic theory to the investigation of manifolds of negative curvature, Functional Analysis, 3 (1969), p. 335-336.

[11] S. MINAKSHISUNDARAM, A. PLEIJEL - Some properties of the eigenfunctions of the Laplace operator on Riemannian manifolds, Canad. J. Math., 1 (1949), p. 242-256.

[12] A. PREISSMANN - Quelques propriétés globales des espaces de Riemann, Comment. Math. Helv., 15 (1943), p. 175-216.

[13] A. SELBERG - Harmonic analysis and discontinuous groups in weakly symmetric Riemannian spaces with applications to Dirichlet series, J. Indian Math. Soc., 20 (1956), p. 47-87.

[14] A. SELBERG - On discontinuous groups in higher-dimensional symmetric spaces, Internat. Colloq. Function Theory, Bombay, 1960, p. 147-164.

[15] SÉMINAIRE BERGER - Variétés à courbure négative, 1970/1971, Université Paris VII.

[16] Y. SINAI - The asymptotic behavior of the number of closed geodesics on a compact manifold of negative curvature, Izv. Akad. Nauk S.S.S.R., 30 (1966), p. 1275-1296.

[17] S. TANAKA - Selberg's trace formula and spectrum, Osaka J. Math., 3 (1966), p. 205-216.

[18] A. WEIL - On discrete subgroups of Lie groups,
I) Ann. Math., 72 (1960), p. 369-384 ;
II) Ann. Math., 75 (1962), p. 578-602.

[19] N. WIENER - Tauberian theorems, Ann. Math., 33 (1932), p. 1-100.

[20] J. WOLF -Spaces of constant curvature, McGraw-Hill, 1967.

GÉOMÉTRIE ET ANALYSE SUR LES ARBRES

par Pierre CARTIER

Bruhat et Tits [1] ont montré récemment comment associer des objets combinatoires ("immeubles") aux groupes algébriques semisimples sur un corps local K . L'immeuble associé à un groupe p-adique joue le même rôle que l'espace riemannien symétrique associé à un groupe réel . Il est donc naturel de chercher à étendre aux immeubles les méthodes qui ont fait leur preuve pour les espaces riemanniens symétriques : horocycles , compactification , fonctions harmoniques , fonctions sphériques ,etc... Ce programme n'a reçu un commencement de réalisation que dans le cas de rang 1 , où les immeubles sont des arbres homogènes . Serre [6] a pu ainsi unifier et généraliser des résultats de Nagao , Ihara , etc... sur les sous-groupes de $SL_2(K)$; Tits [8] a étudié les groupes d'automorphismes des arbres , et nous avons nous-même fait la théorie des fonctions harmoniques et des fonctions sphériques [2,3]. Nous nous proposons d'esquisser ici ces développements .

1. Compactification d'un arbre (Serre [6] , Cartier [2]) .

Soit X un arbre , d'ensemble de sommets S et d'ensemble d'arêtes A ; on suppose que X est infini (l'ensemble S est infini) et localement fini (un sommet n'appartient qu'à un nombre fini d'arêtes) . On dit que deux sommets s et t sont liés s'il existe une arête joignant s à t (c'est-à-dire si $\{s,t\}$ appartient à A) .

L'espace riemannien associé à $SL_2(\mathbb{R})$ peut se réaliser comme le disque-unité ouvert dans $\mathbb{R}^2$, défini par l'inégalité $x^2 + y^2 < 1$, avec la métrique riemannienne $\frac{dx^2 + dy^2}{(1 - x^2 - y^2)^2}$. La compactification naturelle est le disque-unité fermé , défini par l'inégalité $x^2 + y^2 \leq 1$, et la frontière est le cercle d'équation $x^2 + y^2 = 1$. Or les points de ce cercle sont en correspondance bijective avec les rayons , qui ne sont autres que les demi-géodésiques issues du centre.

Pour définir la compactification de X , choisissons donc un sommet o ; l'analogue des géodésiques est constitué par les chaînes infinies d'origine o : suites infinies $[s_o, s_1, \ldots, s_n, \ldots]$ de sommets deux à deux distincts , telles que $s_o = o$ et que s_n soit lié à s_{n+1} pour tout $n \geq 0$. Comme il est d'usage , la distance d(s,t) du sommet s au sommet t est la borne inférieure des longueurs des chemins joignant s à t . Pour tout $n \geq 0$, notons alors S_n l'ensemble des sommets s tels que d(o,s) = n ; pour $n \geq 1$ et $s \in S_n$, il existe un unique sommet $\pi_n(s)$ dans S_{n-1} qui soit lié à s . Les chaînes infinies d'origine o sont alors les éléments de la limite projective du système

$$S_o \xleftarrow{\pi_1} S_1 \xleftarrow{\pi_2} S_2 \longleftarrow \cdots \longleftarrow S_n \xleftarrow{\pi_{n+1}} S_{n+1} \longleftarrow \cdots$$

Cette limite projective est un espace compact Σ_o qui se prête parfaitement au rôle de frontière de l'arbre . Cependant , pour les applications éventuelles à la théorie des groupes p-adiques , il est maladroit de fixer un sommet de référence o . Pour éliminer o , on introduit une relation d'équivalence entre chaînes infinies d'origine variable : deux telles chaînes définissent le même bout si et seulement si elles ne diffèrent que par un nombre fini de sommets . Si s est un sommet et b un bout , il existe une unique chaîne infinie d'origine s dans la classe d'équivalence définissant le bout b ; on l'appelle la chaîne joignant s à b . On note B l'ensemble des bouts et $\hat{S}$ l'ensemble somme de S et B . On peut alors munir $\hat{S}$ d'une topologie d'espace compact avec les propriétés suivantes :

a) Muni de la topologie discrète , S est un sous-espace ouvert dense de $\hat{S}$.

b) Le sous-espace B de $\hat{S}$ est compact , et l'application qui associe à tout bout b la chaîne joignant o à b est un homéomorphisme de B sur Σ_o .

c) Soit b un bout ; pour tout entier $n \geq 0$, soit V_n l'ensemble des sommets s tels que la chaîne joignant s à b ait ses sommets à la distance $\geq n$ de o , et des bouts b' tels que les chaînes joignant respectivement o à b et à b' aient au moins n sommets en commun; alors $(V_n)_{n \geq 0}$ est une base de voisinages ouverts de b dans $\hat{S}$.

Classiquement , les <u>horocycles</u> associés à un point b du cercle-unité sont les courbes orthogonales du réseau des géodésiques d'extrémité b ; ces horocycles jouent le rôle de cercles de centre b et de rayon infini . Dans le cas d'un arbre , on montre ceci : si s et s' sont deux sommets et si le sommet t s'éloigne indéfiniment sur une chaîne infinie de bout b , la différence $d(s,t) - d(s',t)$ finit par garder une valeur constante $\delta_b(s,s')$. Si s ,s' et s" sont des sommets , on a évidemment $\delta_b(s,s") = \delta_b(s,s') + \delta_b(s',s")$; il existe alors une partition de S en ensembles H_n tels que l'on ait $\delta_b(s,s') = m - n$ pour s dans H_m et s' dans H_n . A une translation près sur l'indice n , cette partition est unique ; ses éléments sont les horocycles associés à b .

2. <u>Structure du groupe des automorphismes d'un arbre</u> (Tits [8]).

Soit g un automorphisme d'un arbre X . On démontre élémentairement que l'on a les trois possibilités exclusives suivantes :

a) il existe un sommet s tel que $g(s) = s$;

b) il existe deux sommets liés s et t tels que $g(s) = t$ et $g(t) = s$;

c) il existe une suite $(s_n)_{-\infty < n < +\infty}$ de sommets distincts telle que s_n soit lié à s_{n+1} pour tout n , et un entier i tel que $g(s_n) = s_{n+i}$ pour tout n .

Dans les cas a) et b) , toutes les orbites de g sont finies ; elles sont toutes infinies dans le cas c) .

Soit G un groupe d'automorphismes de X ; on suppose qu'il n'existe dans G aucun élément du type c) . Alors G laisse invariant un sommet , ou une arête , ou bien il existe un bout b tel que tout horocycle associé à b soit invariant par G .

Soit Aut(X) le groupe de tous les automorphismes de X . Pour toute partie F de S , notons $\mathrm{Aut}_F(X)$ le groupe des automorphismes g de X tels que $g(s) = s$ pour tout s dans F . On peut alors munir $\mathrm{Aut}(X)$ d'une topologie de groupe localement compact totalement discontinu dans laquelle les sous-groupes $\mathrm{Aut}_F(X)$ pour F fini forment une base de voisinages de l'unité . Soit G un sous-groupe de $\mathrm{Aut}(X)$; pour que G soit relativement compact , il faut et il suffit que toutes ses orbites dans S soient finies ; s'il en est ainsi , G laisse invariant un sommet ou une arête d'après le résultat mentionné plus haut . En particulier , pour que G soit un sous-groupe compact maximal de $\mathrm{Aut}(X)$, il faut et il suffit qu'il soit égal au stabilisateur d'un sommet ou d'une arête ([1]) .

Le théorème de simplicité suivant est dû à Tits [8] ; la démonstration se fait par des raisonnements géométriques élémentaires .

THÉORÈME 1.- Soient X un arbre et G un groupe d'automorphismes de X . On fait les hypothèses suivantes :

(i) Soit $(s_n)_{a<n<b}$ une chaîne ([2]) dans X ; pour tout entier n dans l'intervalle $]a,b[$, soit F_n l'ensemble des sommets s tels que $d(s,s_n) < d(s,s_m)$ pour tout $m \neq n$ dans $]a,b[$. Soit g une permutation de S ; on suppose que pour tout n dans $]a,b[$ on a $g(s_n) = s_n$ et qu'il existe un élément g_n de G dont l'action sur F_n coïncide avec celle de g . Alors on a $g \in G$.

(ii) Il n'existe aucun sous-arbre de X , distinct de $\emptyset$ et X , invariant par G .

(iii) Il n'existe pas de bout b tel que tout horocycle associé à b soit invariant par G . Soit G^+ le sous-groupe de G engendré par les éléments g de G pour lesquels il existe deux sommets liés s et t avec $g(s) = s$ et $g(t) = t$.

Alors , tout sous-groupe de G normalisé par G^+ et non réduit à l'élément neutre contient G^+ . En particulier , G^+ est réduit à l'élément neutre ou c'est un groupe simple.

([1]) Les propriétés de cet alinéa supposent X infini et localement fini.

([2]) Autrement dit, s_n est lié à s_{n+1} lorsque n et $n+1$ appartiennet à $]a,b[$.

Le théorème 1 prend toute sa valeur pour un arbre homogène (le nombre d'arêtes contenant un sommet est indépendant du sommet) . Il existe une partition $S = S' \cup S''$ telle que la distance de deux sommets appartenant tous deux à S' ou tous deux à S'' soit paire , et que soit impaire la distance d'un sommet de S' à un sommet de S'' . Le groupe $\mathrm{Aut}(X)^+$ se compose des automorphismes de X conservant S' et S'' ; il est d'indice 2 dans $\mathrm{Aut}(X)$. Les conditions (i) , (ii) et (iii) sont satisfaites lorsque $G = \mathrm{Aut}(X)$, et le théorème 1 prouve donc que $\mathrm{Aut}(X)^+$ est un groupe simple .

3. Groupes libres et produits amalgamés (Serre [6]) .

Soient G un groupe et P une partie de G ; le graphe $\Gamma(G,P)$ a G pour ensemble de sommets et les ensembles $\{g,gp\}$ (pour $g \in G$ et $p \in P$) pour arêtes . Le groupe G agit sur le graphe $\Gamma(G,P)$ par les translations à gauche .

THÉORÈME 2.- a) Supposons que le groupe G soit libre et que P soit une famille basique de G ; alors le graphe $\Gamma(G,P)$ est un arbre .

b) Réciproquement , si l'on a $P \cap P^{-1} = \emptyset$ et si le graphe $\Gamma(G,P)$ est un arbre , alors le groupe G est libre , de famille basique P .

La démonstration se fait immédiatement en mettant en relation les décompositions réduites d'un élément de G comme produit d'éléments de $P \cup P^{-1}$ avec les chemins sans aller-retour dans le graphe $\Gamma(G,P)$.

THÉORÈME 3.- Soient X un arbre et G un groupe d'automorphismes de X . On suppose que G opère librement sur l'ensemble S des sommets de X et sur l'ensemble A des arêtes de X . Alors le groupe G est libre .

On choisit d'abord une partie connexe T de S rencontrant chaque orbite de G en au plus un point et maximale pour ces propriétés ; il est immédiat que tout sommet est de la forme gt avec $g \in G$ et $t \in T$. Comme G opère librement sur A , il existe une orientation de X invariante par G . Soit P l'ensemble des $g \in G$ pour lesquels il existe une arête positivement orientée joignant un sommet de T à un sommet de gT ; on a

$P \cap P^{-1} = \emptyset$. De plus , la famille $(gT)_{g \in G}$ est une partition de S en ensembles connexes ; deux éléments g et g' de G sont liés dans $\Gamma(G,P)$ si et seulement s'il existe dans X une arête joignant un sommet de gT à un sommet de g'T . Il en résulte immédiatement que $\Gamma(G,P)$ est un arbre , et le théorème 2 montre que G est libre , de famille basique P .

C.Q.F.D.

Les théorèmes 2 et 3 entraînent le théorème classique de Schreier selon lequel tout sous-groupe d'un groupe libre est libre .

Soient toujours X un arbre et G un groupe d'automorphismes de X . Un <u>domaine fondamental de</u> X mod G est un ensemble T de sommets avec les deux propriétés suivantes :

a) Toute orbite de G dans l'ensemble des sommets rencontre T en un point et un seul .

b) Soient $t \in T$ et G_t le stabilisateur de t dans G ; toute orbite de G_t dans l'ensemble des sommets liés à t rencontre T en un point et un seul .

Serre a démontré dans [6] le théorème de structure suivant .

THÉORÈME 4.- a) <u>Le groupe</u> G <u>est engendré par</u> $\bigcup_{t \in T} G_t$.

b) <u>Soient</u> H <u>un groupe</u> , <u>et pour tout</u> $t \in T$ <u>un homomorphisme</u> u_t <u>de</u> G_t <u>dans</u> H . <u>On suppose que, lorsque</u> t <u>et</u> t' <u>sont liés</u> , <u>les homomorphismes</u> u_t <u>et</u> $u_{t'}$ <u>coïncident sur</u> $G_t \cap G_{t'}$. <u>Il existe alors un homomorphisme</u> u <u>de</u> G <u>dans</u> H <u>induisant</u> u_t <u>sur</u> G_t <u>pour tout</u> $t \in T$.

Le cas le plus intéressant est celui où T a deux éléments t et t' , nécessairement liés . Alors G est le produit amalgamé de G_t et $G_{t'}$ par rapport à leur intersection .

4. <u>L'arbre associé à</u> SL_2 (Serre [6]) .

Soient K un corps local , $\underline{O}$ l'anneau de ses entiers , $\underline{p}$ l'idéal maximal de $\underline{O}$ et $v : K^{\times} \longrightarrow \mathbb{Z}$ la valuation normalisée de K . On note V l'espace vectoriel K^2 sur le corps K . Un réseau dans V est un sous-$\underline{O}$-module de V qui est libre de rang 2 , donc engendre V sur K ; on dit que deux réseaux M et M' sont équivalents s'il existe λ dans $K^{\times}$ tel que $M' = \lambda M$.

On définit alors un arbre X dont les sommets sont les classes d'équivalence de réseaux ; deux sommets s et s' sont liés si et seulement si l'on peut trouver des représentants M pour s et M' pour s' tels que M' soit un sous-module maximal de M . Le groupe $SL_2(K)$ agit de manière naturelle sur l'arbre X ; le noyau de cette action est le sous-groupe $\{1,-1\}$ de $SL_2(K)$, et l'image de $SL_2(K)$ dans Aut(X) est contenue dans $Aut(X)^+$.

Soit q le nombre d'éléments du corps résiduel $k = \underline{O}/\underline{p}$; l'arbre X est homogène de degré q+1 , c'est-à-dire que tout sommet appartient à q+1 arêtes . En particulier , X est infini et localement fini . On peut identifier les bouts aux droites de l'espace vectoriel V de manière à avoir la propriété suivante : soient s un sommet , b un bout , M un réseau représentant s et D la droite associée à b ; pour tout entier $n \geq 0$, soit s_n la classe du réseau $\underline{p}^n M + (D \cap M)$; alors $[s_o, s_1, \ldots, s_n, \ldots]$ est la chaîne infinie joignant s à b . L'interprétation des horocycles est laissée au lecteur .

Par ce qui précède , les sous-groupes de Borel de $SL_2(K)$ sont les stabilisateurs des bouts de l'arbre X . Les sous-groupes compacts maximaux de $SL_2(K)$ (rappelons que le corps K est localement compact) sont les stabilisateurs des sommets de X ; il y a deux orbites de $SL_2(K)$ dans l'ensemble des sommets de X , d'où deux classes de conjugaison de sous-groupes compacts maximaux de $SL_2(K)$. De manière plus précise , soient s la classe du réseau $\underline{O} \oplus \underline{O}$ et s' la classe du réseau $\underline{O} \oplus \underline{p}$; le stabilisateur de s est le groupe $SL_2(\underline{O})$ des matrices $\begin{pmatrix} a & b \\ c & d \end{pmatrix}$ avec ad - bc = 1 et a,b,c,d dans $\underline{O}$; le stabilisateur de s' se compose des matrices $\begin{pmatrix} a & b \\ c & d \end{pmatrix}$ avec ad - bc = 1 , a,d dans $\underline{O}$, c dans $\underline{p}$ et b dans $\underline{p}^{-1}$, c'est-à-dire le groupe $gSL_2(\underline{O})g^{-1}$ avec $g = \begin{pmatrix} 1 & 0 \\ 0 & \pi \end{pmatrix}$ et π dans $\underline{O} - \underline{p}$.

Par application des théorèmes 3 et 4 , on obtient les résultats suivants de Ihara :

a) Soit G un sous-groupe de $SL_2(K)$ n'ayant pas de sous-groupe relativement compact non trivial ; alors G est un groupe libre .

b) Le groupe $SL_2(K)$ est produit amalgamé des sous-groupes $SL_2(\underline{O})$ et $gSL_2(\underline{O})g^{-1}$ suivant leur intersection (composée des matrices $\begin{pmatrix} a & b \\ c & d \end{pmatrix}$ avec ad - bc = 1 , a,b,d dans $\underline{O}$ et c dans $\underline{p}$) .

5. <u>Applications à la géométrie algébrique</u> (Serre [6] et [7]) .

Soit k un corps fini et soit C une courbe projective connexe et lisse définie sur k . Soient F le corps des fonctions rationnelles sur C (définies sur k) et soit P un point de C rationnel sur k . On note A l'anneau des fonctions rationnelles sur C n'ayant de pôle qu'en P , et v la valuation normalisée de F associée à P . On prend pour K le complété du corps F pour la valuation v . Alors le sous-groupe $\Gamma = SL_2(A)$ de $SL_2(K)$ est discret et agit proprement sur l'arbre X associé à $SL_2(K)$.

Soit L_P le fibré vectoriel de rang 1 sur C associé au diviseur P ; pour tout entier n , on note L_{nP} la puissance tensorielle n-ième de L_P . On peut alors identifier X/Γ à l'ensemble des classes de fibrés vectoriels E de rang 2 sur C tels que $\Lambda^2 E$ soit isomorphe à L_{nP} pour n convenable ; les fibrés E et E' sont équivalents s'il existe un entier n tel que E' soit isomorphe à $L_{nP} \otimes E$. La correspondance s'explicite comme suit : soient s un sommet de X , M un réseau représentant s ; soit $\underline{F}$ le sous-faisceau du faisceau constant $F \oplus F$ sur C , dont la fibre est $M \cap (F \oplus F)$ en P et $\underline{O}_{P'} \oplus \underline{O}_{P'}$ en tout point P' distinct de P (on note $\underline{O}_{P'}$ l'anneau local de C en P') . Comme le faisceau $\underline{F}$ est localement libre de rang 2 , il lui correspond un fibré vectoriel E de rang 2 sur C . Si s est un sommet de X , le stabilisateur de s dans Γ s'identifie au groupe des automorphismes d'un fibré vectoriel E de rang 2 associé à s .

Les constructions précédentes sont particulièrement simples lorsque C est la droite projective P^1_k et P le point à l'infini . On sait par Grothendieck que tout fibré vectoriel de rang 2 sur C est isomorphe à $L_{mP} \oplus L_{nP}$ pour des entiers m et n convenables . On en déduit facilement que le graphe quotient X/Γ est une chaîne infinie

Les théorèmes de structure du n° 3 montrent alors que le groupe $SL_2(k[T])$ est produit amalgamé de $SL_2(k)$ et du groupe de Borel $B(k[T])$ selon leur intersection $B(k)$ ([1]) .

Revenons au cas général . On peut montrer que le groupe Γ a un nombre fini d'orbites dans l'espace des bouts de l'arbre X , en correspondance naturelle avec les classes d'idéaux de l'anneau de Dedekind A . Le graphe quotient X/Γ est alors réunion d'un sous-graphe fini et d'un nombre fini de chaînes infinies , correspondant aux classes d'idéaux de A . Serre a déduit de là dans [7] la structure du groupe Γ rendu abélien et il a appliqué ces résultats à l'étude des sous-groupes de congruence de $\Gamma = SL_2(A)$.

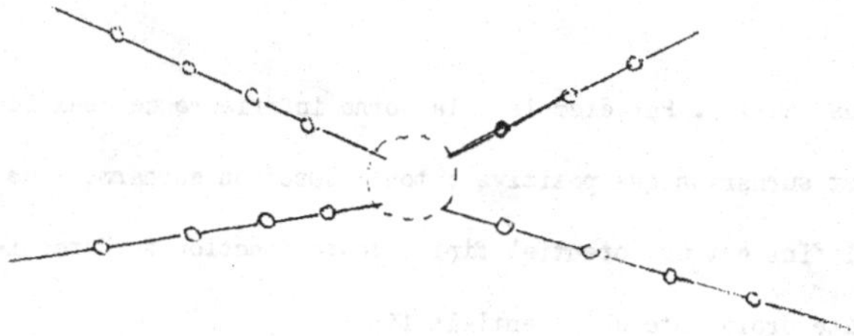

6. <u>Théorie du potentiel sur un arbre</u> (Cartier [2] , Kemeny-Snell-Knapp [5]) .

Soit X un arbre , d'ensemble de sommets S (le contenu de ce numéro est valable pour un graphe orienté quelconque) . On suppose associé à tout chemin c de longueur finie dans X un nombre $p(c) > 0$ de sorte que l'on ait $p(cc') = p(c)p(c')$ lorsque le chemin composé cc' est défini . On suppose aussi que , pour deux sommets quelconques s et t , la somme $G(s,t)$ des nombres $p(c)$ pour tous les chemins c joignant s à t est finie . On dit que la fonction G sur $S \times S$ est le <u>noyau de Green</u> .

Soit h une fonction sur S ; on définit la fonction Ph sur S par $Ph(s) = \Sigma\, p(\overrightarrow{st})h(t)$ avec une sommation sur tous les sommets t liés à s (on note $\overrightarrow{st}$ l'arête $\{s,t\}$ orientée de s vers t) ; on pose aussi $\Delta h = Ph - h$. L'opérateur Δ est l'analogue de l'opérateur

([1]) Pour tout anneau A , on note B(A) l'ensemble des matrices $\begin{pmatrix} a & a' \\ 0 & a^{-1} \end{pmatrix}$ (a,a' dans A) .

de Laplace-Beltrami en géométrie riemannienne . Par analogie , on dit que la fonction h est <u>harmonique</u> si l'on a $\Delta h = 0$ et qu'elle est <u>surharmonique</u> si l'on a $\Delta h \leq 0$. Enfin , le potentiel d'une fonction positive v sur S est la fonction Gv finie ou non , définie sur S par $Gv(s) = \sum_{t\in S} G(s,t)v(t)$.

Par un raisonnement élémentaire dû à Doob [4] , on montre que toute fonction surharmonique positive h s'écrit de manière unique sous la forme h' + Gv avec h' harmonique positive et v positive . On a $v = -\Delta h$. Par suite , pour toute fonction positive v , l'équation de Poisson $\Delta h = -v$ a une solution positive (finie) si et seulement le potentiel Gv est fini ; ce potentiel est alors la solution positive minimale de l'équation de Poisson .

On a alors les corollaires usuels . Par exemple , la borne inférieure de deux fonctions surharmoniques positives est surharmonique positive ; toute fonction surharmonique positive majorée par un potentiel fini est un potentiel fini ; toute fonction surharmonique positive est limite d'une suite croissante de potentiels finis .

On peut aussi développer la <u>théorie du balayage</u> . Soient T une partie de S et h une fonction surharmonique positive . Il existe alors une fonction surharmonique positive $H_T h$, la <u>réduite</u> de h sur T , caractérisée par les propriétés suivantes :

a) On a $H_T h \leq h$, avec égalité sur T .

b) Toute fonction surharmonique positive q qui majore h sur T majore $H_T h$ partout .

c) La fonction $H_T h$ est harmonique en dehors de T .

d) Si h est le potentiel d'une fonction positive nulle hors de T , on a $H_T h = h$.

On déduit de là le <u>principe du maximum</u> : si une fonction surharmonique h majore un potentiel fini Gv en tout point où v ne s'annule pas , on a $h \geq Gv$ partout .

Tout ce qui précède est un cas particulier de la théorie du potentiel associée à une chaîne de Markov ; cette théorie est maintenant bien connue , et l'on en trouvera un excellent exposé dans le traité de Kemeny-Snell-Knapp . Cependant ces auteurs font l'hypothèse markovienne , c'est-à-dire supposent que la constante 1 est harmonique . Pour éviter cette restriction (plus apparente que réelle) , nous associons à chaque ensemble C de chemins une fonction U_C sur $S \times S$: la valeur $U_C(s,t)$ est la somme des nombres $p(c)$ pour tous les chemins c joignant s à t et appartenant à C . Par exemple , on a $G = U_\Gamma$ où Γ est l'ensemble de tous les chemins , et $P = U_{\Gamma(1)}$ où $\Gamma(1)$ est l'ensemble des chemins de longueur 1 . Si C , C' et C" sont trois ensembles de chemins , et si C se compose des chemins de la forme c'c" avec $c' \in C'$ et $c'' \in C''$ (décomposition unique) , on a $U_C = U_{C'} U_{C''}$ (c'est-à-dire plus explicitement $U_C(s,u) = \sum_{t \in S} U_{C'}(s,t) U_{C''}(t,u)$). Cette formule fournit des démonstrations combinatoires simples d'un grand nombre de relations . Par ailleurs , on peut fonder la théorie du balayage sur la seule inégalité $U_C h \leq h$ (c'est-à-dire explicitement $\sum_{t \in S} U_C(s,t) h(t) \leq h(s)$) valable pour toute fonction surharmonique $h \geq 0$.

7. Représentations intégrales des fonctions harmoniques (Cartier [2]) .

Les hypothèses sont celles des n°s 1 et 6. Conformément à la méthode classique de Martin, normalisons le noyau de Green en un sommet de référence o par

$$K(s,t) = G(s,t)/G(o,t) \quad . \tag{1}$$

Par un argument combinatoire utilisant les méthodes du n° 6 , on établit la formule $K(s,t) = K(s,s')$ où s' est le point de la géodésique de s à o le plus rapproché de t . La compactification de S étant définie comme au n° 1 , on montre alors que K s'étend en une fonction continue (notée encore K) sur $S \times \hat{S}$. Cette fonction K est le noyau de Martin .

Le problème de Dirichlet est aisé à résoudre au niveau "fini" . Pour tout entier $n \geq 0$, soit S_n l'ensemble des sommets à la distance n de o , et soit $S(n) = \bigcup_{j=0}^{n} S_j$.

Pour tout $n \geq 1$, toute fonction sur S_n s'étend de manière unique en une fonction sur $S(n)$ harmonique dans l' "intérieur" $S(n-1)$ de $S(n)$; de plus , ce prolongement est le potentiel d'une fonction nulle hors de S_n .

Soit alors h une fonction harmonique positive . Pour tout entier $n \geq 0$, il existe d'après ce qui précède une unique fonction v_n nulle hors de S_n telle que

$$(2) \qquad h(s) = \sum_{t \in S} K(s,t) v_n(t) \qquad (s \in S(n)) .$$

Le point non évident est la positivité de v_n , qui résulte de la théorie du balayage . Ceci acquis , notons μ_n la mesure positive sur $\hat{S}$, portée par S_n et qui attribue la masse $v_n(t)$ à tout point t de S_n . On montre facilement que les mesures μ_n convergent vaguement vers une mesure positive μ sur $\hat{S}$, portée par l'ensemble B des bouts . Par passage à la limite , on déduit de (2) la formule de représentation intégrale

$$(3) \qquad h(s) = \int_B K(s,b) \mu(db) \qquad (s \in S) .$$

La mesure μ sur B est caractérisée par cette formule .

La théorie des ensembles convexes compacts due à Choquet permet de prouver a <u>priori</u> l'existence d'une représentation intégrale du type (3) , mais reste inefficiente sans l'explicitation de l'espace compact B . De plus , on a ici deux particularités intéressantes :

a) La compactification de Martin $\hat{S}$ de S ne dépend que de la "topologie" de l'arbre X , et non des coefficients $p(\overrightarrow{st})$ attribués aux arêtes orientées .

b) Pour <u>tout</u> point b de B , la fonction $s \longmapsto K(s,b)$ est un point extrémal de l'ensemble convexe compact formé des fonctions harmoniques positives h telles que $h(o) = 1$.

On peut généraliser le théorème de représentation intégrale . L'espace compact $\hat{S}$ est totalement discontinu et sa topologie est engendrée par l'algèbre de Boole $\underline{B}$ des parties ouvertes et fermées . Une mesure additive sur cette algèbre de Boole s'appelle une distribution sur $\hat{S}$. Pour tout s dans S , la fonction $t \longmapsto K(s,t)$ sur $\hat{S}$ est localement constante , donc étagée par rapport à $\underline{B}$. Si λ est une distribution sur $\hat{S}$, on peut donc définir l'intégrale $K\lambda(s) = \int_{\hat{S}} K(s,t)\lambda(dt)$.

THÉORÈME 5.- L'application $\lambda \longmapsto K\lambda$ est une bijection de l'ensemble des distributions sur $\hat{S}$ sur l'ensemble des fonctions sur S . La fonction $K\lambda$ est surharmonique positive si et seulement si la distribution λ est une mesure positive sur $\hat{S}$. La fonction $K\lambda$ est harmonique si et seulement si la distribution λ est portée par B .

8. Théorème de Fatou (Cartier [2]) .

On fait maintenant l'hypothèse markovienne : la fonction constante 1 est harmonique . D'après le théorème de représentation intégrale du n° 7 , il existe donc une mesure positive de masse 1 sur B , soit ν , caractérisée par la relation

$$(4) \qquad \int_B K(s,b)\nu(db) = 1 \qquad \text{pour tout } s \in S .$$

On dit que ν est la mesure de Poisson .

En utilisant la méthode de Doob [4] , on introduit un cheminement aléatoire $X_o, X_1, \ldots, X_n, \ldots$ sur l'arbre X régi par les conventions suivantes : on a $X_o = o$; sous l'hypothèse $X_n = s$, les valeurs permises pour X_{n+1} sont les sommets t liés à s , et la probabilité de passer de s à t est $p(\overrightarrow{st})$. Comme le noyau de Green est fini , le lemme de Borel-Cantelli montre que X_n tend presque-sûrement vers un point aléatoire X_∞ de B ; la loi de probabilité de X_∞ est la mesure de Poisson ν sur B .

Soit h une fonction harmonique bornée . Le théorème des martingales montre que la suite des variables aléatoires $h \circ X_n$ tend presque sûrement vers une variable aléatoire Y . On montre ensuite qu'il existe une fonction borélienne et bornée φ sur B telle que $Y = \varphi \circ X_\infty$. On a alors l'analogue de la formule intégrale de Poisson

$$(5) \qquad h(s) = \int_B K(s,b)\,\varphi(b)\,\nu(db) \qquad (s \in S) ,$$

et l'analogue du théorème de convergence radiale de Fatou

(6) $$\varphi(b) = \lim_{n\to\infty} h(s_n) \qquad \text{pour } \nu\text{-presque tout } b \in B \,,$$

où l'on a noté $[s_o, s_1, \ldots, s_n, \ldots]$ la chaîne infinie joignant o à b .

L'existence de X_∞ et φ repose sur le lemme topologique suivant : <u>tout chemin infini issu de</u> o , <u>qui ne passe qu'un nombre fini de fois en chaque sommet</u> , <u>tend vers un point de</u> B , <u>et passe par chacun des points de la chaîne infinie joignant</u> o <u>à</u> b . Cette propriété très particulière des arbres permet donc de déduire le théorème de convergence radiale du théorème probabiliste de Fatou . Ceci est d'autant plus remarquable que la probabilité est nulle que le cheminement aléatoire suive une chaîne infinie .

9. <u>Arbres homogènes</u> (Serre [6] , Cartier [3]) .

On note q un entier ≥ 1 et X un arbre homogène de degré q + 1 ; autrement dit , tout sommet de X appartient à q + 1 arêtes . Voici quelques exemples d'arbres homogènes :

a) Le graphe $\Gamma(G,P)$ où G est le groupe libre à n générateurs $x_1, \ldots, x_n$ et où $P = \{x_1, \ldots, x_n\}$ (cf. n° 3) ; on a ici $q = 2n - 1$.

b) Le graphe $\Gamma(G,P)$ où G est défini par les générateurs $x_1, \ldots, x_n$ et les relations $x_1^2 = \ldots = x_n^2 = 1$, et où $P = \{x_1, \ldots, x_n\}$; on a ici $q = n - 1$.

c) Le graphe associé à un corps local K comme au n° 4 ; q est alors le nombre d'éléments du corps résiduel de K .

On note S l'ensemble des sommets de X , et <u>K</u> l'espace des fonctions complexes sur S , qui sont nulles hors d'une partie finie de S . Le groupe Aut(X) agit de manière évidente sur l'espace <u>K</u> . L'algèbre <u>H</u> de tous les endomorphismes de l'espace vectoriel <u>K</u> qui commutent à Aut(X) s'appelle l'<u>algèbre de Hecke de l'arbre</u> X . Pour tout entier $n \geq 0$, l'opérateur Θ_n est défini ainsi : pour toute fonction $f \in$ <u>K</u> et tout sommet s , la valeur de $\Theta_n f$ en s est la somme des valeurs de f aux points à la distance n de s . Alors la suite $\Theta_o, \Theta_1, \Theta_2, \ldots, \Theta_n, \ldots$ est une base de l'espace vectoriel

$\underline{H}$; la table de multiplication est la suivante :

(7) $$\Theta_m . \Theta_n = \sum_{i=0}^{\infty} c(m,n|i)\,\Theta_i \quad ,$$

avec les valeurs suivantes des coefficients :

(8) $$c(m,n|i) = \begin{cases} 0 & \text{si} \quad i > \inf(m,n) \\ 1 & \text{si} \quad i = 0 \\ (q-1)q^{i-1} & \text{si} \quad 0 < i < \inf(m,n) \\ q^i & \text{si} \quad i = \inf(m,n) \text{ et } m \neq n \\ (q+1)q^{i-1} & \text{si} \quad i = m = n \quad . \end{cases}$$

On pose $T = \Theta_1$. On obtient par spécialisation des formules précédentes les valeurs suivantes

(9) $$\begin{cases} T.\Theta_o = \Theta_1 \\ T.\Theta_1 = \Theta_2 + (q+1)\Theta_o \\ T.\Theta_m = \Theta_{m+1} + q\,\Theta_{m-1} & \text{si} \quad m \geq 2 \ . \end{cases}$$

On en déduit immédiatement que les monômes T^n pour $n \geq 0$ forment une base de l'algèbre de Hecke , qui est donc l'algèbre de polynômes $\underset{\sim}{C}[T]$. La formule (9) s'exprime plus commodément sous la forme

(10) $$\sum_{n=0}^{\infty} \Theta_n u^n = \frac{1-u^2}{1-uT+qu^2} \quad .$$

Le cheminement aléatoire le plus naturel sur l'arbre X est celui où la probabilité de passer d'un sommet s à un sommet t lié à s est indépendante de t , donc égale à $1/(q+1)$. On a alors $Ph = Th/(q+1)$ pour toute fonction $h \in \underline{K}$; comme on a $G = \sum_{n=0}^{\infty} P^n = \lim_{u \nearrow 1} \sum_{n=0}^{\infty} u^n P^n$, on peut déduire des formules précédentes la valeur du noyau de Green

(11) $$G(s,t) = \frac{q^{1-d(s,t)}}{q-1} \quad ;$$

dans cette formule , $d(s,t)$ est la distance du sommet s au sommet t . Le calcul du noyau de Martin est alors facile . Choisissons un sommet o de référence . Soit b un bout ; nous numéroterons les horocycles associés à b (cf. n° 1) de telle sorte qu'on ait $o \in H_o$. On a alors $K(s,b) = q^{-n}$ pour tout sommet $s \in H_n$.

10. <u>Fonctions sphériques</u> (Cartier [3]) .

Les notations sont celles du n° 9 . On appelle <u>fonction sphérique</u> sur X toute fonction F sur $S \times S$ avec les deux propriétés suivantes :

a) On a $F(gs,gs') = F(s,s')$ quels que soient les sommets s et s' et l'automorphisme g de X ; autrement dit , $F(s,s')$ ne dépend que de la distance $d(s,s')$.

b) Pour tout sommet s' , la fonction $s \longmapsto F(s,s')$ est une fonction propre pour chaque élément de l'algèbre de Hecke $\underline{H}$.

On normalise les fonctions sphériques par $F(s,s) = 1$ pour tout sommet s .

Les formules (9) donnent facilement la forme des fonctions sphériques ; pour tout nombre complexe $v \neq 0$, on a une fonction sphérique F_v définie par

(12) $$F_v(s,s') = \frac{v^{n+1}q^{1-n} - v^{n-1}q^{1-n} + v^{1-n} - q^2v^{-1-n}}{(q+1)(v - qv^{-1})} .$$

Toute fonction sphérique est de la forme F_v et l'on a $F_v = F_{v'}$ si et seulement si l'on a $v = v'$ ou $vv' = q$. Comme fonction de s , la fonction sphérique $F_v(s,s')$ est associée à la valeur propre $v + qv^{-1}$ de T .

On montre ensuite que la fonction sphérique F_v est de type positif si et seulement si l'on a $|v + qv^{-1}| \leq q+1$, autrement dit si v est complexe de module $q^{1/2}$ ou bien réel de module compris entre 1 et q . Ceci se démontre en traduisant la condition que F_v est de type positif de manière géométrique : il existe une application Φ de S dans l'ensemble des vecteurs unitaires d'un espace de Hilbert , telle que

(13) $$\sum_{t \text{ lié à } s} \Phi(t) = (v + qv^{-1})\,\Phi(s)$$

pour tout sommet s . La condition $|v + qv^{-1}| \leq q+1$ est donc nécessaire ; inversement , si elle est remplie , on construit de proche en proche Φ sur l'ensemble des sommets à la distance n d'un sommet o de référence .

Supposons pour terminer que X soit l'arbre associé à $SL_2(K)$ (cf. n° 4) , où K est un corps local . La formule (12) pour les fonctions sphériques est en accord avec les formules de Mautner . On peut montrer que le cercle $|v| = q^{1/2}$ correspond à la série principale de représentations de $SL_2(K)$, et les intervalles $1 \leq v \leq q$ et $-q \leq v \leq -1$ à la série complémentaire . Ce qui précède fournit une construction unifiée de ces deux séries de représentations par des méthodes combinatoires . On peut même réaliser les représentations de la série discrète de $SL_2(K)$ dans l'espace des fonctions de deux sommets de l'arbre associé à $SL_2(K)$.

BIBLIOGRAPHIE

[1] F. BRUHAT et J. TITS - Groupes réductifs sur un corps local , à paraître aux Publ. Math. I.H.E.S. (voir un résumé dans 4 Notes aux Comptes-Rendus de l'Académie des Sciences de Paris , t. 263 (1966) , p. 598-601 , 766-768 , 822-825 , 867-869) .

[2] P.CARTIER - Fonctions harmoniques sur un arbre , à paraître aux Atti del Convegno della Probabilita , Roma (mars 1971) .

[3] P.CARTIER - Homogeneous trees , à paraître.

[4] J.L. DOOB - Discrete potential theory and boundaries , J. Math. and Mech. 8 (1959), p. 433-458 .

[5] J.G. KEMENY , J.L. SNELL and A.W. KNAPP - Denumerable Markov chains , Van Nostrand, New-York , 1966 .

[6] J.-P. SERRE - Arbres , amalgames et SL_2 , Collège de France 1968/69 (notes polycopiées , rédigées avec la collaboration de H. BASS) .

[7] J.-P. SERRE - Le problème des groupes de congruence pour SL_2 , Ann. of Maths , 92 (1970) , p. 489-527 .

[8] J. TITS - Sur le groupe des automorphismes d'un arbre , dans "Mémoires dédiés à Georges de Rham " , p. 188-211 , Springer Verlag , Berlin , 1970 .

Séminaire BOURBAKI 408-01
24e année, 1971/72, n° 408 Février 1972

COBORDISME ET GROUPES FORMELS

(d'après D. QUILLEN et T. tom DIECK)

par Max KAROUBI

0. Introduction

Soit $\mathcal{V}$ "l'ensemble" des variétés compactes sans bord de classe C^∞. Deux variétés V_0 et V_1 sont dites cobordantes s'il existe une variété compacte à bord W de classe C^∞ telle que $\partial W = V_0 \cup V_1$ (réunion disjointe). Le quotient de $\mathcal{V}$ par la relation de cobordisme est en fait un anneau gradué (pour la réunion disjointe, le produit et la dimension des variétés) qu'on appelle l'anneau de cobordisme réel (ou non orienté) $N_* = \bigoplus_{p \geq 0} N_p$. Thom a montré [10] que N_* est une algèbre de polynômes sur $\mathbb{Z}_2 = \mathbb{Z}/(2)$, soit $\mathbb{Z}_2[x_2, x_4, x_5, \ldots]$, engendrée par des éléments x_i de degré i pour chaque entier $i \neq 2^j - 1$. On pourrait de même considérer l'ensemble des variétés "stablement presque complexes" (i.e. celles dont le fibré tangent stable est muni d'une structure complexe). On obtient alors un nouvel anneau gradué $U_* = \bigoplus_{p \geq 0} U_p$ qu'on appelle l'anneau de cobordisme complexe. Milnor a démontré [7] que cet anneau est une algèbre de polynômes sur $\mathbb{Z}$, soit $\mathbb{Z}[y_2, y_4, y_6, \ldots]$, engendrée par des éléments y_{2i} de degré $2i$.

Quillen et tom Dieck ont montré récemment que les théorèmes de Thom et Milnor sont des conséquences simples de certaines relations entre les opérations de Landweber-Novikov, les opérations de Steenrod en cobordisme et les groupes formels. Leurs techniques ont permis de démontrer aussi le corollaire 3 de cet exposé, suggéré par Conner et Smith [4].

Nous allons tâcher de décrire ces nouvelles idées en nous inspirant essentiellement de la méthode "géométrique" de Quillen [9] et de quelques remarques dues à tom Dieck [11]. Pour fixer les idées, nous travaillerons dans le cadre du cobordisme complexe (qui est plus difficile) et nous esquisserons à la fin de la rédaction les modifications nécessaires pour l'étude parallèle du cobordisme réel.

1. Notations et rappel de notions classiques

Soient X , Y et Z trois variétés (1) et soient $f : Z \to X$ et $g : Y \to X$ deux applications. On dit que f est transverse à g ou que f et g sont transverses si, pour tout couple (y , z) tel que $f(z) = g(y) = x$, on a $f_*(T_z(Z)) + g_*(T_y(Y)) = T_x(X)$. Nous admettrons les deux résultats suivants :

(i) Quels que soient X , Y , Z , f et g , il existe une approximation f_1 de f (pour la topologie C^∞), aussi fine qu'on le désire, qui soit transverse à f ;

(ii) Si f_0 et f_1 sont deux applications transverses à g qui sont homotopes, il existe une application $f : Z \times \mathbf{R} \to X$ telle que $f(z , \alpha) = f_\alpha(z)$, $\alpha = 0 , 1$ et telle que $f_t(x) = f(x , t)$ soit transverse à g (2).

Si f et g sont deux applications transverses, le produit fibré $Y \times_X Z$ est naturellement une variété et les applications canoniques $Y \times_X Z \to Y$ et $Y \times_X Z \to Z$

(1) Sauf mention expresse du contraire, les variétés considérées seront C^∞ , sans bord, paracompactes mais non nécessairement compactes et les applications entre variétés seront C^∞ .

(2) En fait, pour ce qui va suivre (§ 2), on pourrait se limiter au cas où g est un plongement modulo quelques artifices classiques. Dans ce cas, ces assertions sont bien connues [10].

sont différentiables de classe C^∞ .

Pour tout espace X , on désigne par $K(X)$ le groupe symétrisé du monoïde des classes d'isomorphie de fibrés vectoriels sur X [2]. En fait, il y a deux " K-théories " suivant qu'on considère des fibrés vectoriels réels ou complexes. On les notera $KO(X)$ et $KU(X)$ respectivement lorsqu'il sera nécessaire de préciser. La projection de X sur un point induit un homomorphisme $\mathbb{Z} \to K(X)$ dont le conoyau est la K-théorie réduite $\widetilde{K}(X)$ qu'on note aussi $\widetilde{KO}(X)$ ou $\widetilde{KU}(X)$. Si X est de dimension finie, tout élément de $\widetilde{K}(X)$ peut s'écrire comme la classe d'un fibré vectoriel à l'addition d'un fibré trivial près [2]. Soit r un élément de $\widetilde{KO}(X)$ représenté par un fibré vectoriel réel E . Une <u>structure complexe</u> sur r est la donnée d'un fibré vectoriel réel trivial θ et d'une structure complexe c sur $E \oplus \theta$. On convient d'identifier deux structures complexes (θ , c) et (θ' , c') s'il existe un fibré trivial θ'' de dimension convenable tel que les deux structures complexes évidentes sur $E \oplus \theta \oplus \theta' \oplus \theta''$ soient homotopes.

2. <u>Définition de</u> $U^*(X)$

Soit $f : Z \to X$ une application entre deux variétés. La différence $\nu_f = f^*TX - TZ$ définit un élément de $\widetilde{KO}(Z)$ appelé "fibré" normal stable de f . Une <u>orientation complexe</u> de f est une structure complexe sur ν_f . L'application f est de <u>dimension</u> n lorsque $\dim T_{f(z)}(X) - \dim T_z(Z) = n$ pour tout point z de Z ([1]).

Considérons "l'ensemble" $\mathcal{U}^n(X)$ des triples (Z , f , X) où $f : Z \to X$ est une application <u>propre</u> de dimension n munie d'une orientation complexe.

([1]) Si Z est vide, on convient que f a toutes les dimensions.

Deux éléments $\sigma_0 = (Z_0, f_0, X_0)$ et $\sigma_1 = (Z_1, f_1, X_0)$ sont cobordants s'il existe un élément $\sigma = (Z, f, X \times R)$ de $\mathcal{U}^n(X \times R)$ tel que f soit transverse aux applications $i_\alpha : X \to X \times R$ définies par $i_\alpha(x) = (x, \alpha)$, $\alpha = 0, 1$, et qui induise f_α au-dessus de $X \times \{\alpha\}$ en un sens évident. On note $U^n(X)$ l'ensemble quotient et $[f]$ la classe du triple (Z, f, X) dans $U^n(X)$. En fait, $U^n(X)$ est un groupe abélien pour la "somme disjointe" des applications. Si X est un point, on vérifie aisément que $U^{-n}(X) = U^{-n}$ est isomorphe au groupe U_n défini dans l'introduction. En utilisant les techniques de Thom, on voit que $U_n \approx \varinjlim_k \pi_{n+2k}(MU(k))$ où $MU(k)$ représente l'espace de Thom du fibré vectoriel complexe universel sur $BU(k)$. Plus généralement, on a le théorème suivant :

THÉORÈME 1.- Pour toute variété X, le groupe $U^n(X)$ est isomorphe canoniquement à $\varinjlim_k [S^{2k-n}X^+, MU(k)]$ où X^+ est l'espace X auquel on a ajouté un point en dehors.

La démonstration de ce théorème suit en fait de très près la démonstration de Thom [10] et est laissée au lecteur. Notons que ce théorème permet d'étendre la définition de $U^n(X)$ à un CW-complexe quelconque, ce qui est le point de vue "homotopique" bien connu en cobordisme. En particulier, on pourra appliquer le formalisme des théories cohomologiques générales. Notons aussi que $U^*(X) = \bigoplus_{n \in \mathbb{Z}} U^n(X)$ est naturellement un anneau gradué et que les différents types de cup-produit en cohomologie se définissent de même en cobordisme.

Il convient de montrer que l'anneau $U^*(X)$ dépend de manière contravariante de X. Soit donc $g : Y \to X$ une application quelconque et soit (Z, f, X) un triple définissant un élément x de $U^n(X)$. En remplaçant au besoin f

par une application voisine (ce qui ne change pas la classe de f), on peut supposer que g est transverse à f, d'où le diagramme

$$(1)\qquad \begin{array}{ccc} T = Z \times_X Y & \xrightarrow{f_1} & Y \\ {\scriptstyle g_1}\downarrow & & \downarrow{\scriptstyle g} \\ Z & \xrightarrow{f} & X \end{array}$$

Le triple (T, f_1, Y) définit l'élément de $U^n(Y)$ cherché. On le note $g^*(x)$.

Le groupe $U^*(X)$ dépend aussi de manière covariante de X. De manière précise, soit $h : X \to X_1$ une application propre de dimension q munie d'une orientation complexe. A l'élément x de $U^n(X)$ on associe l'élément $h_*(x)$ de $U^{n+q}(X_1)$ défini par $h_*(x) = [h.f]$. Les homomorphismes h_* et g^* dépendent des classes d'homotopie de h et g seulement. Pour tout diagramme (1), on a $g^*.f_* = (f_1)_*.(g_1)^*$. Enfin, si $x \in U^*(X)$ et $z \in U^*(Z)$, on a la relation $f_*((f^*x).z) = x.f_*z$ dans $U^*(X)$.

Les définitions précédentes peuvent s'étendre sans peine dans le cas où on considère des familles de supports. De manière précise, soit Φ une famille de sous-ensembles fermés de X, stable par réunions, qui satisfait aux propriétés suivantes :

(i) Si $T \in \Phi$ et si T' est un sous-ensemble fermé de T, $T' \in \Phi$;

(ii) Si $T \in \Phi$, il existe un voisinage de T qui appartient à Φ.

Pour définir $U^n_\Phi(X)$ par exemple, on se restreint alors aux triples (Z, f, X) tels que $\overline{f(Z)} \in \Phi$.

En particulier, soit V un fibré vectoriel réel de base X et de dimension p muni d'une structure complexe stable. Soit Φ la famille des fermés de V "bornés" pour une métrique sur le fibré vectoriel V. La section nulle i induit un isomorphisme $\theta_V : U^n(X) \to U^{n+p}_\Phi(V)$ qu'on note aussi i_* lorsqu'il n'y a pas de risque de confusion. C'est "l'isomorphisme de Thom" en cobordisme complexe. L'élément $\theta_V(x)$ est le cup-produit de x par la "classe de Thom" $u_V = \theta_V(1)$ du fibré V. La restriction de u_V à $i(X)$ définit un élément $e(V)$ de $U^p(X)$ qui est la "classe d'Euler" de V. En fait, $e(V) = i^* i_*(1)$ est "l'intersection" de la section nulle et d'une section transverse quelconque. Notons que $u_{V\oplus W} = u_V \cup_X u_W$ (cup-produit) et que $e(V\oplus W) = e(V).e(W)$.

3. Cobordisme des espaces projectifs. Introduction des groupes formels

Lemme 1.- *Soient V et L deux fibrés complexes sur X et soit $P(V \oplus L)$ le fibré projectif complexe sur X. Soit ξ^* le dual du fibré en droites canonique ξ sur $P(V \oplus L)$ et soit $L' = \pi^* L$ où $\pi : P(V \oplus L) \to X$. Alors $e(\xi^* \otimes L') = [f] = f_*(1)$ où $f : P(V) \to P(V \oplus L)$ est l'inclusion évidente.*

Démonstration. Soit i' la section de $HOM(\xi, L') \approx \xi^* \otimes L'$ définie au-dessus de la droite Δ comme l'application linéaire de Δ dans L induite par la projection parallèlement à V. Alors i' est transverse à la section nulle i et $i'^{-1}(0) = P(V)$.

Lemme 2.- *Soit t la classe d'Euler du dual du fibré canonique sur $P_n = P_n(\mathbf{C})$. Alors $U^*(X \times P_n)$ est un $U^*(X)$-module libre de base $1, t, \ldots, t^n$. En outre, on a $t^{n+1} = 0$.*

Démonstration. La relation $t^{n+1} = 0$ est une conséquence du lemme précédent (avec $X = V = \text{point}$ et $L = \mathbf{C}^{n+1}$). Pour le reste, on raisonne par récurrence sur n en considérant le bout de suite exacte de cohomologie

$$\begin{array}{ccccccccc}
0 & \to & U^*_\Phi(X \times \mathbf{C}^n) & \xrightarrow{\alpha} & U^*(X \times P_n) & \to & U^*(X \times P_{n-1}) & \to & 0 , \\
 & & \uparrow i_* & \swarrow p & & & & & \\
 & & U^*(X) & & & & & &
\end{array}$$

où $p : X \times P_n \to X$ est la première projection et où $p_* \cdot \alpha \cdot i_* = \mathrm{Id}$.

COROLLAIRE 1.- <u>Soient</u> x <u>et</u> y <u>les classes d'Euler des duaux</u> ξ_1^* <u>et</u> ξ_2^* <u>des fibrés canoniques sur</u> P_n <u>et</u> P_m <u>respectivement. Alors</u>

$$U^*(P_n \times P_m) = U^*[x , y] / x^{n+1} = y^{m+1} = 0 .$$

En particulier, la classe d'Euler du produit tensoriel $\xi_1^* \otimes \xi_2^*$, fibré en droites sur $P_n \times P_m$, s'écrit comme un polynôme $F_{n,m}(x , y) = \sum_{\substack{i \geq 0 \\ j \geq 0}} a_{ij} x^i y^j$ où $a_{ij} \in U^{2-2i-2j}$ est indépendant de n et m lorsque n et m sont plus grands que $\mathrm{Sup}(i , j)$. Posons $F(x , y) = \lim_{\substack{n \to \infty \\ m \to \infty}} F_{n,m}(x , y)$ dans $U^*[[x , y]]$. On vérifie facilement les relations suivantes :

(i) $F(x , 0) = F(0 , x) = x$;

(ii) $F(x , F(y , z)) = F(F(x , y), z)$;

(iii) $F(x , y) = F(y , x)$.

La donnée d'une série formelle $F(x , y)$ à coefficients dans un anneau A (ici $A = U^*$) qui satisfait aux trois axiomes précédents est une <u>loi de groupe formel</u> sur A . Nous renvoyons le lecteur à [3] ou [5] pour un exposé systématique.

<u>Remarque</u> 1.- Le "formalisme" précédent s'applique à toute théorie cohomologique générale munie d'un "isomorphisme de Thom" pour les fibrés complexes. En particulier, pour la cohomologie ordinaire et la K-théorie complexe, on trouve $F(x , y) = x + y$ et $F(x , y) = x + y - xy$ respectivement.

<u>Remarque</u> 2.- Soient L_1 et L_2 deux fibrés en droites sur X_1 et X_2 respectivement. Alors $e(L_1 \otimes L_2) = F(e(L_1) , e(L_2))$ car tout fibré de rang un sur un espace de dimension finie X est l'image réciproque de ξ^* par une

application de X dans P_n pour n assez grand. Si L_1^* est le dual de L_1, on a ainsi $e(L_1^*) = -e(L_1) + \lambda_2(e(L_1))^2 + \lambda_3(e(L_1))^3 + \dots$ et $e(L_1^* \otimes L_2) = (e(L_2) - e(L_1))[1 + \theta(e(L_1), e(L_2))]$ où $\theta(x, y)$ est une série sans terme constant. Si on pose $u = e(\xi)$, on a donc aussi $U^*(X \times P_n) = U^*(X)[u]/u^{n+1} = 0$.

THÉORÈME 2.- Soit V un fibré vectoriel complexe de rang n sur X. Alors $U^*(P(V))$ est un $U^*(X)$-module libre de base $1, u, \dots, u^{n-1}$ où u est la classe d'Euler du fibré canonique ξ sur $P(V)$. En outre, si $V = L_1 \oplus \dots \oplus L_n$ est une somme de fibrés de rang un, on a la relation

$$\prod_{i=1}^{n} [u - e(L_i)] = 0 .$$

Démonstration. D'après le théorème de Leray-Hirsch-Dold (ou, plus simplement, le théorème de Mayer-Vietoris), on sait que $1, u, \dots, u^{n-1}$ forment une base de $U^*(P(V))$ car leurs restrictions à $U^*(P(V)|_Y)$, où Y est un ouvert de trivialisation du fibré V, forment une base de $U^*(P(V)|_Y)$ considéré comme $U^*(Y)$-module. On démontre la relation $\prod_{i=1}^{n} [u - e(L_i)] = 0$ par récurrence sur n. Celle-ci est claire lorsque $n = 1$. Supposons donc la relation vraie pour $n-1$ et posons $x = \prod_{i=1}^{n} [u - e(L_i)]$ et $x' = \prod_{i=1}^{n-1} [u - e(L_i)]$. Soit $f : P(L_1 \oplus \dots \oplus L_{n-1}) \to P(L_1 \oplus \dots \oplus L_n)$ l'application évidente. D'après le lemme 1 appliqué à $V = L_1 \oplus \dots \oplus L_{n-1}$ et $L = L_n$, on a $0 = f_*(f^*x') = x'.f_*(1) = -x(1 + \theta(u, e(L_n)))$ (cf. la remarque 2 ci-dessus). Puisque $\theta(u, e(L_n))$ est nilpotent, on a $x = 0$ ce qui est bien la relation annoncée.

4. Classes de Chern en cobordisme complexe

THÉORÈME 3.- Il existe une façon et une seule de définir des "classes de Chern" ([1]) $c_i(V) \in U^{2i}(X)$, $i = 0,1,2,\dots$, pour tout fibré complexe V de base X, avec $c_o(V) = 1$, de manière à satisfaire aux axiomes suivants :

1) Les c_i sont "naturels", c'est-à-dire $c_i(V) = f^*(c_i(V'))$ pour tout morphisme $V \to V'$ qui est un isomorphisme sur chaque fibre et qui induit f sur la base.

2) Soit $c(V) = 1 + c_1(V) + \dots + c_i(V) + \dots \in U^*(X)$ la classe totale de Chern de V. Alors $c(V_1 \oplus V_2) = c(V_1) \cup c(V_2)$.

3) Si V est de rang un, on a $c_1(V) = e(V)$ et $c_i(V) = 0$ pour $i > 1$.

La démonstration de ce théorème est classique. En voici une esquisse. Grâce au théorème 2, on voit que la projection $\pi : P(V) \to X$ induit une application injective de $U^*(X)$ dans $U^*(P(V))$ (déjà utilisée pour munir $U^*(P(V))$ d'une structure de $U^*(X)$-algèbre). Puisque π^*V contient ξ comme facteur direct, on voit aisément (en raisonnant par récurrence sur le rang de V) qu'il existe une variété $F(V)$ et une application $s : F(V) \to X$ qui induit une injection $U^*(X) \to U^*(F(V))$ et telle que $s^*(V)$ se scinde en somme de fibrés de rang un ("principe de scindage"). Ceci démontre déjà l'unicité des c_i. Pour démontrer l'existence, supposons V de rang n. Alors les $c_i(V) = c_i$ sont définis par la relation $u^n - c_1 u^{n-1} + \dots + (-1)^n c_n = 0$. On vérifie les axiomes en utilisant de nouveau le principe de scindage et la deuxième partie du théorème 2.

THÉORÈME 4.- Il existe une façon et une seule de définir des "polynômes de Chern" $c_t(V) \in U^*(X)[t] = U^*(X)[t_1, \dots, t_j, \dots]$ pour tout fibré complexe de

---

([1]) En fait, ces classes ont été introduites pour la première fois en cobordisme par Conner et Floyd.

base X qui satisfont aux axiomes suivants :

1) Les $c_t(V)$ sont "naturels", i.e. $c_t(V') = f^*(c_t(V))$ avec les notations du théorème 3.

2) $c_t(V_1 \oplus V_2) = c_t(V_1) \cup c_t(V_2)$.

3) $c_t(L) = 1 + t_1 e(L) + t_2(e(L))^2 + \dots + t_j(e(L))^j + \dots$ si L est de rang un .

Démonstration. L'unicité est évidente d'après le principe de scindage. Pour l'existence, introduisons les fonctions symétriques élémentaires $\sigma_i = \sigma_i(x_1, \dots, x_n)$, $i \leq n$, des variables $x_1, \dots, x_n$ et considérons l'expression $\prod_{i=1}^{n} [1 + \sum_{j \geq 1} t_j(x_i)^j]$. Cette expression s'écrit aussi $\sum_\alpha t^\alpha f_\alpha(x_1, \dots, x_n)$, où $\alpha = (\alpha_1, \dots, \alpha_r, 0, \dots)$ est un multi-indice et où f_α est une fonction symétrique des variables x_i . On peut donc écrire $f_\alpha(x_1, \dots, x_n) = g_\alpha(\sigma_1, \dots, \sigma_n)$ où g_α est un polynôme bien déterminé en les σ_i . Si V est un fibré de rang n , on pose alors $c_\alpha(V) = g_\alpha(c_1, \dots, c_n)$ (les c_i étant les classes de Chern de V) et $c_t(V) = \sum_\alpha t^\alpha c_\alpha(V)$ (si $\alpha = (0, \dots, 0, \dots)$, on convient que $t^\alpha = 1$ et $c_\alpha(V) = 1$). Notons que $c_\alpha(V) \in U^{2|\alpha|}(V)$ avec $|\alpha| = \sum i\alpha_i$.

Remarque.- Les polynômes de Chern définissent un morphisme de foncteurs $\widetilde{KU}(X) \to U^*(X)[t]$, noté encore c_t , tel que $c_t(x + y) = c_t(x).c_t(y)$.

5. Opérations de Landweber-Novikov et opérations de Steenrod

Soit $f : Z \to X$ une application définissant un élément $[f] = x$ de $U^*(X)$. Alors $s_t(x)$ est l'élément de $U^*(X)[t]$ défini par la formule $s_t(x) = f_*(c_t(\nu_f))$ où $\nu_f = f^*TX - TZ$. On vérifie aisément que $s_t : U^*(X) \to U^*(X)[t]$ est un morphisme de foncteurs respectant les structures d'anneaux. Si on pose $s_t(x) = \Sigma\, t^\alpha s_\alpha(x)$, les opérations de Landweber-Novikov

s_α jouent un rôle important dans plusieurs problèmes sur le cobordisme [6], [8]. Dans le § 9, nous aurons besoin du lemme suivant :

Lemme 3.- Pour tout élément z de $U^*(Z)$ et toute application propre $f : Z \to X$ munie d'une orientation complexe, on a la "formule de Riemann-Roch" $s_t(f_* z) = f_*(c_t \nu_f . s_t z)$.

Démonstration. Soit $z = [g]$ où $g : Y \to Z$ et soit $h = f.g$. Alors
$s_t(f_* z) = h_*(c_t \nu_h) = (f_* g_*)(c_t \nu_h) = (f_* g_*)(c_t(g^* \nu_f + \nu_g)) = (f_* g_*)(g^* c_t \nu_f . c_t \nu_g)$
$= f_*(c_t \nu_f . g_* c_t \nu_g) = f_*(c_t \nu_f . s_t z)$.

Un autre type d'opération introduit par tom Dieck est défini de la manière suivante. Soit $\mathbb{Z}_k = \mathbb{Z}/(k)$ et soit Q un $\mathbb{Z}_k$-fibré principal de base B (dans la pratique Q sera S^{2r+1} , r "grand" et B l'espace lenticulaire $S^{2r+1}/\mathbb{Z}_k$). Soit $f : Z \to X$ une application définissant un élément $[f]$ de $U^n(X)$. Alors si n est pair, l'application évidente $Q \times_{\mathbb{Z}_k} Z^k \to Q \times_{\mathbb{Z}_k} X^k$ définit un élément de $U^{nk}(Q \times_{\mathbb{Z}_k} X^k)$. On a ainsi défini un morphisme de foncteurs $T^k : U^n(X) \to U^{nk}(Q \times_{\mathbb{Z}_k} X^k)$. Par restriction à $B \times X \subset Q \times_{\mathbb{Z}_k} X^k$, on en déduit l'opération de Steenrod-tom Dieck

$$P^k : U^n(X) \to U^{nk}(B \times X) .$$

Considérons un élément x de $U^n(X)$ (resp. un élément x' de $U^{n'}(X')$). Alors $P^k(x \cup x')$ est un élément de $U^{nk+n'k}(B \times X \times X)$. Soit $P^k(x) \cup_B P^k(x')$ la restriction évidente à $U^{nk+n'k}(B \times X \times X)$ de l'élément $P^k(x) \cup P^k(x')$ de $U^{nk+n'k}(B \times X \times B \times X)$. Il n'est pas difficile de voir que $P^k(x \cup x') = P^k(x) \cup_B P^k(x')$.

Si V est un fibré vectoriel complexe sur X , $V_k = Q \times_{\mathbb{Z}_k} V^k$ est un fibré sur $Q \times_{\mathbb{Z}_k} X^k$ et il est clair que $T^k(t_V) = t_{V_k}$, t_W représentent la classe de Thom de $W = V$ ou V_k . La représentation standard

$\sigma : \mathbb{Z}_k \to GL_k(\mathbb{C})$ se scinde en $\rho \oplus 1$, l'espace de la représentation ρ étant le sous-espace vectoriel M de $\mathbb{C}^k$ formé des vecteurs $(x_1, \ldots, x_k)$ tels que $\Sigma x_j = 0$. Soit $\widetilde{\rho} = Q \times_{\mathbb{Z}_k} M$ le fibré sur B associé à la représentation ρ. Soit enfin $\pi : 1 \otimes V \to B \times X$ la projection canonique.

<u>Lemme 4.</u>- <u>On a la formule</u> $P^k(t_V) = t_{1 \otimes V} \cdot \pi^*(e(\widetilde{\rho} \otimes V))$ <u>où</u> $t_{1 \otimes V} \in U^*_{\Phi}(1 \otimes V)$ <u>et</u> $\pi^*(e(\widetilde{\rho} \otimes V)) \in U^*(1 \otimes V)$, <u>le cup-produit étant évidemment un élément de</u> $U^*_{\Phi}(1 \otimes V)$.

<u>Démonstration.</u> On a le diagramme commutatif

$$\begin{array}{ccccc}
B \times V \approx Q \times_{\mathbb{Z}_k} V & \xrightarrow{\ j\ } & Q \times_{\mathbb{Z}_k} V^{\oplus k} & \xrightarrow{\ i\ } & Q \times_{\mathbb{Z}_k} V^k \\
 & \searrow \quad \searrow & \downarrow & & \downarrow \\
 & & X' & & \\
 & & \| & & \\
B \times X \approx Q \times_{\mathbb{Z}_k} X & & & \longrightarrow & Q \times_{\mathbb{Z}_k} X^k .
\end{array}$$

Donc $P^k(t_V) = (ij)^*(t_{V_k}) = j^*(i^*(t_{V_k})) = j^*(t_{1 \otimes V} \cup_{X'} t_{\widetilde{\rho} \otimes V}) = t_{1 \otimes V} \cdot \pi^*(e(\widetilde{\rho} \otimes V))$.

Pour toute application $g : Y \to X$ désignons par $g' : B \times Y \to B \times X$ l'application produit $Id_B \times g$.

<u>Lemme 5.</u>- <u>Soit</u> $g : Y \to X$ <u>un plongement propre de codimension paire et soit</u> Φ <u>une famille de supports sur</u> X <u>telle que</u> $\overline{g(Y)} \in \Phi$. <u>Soit</u> $\nu = \nu_g$ <u>le fibré normal au plongement. On a alors la formule</u> $P^k([g]) = g'_*(e(\widetilde{\rho} \otimes \nu))$ <u>dans le groupe</u> $U^*_{\Phi'}(B \times X)$ <u>où</u> Φ' <u>est engendrée par les</u> $B \times S$, $S \in \Phi$.

<u>Démonstration.</u> Identifions ν à un voisinage tubulaire de Y dans X dont l'adhérence appartient à Φ, ce qui permet de factoriser g en $Y \xrightarrow{i} \nu \xrightarrow{u} X$. Alors $P^k([g]) = P^k(g_*(1)) = P^k(u_* i_*(1)) = u'_*(P^k(i_*(1))$ (car ν est ouvert dans X) $= u'_*(P_k(t_\nu)) = u'_*(t_{1 \otimes \nu} \cdot \pi^*(e(\widetilde{\rho} \otimes \nu)))$ (lemme 4) $= u'_*(i'_*(e(\widetilde{\rho} \otimes \nu))) = g'_*(e(\widetilde{\rho} \otimes \nu))$.

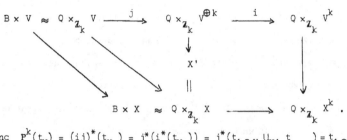

Lemme 6.- Soit x un élément de $U^{-2q}(X)$ représenté par une application propre $f : Y \to X$. Soit $f' = f \times Id_B$ et soit ε le fibré trivial de rang un sur $Y \times B$. Dans le groupe $U^{2m-2qk}(B \times X)$, on a la formule

$$e(\widetilde{\rho} \otimes 1)^m . P^k(x) = f_*^!(e(\widetilde{\rho} \otimes (m\varepsilon + \nu_f)))$$

pour m assez grand (indépendant de B).

Démonstration. Pour m assez grand, il existe un plongement borné de Y dans $\mathbb{C}^m$, ce qui permet de factoriser f en $Y \xrightarrow{g} \mathbb{C}^m \times X \xrightarrow{p} X$. Soit $i : \text{Point} \to \mathbb{C}^m$. Alors $e(\widetilde{\rho} \otimes 1)^m . P^k(x) = e(\widetilde{\rho})^m \cup_B P^k(x) =$
$p_*^!(P^k(i_*(1)) \cup_B P^k(f_*(1))) = p_*^!(P^k((i \times f)_*(1))) = p_*^!(P^k(g_*(1))) =$
$p_*^! g_*^!(e(\widetilde{\rho} \otimes \nu_g))$ (lemme 5) $= p_*^! g_*^!(e(\widetilde{\rho} \otimes (m\varepsilon + \nu_f)) = f_*^!(e(\widetilde{\rho} \otimes (m\varepsilon + \nu_f)))$ [1].

6. Le théorème d'intégralité

Soit F la loi de groupe formel sur U^* introduite dans le § 3 et soit C la sous-algèbre de U^* engendrée sur $\mathbb{Z}$ par les coefficients a_{ij} de F. Soit $[m]_F(T)$ la série formelle définie par $[1]_F(T) = T$ et $[m]_F(T) = F(T, [m-1]_F(T))$. En particulier, $[m]_F(T) = mT +$ des termes de plus haut degré. D'autre part, soit η la représentation d'ordre un de $\mathbb{Z}_k$ associant au générateur standard de $\mathbb{Z}_k$ la multiplication par $\exp(2\pi i/k)$. Alors $\rho = \bigoplus_{j=1}^{k-1} \eta^j$ et $e(\widetilde{\rho} \otimes L) = \prod_{j=1}^{k-1} e(\widetilde{\eta}^j \otimes L) = \prod_{j=1}^{k-1} F([j]_F(v), e(L))$ où $v = e(\widetilde{\eta})$ et où L est un fibré en droites sur X. Si on pose $w = e(\widetilde{\rho}) = (k-1)!\, v^{k-1} + \sum_{j \geq k} b_j v^j$ où $b_j \in C$, on a donc

$e(\widetilde{\rho} \otimes L) = w + \sum_{j \geq 1} a_j(v)(e(L))^j$ où $a_j(T) \in C[[T]]$. Pour tout multi-indice $\alpha = (\alpha_1, \ldots, \alpha_r, 0, 0, \ldots)$, posons $\ell(\alpha) = \Sigma\, \alpha_j$, $c_t(E) = \Sigma\, c_\alpha(E) t^\alpha$ et

---

[1] Noter que $p_*^! : U_\Phi^*(B \times \mathbb{C}^m \times X) \approx U^*(B \times X)$ est l'isomorphisme de suspension.

$c'_t(E) = \sum_{\ell(\alpha)\leq n} w^{n-\ell(\alpha)} a(v)^\alpha c_\alpha(E) t^\alpha$ où n est le rang du fibré E et où

$a(v)^\alpha = a_1(v)^{\alpha_1} a_2(v)^{\alpha_2} \dots a_r(v)^{\alpha_r}$. Alors, on vérifie aisément que

$c'_t(E \oplus F) = c'_t(E) \cup c'_t(F)$ et que $c'_t(L) = w + \sum_{j\geq 1} a_j(v)(e(L))^j t_j$ si L est de rang un. Si $E = \bigoplus_{i=1}^n L_i$ est une somme de n fibrés de rang un, il s'en suit que $e(\tilde{\rho} \otimes E) = \prod_{i=1}^n e(\tilde{\rho} \otimes L_i) = \sum_{\ell(\alpha)\leq n} w^{n-\ell(\alpha)} a(v)^\alpha c_\alpha(E)$. D'après le principe de scindage, la formule $e(\tilde{\rho} \otimes E) = \sum_{\ell(\alpha)\leq n} w^{n-\ell(\alpha)} a(v)^\alpha c_\alpha(E)$ est vraie aussi pour tout fibré complexe E de rang n. Cette formule s'applique notamment dans la situation du lemme précédent où $E = m\varepsilon + \nu_f$ est de rang $n = m - q$. Alors $c_\alpha(E) = c_\alpha(\nu_f)$ et $f'_*(e(\tilde{\rho} \otimes E)) =$ $f'_*(w^{n-\ell(\alpha)} a(v)^\alpha c_\alpha(E)) = w^{n-\ell(\alpha)} a(v)^\alpha f_*(c_\alpha(E)) = w^{n-\ell(\alpha)} a(v)^\alpha s_\alpha(x)$. D'où le théorème :

THÉORÈME 5.- <u>Soit</u> v <u>la classe d'Euler de</u> $\tilde{\eta} : Q \times_{\mathbb{Z}_k} \mathbb{C} \to B$ <u>et soit</u> w <u>celle de</u> $\tilde{\rho} = \bigoplus_{j=1}^{k-1} \tilde{\eta}^j$. <u>Soit</u> x <u>un élément de</u> $U^{-2q}(X)$. <u>Alors</u> $P^k(x) \in U^{-2qk}(B \times X)$ <u>et</u>

$$w^{n+q} P^k(x) = \sum_{\ell(\alpha)\leq n} w^{n-\ell(\alpha)} a(v)^\alpha s_\alpha(x)$$

<u>pour</u> n <u>assez grand</u> (indépendant de B). <u>Dans cette formule,</u> $a_j(T)$ <u>est une série formelle à coefficients dans</u> $\mathbb{C}$ <u>et</u> $w = (k-1)!v^{k-1} + \sum_{j\geq k} b_j v^j$ <u>où</u> $b_j \in \mathbb{C}$.

7. <u>Cobordisme des espaces lenticulaires</u>

Soit $L = \tilde{\eta} = Q \times_{\mathbb{Z}_k} \mathbb{C}$ le fibré en droites sur B associé à la représentation η. Soit $j : Q \hookrightarrow L \hookrightarrow P(L \oplus 1)$ et soit ξ^* le dual du fibré canonique sur $P(L \oplus 1)$.

<u>Lemme</u> 7.- <u>La classe d'Euler de</u> $\xi^{*\otimes k}$ <u>est égale à</u> $j_*(1) = [j]$.

<u>Démonstration</u>. Le fibré $\xi^{*\otimes k}$ s'identifie au quotient de $(L \oplus 1) \times C$ par la relation d'équivalence $(a, t) \sim (\mu a, \mu^k t)$, $\mu \in C^*$. D'autre part, un point de L peut s'écrire qz , $q \in Q$ et $z \in \mathbf{C}$, en convenant que $(q\sigma^r)z = q(\omega^r z)$ où σ est le générateur de $\mathbb{Z}_k$ et où $\omega = \exp(2\pi i/k)$. Soit maintenant s la section de $\xi^{*\otimes k}$ induite par $a \longmapsto (a, t)$ où $t = z^k - \lambda^k$ lorsqu'on écrit $a = (qz, \lambda) \in L \oplus 1$. Alors s est transverse à la section nulle et $s^{-1}(0) = Q$.

<u>Lemme</u> 8.- <u>Soit</u> $\Phi_k(x)$ <u>la série formelle</u> $\frac{[k]_F(x)}{x}$ <u>et soit</u> $f : Q \to B$ <u>la projection canonique</u>. <u>Alors</u> $f_*(1) = \Phi_k(e(L))$.

<u>Démonstration</u>. Soit $\pi : P(L \oplus 1) \to B$ et soit M le fibré $\xi^* \otimes \pi^* L$. Alors $M^{\otimes k} \approx \xi^{*\otimes k}$ et $[k]_F(i_*(1)) = e(M^{\otimes k}) = e(\xi^{*\otimes k}) = j_*(1)$ où $i : B \approx P(L) \hookrightarrow P(L \oplus 1)$ (lemme 1). Par ailleurs, $[k]_F(i_*(1)) = i_*(1)(\Phi_k(i_*(1))) = i_*(\Phi_k(i^* i_*(1))) = i_*(\Phi_k(e(L)))$ et il est clair que $i.f$ est homotope à j . Donc $i_*(\Phi_k(e(L))) = j_*(1) = i_*(f_*(1))$. Puisque i_* est injectif (théorème 2), on a bien $f_*(1) = \Phi_k(e(L))$.

Le fibré $\xi^{\otimes k}$ sur $P_n = P_n(\mathbf{C})$ s'identifie au quotient de $S^{2n+1} \times \mathbf{C}$ par la relation $(x\mu, t) \sim (x, \mu^k t)$, $\mu \in S^1$. Le fibré en sphères associé $S(\xi^{\otimes k})$ s'identifie donc à l'espace lenticulaire $S^{2n+1}/\mathbb{Z}_k$ par l'application $(x, t) \longmapsto \sqrt[k]{t}\, x$. La suite exacte de Gysin associé au fibré $\xi^{\otimes k}$ s'écrit ainsi

$$U^*(P_n) \xrightarrow{\ .e(\xi^{\otimes k})\ } U^*(P_n) \to U^*(S^{2n+1}/\mathbb{Z}_k) \to U^*(P_n) \xrightarrow{\ .e(\xi^{\otimes k})\ } U^*(P_n)$$

où " $.e(\xi^{\otimes k})$ " désigne la multiplication par $e(\xi^{\otimes k}) = ku + b_2 u^2 + \dots + b_n u^n$. Il en résulte que $\tilde{U}^q(S^{2n+1}/\mathbb{Z}_k) = \mathrm{Coker}(U^q \to U^q(S^{2n+1}/\mathbb{Z}_k))$ est un groupe fini (car $U^q(S^{2n+1}/\mathbf{Z}_k)$ est déjà de type fini d'après le théorème 1). De manière plus générale, X étant une variété fixée, posons $h^*(Y) = U^*(Y \times X)$ et $\tilde{h}^*(Y) = \mathrm{Coker}(h^*(\mathrm{Point}) \to h^*(Y))$. Alors un raisonnement analogue montrerait que $\tilde{h}^q(S^{2n+1}/\mathbf{Z}_k)$ est un groupe fini si X a un nombre fini de composantes connexes.

THÉORÈME 6.- Posons $h^q(B\mathbf{Z}_k) = \varprojlim_n h^q(S^{2n+1}/\mathbf{Z}_k)$. On a alors la suite exacte

$$h^q(\mathrm{Point}) \xrightarrow{\cdot\,\Phi_k(v)} h^q(B\mathbf{Z}_k) \xrightarrow{\cdot\,v} h^{q+2}(B\mathbf{Z}_k) .$$

Démonstration. Ecrivons un bout de la suite exacte de Gysin associé au fibré L (avec $Q = S^{2n+1}$ et $B = Q/\mathbf{Z}_k$) :

$$(1n) \qquad \tilde{h}^{q+1}(S(L)) \xrightarrow{\theta_n} h^q(S^{2n+1}/\mathbf{Z}_k) \xrightarrow{\cdot\,v} h^{q+2}(S^{2n+1}/\mathbf{Z}_k)$$

où $v = e(L)$. L'opérateur $h^{q+1}(S(L)) \to h^{q+2}_{\Phi}(L) \approx h^q(S^{2n+1}/\mathbf{Z}_k)$ qui induit θ_n coïncide avec $(r_n)_*$, où $r_n : S(L) \to S^{2n+1}/\mathbf{Z}_k$ est la projection canonique. D'autre part, $S(L) = S^{2n+1} \times_{\mathbf{Z}_k} S^1$ s'identifie naturellement à $S^{2n+1} \times S^1/\mathbf{Z}_k \approx S^{2n+1} \times S^1$ et l'isomorphisme composé

$\varprojlim_n \tilde{h}^{q+1}(S(L)) \approx \tilde{h}^{q+1}(S^1) \approx h^q(\mathrm{Point})$ est induit par $(s_n)_*$ où $s_n : S^{2n+1} \to S(L) \approx S^{2n+1} \times S^1$. Des remarques précédant le théorème 6, il résulte que les systèmes projectifs associés aux groupes de la suite (1n) satisfont à la propriété de Mittag-Leffler. En prenant la limite projective des suites (1n), on obtient la suite exacte

$$h^q(\mathrm{Point}) \xrightarrow{\theta} h^q(B\mathbf{Z}_k) \xrightarrow{\cdot\,v} h^{q+2}(BZ_k) .$$

Dans cette suite, θ coïncide avec $\varprojlim(r_n s_n)_* = \varprojlim(f_n)_*$ où $f_n : S^{2n+1} \to S^{2n+1}/\mathbf{Z}_k$. D'après le lemme 8, θ coïncide donc bien avec la multiplication par $\Phi_k(v)$.

8. Le théorème fondamental

THÉORÈME 7.- Si X a le type d'homotopie d'un CW-complexe fini ([1]) connexe, on a

$$U^*(X) = C \sum_{q\geq 0} U^q(X) \quad \text{et} \quad \tilde{U}^*(X) = C \sum_{q>0} U^q(X) .$$

COROLLAIRE 2.- $U^{pair}(\text{Point}) = C$ et $U^{impair}(\text{Point}) = 0$.

COROLLAIRE 3 (suggéré par Conner et Smith [4] p. 166).- La U^*-algèbre $U^*(X)$ est engendrée par des éléments de $U^*(X)$ de degrés strictement positifs.

En appliquant le foncteur suspension, on voit aisément qu'on est ramené à démontrer que $\tilde{U}^{pair}(X) = C \sum_{q>0} U^{2q}(X)$. En désignant par $R^*(X)$ le sous-groupe $C \sum_{q>0} U^{2q}(X)$, il suffit de démontrer que $R^{-2j}(X)_{(k)} = \tilde{U}^{-2j}(X)_{(k)}$ en localisant pour chaque nombre premier k . Cette identité est triviale lorsque $j < 0$. Raisonnons alors par récurrence sur j , l'identité étant supposée vérifiée pour $j < q$. Soit x un élément de $\tilde{U}^{-2q}(X)$ qu'on identifie ici à $\operatorname{Ker}(U^{-2q}(X) \to U^{-2q}(\text{Point}))$. D'après le théorème 5, on a pour n assez grand l'identité

$$(1) \qquad w^{n+q}P^k(x) = \sum_{\ell(\alpha)\leq n} w^{n-\ell(\alpha)}a(v)^{\alpha}s_{\alpha}(x)$$

dans le groupe $\tilde{U}^{2n(k-1)-2q}(B \times X)$. En fait, en considérant des limites projectives comme dans le paragraphe précédent, il est plus commode de regarder cette identité dans le groupe $\tilde{U}^{2n(k-1)-2q}(B\mathbb{Z}_k \times X)$. Puisque $w = (k-1)!v^{k-1} + \sum_{j\geq k} b_j v^j$ où $b_j \in C$, on a $v^{n'}(w^q P^k(x) - x) = \psi'(v)$, où $\psi'(T) \in R^*(X)_{(k)}(T)$ et où $n' = n(k-1)$.

([1]) En fait, on démontrera ce théorème pour une variété. Ceci ne restreint pas la généralité puisque tout CW-complexe fini a le type d'homotopie d'une variété (ouverte).

Lemme 9.- Il existe une série formelle $\psi_1 \in R^*(X)_{(k)}(T)$ telle que $w^q p^k(x) - x = \psi_1(v) + y\Phi_k(v)$ où $y \in \tilde{U}^{-2q}(X)$.

Démonstration du lemme. Soit m le plus petit entier tel que $v^m(w^q p^k(x) - x)$ puisse s'écrire $\psi(v)$ où $\psi(T) \in R^*(X)_{(k)}(T)$. Si $m = 0$, il n'y a rien à démontrer. Supposons donc $m \geq 1$. En restreignant l'identité à $\tilde{U}^*(X) \subset \tilde{U}^*(B\mathbb{Z}_k \times X)$, on en déduit $\psi(0) = 0$, donc $\psi(T) = T\psi_1(T)$, soit $v(v^{m-1}(w^q p^k(x) - x) - \psi_1(v)) = 0$. D'après le théorème 6, on a donc $v^{m-1}(w^q p^k(x) - x) = \psi_1(v) + y\Phi_k(v)$, où on peut supposer que $y \in \tilde{U}^*(X)$. Cette dernière identité a lieu dans le groupe $U^{2(m-1)-2q}(X)_{(k)}$. Si $m > 1$, y appartient à $\tilde{U}^{2(m-1)-2q}(X)_{(k)} = R^{2(m-1)-2q}(X)_{(k)}$ d'après l'hypothèse de récurrence, ce qui contredit la minimalité de m . Donc $m = 1$ et on a bien $w^q p^k(x) - x = \psi_1(v) + y\,\Phi_k(v)$.

Fin de la démonstration du théorème 7. Restreignons l'identité du lemme 9 à $\tilde{U}^*(X)$ et distinguons deux cas

1) $q > 0$. Alors l'identité devient $-x = \psi_1(0) + ky$, ce qui implique que tout élément de $\tilde{U}^{-2q}(X)_{(k)}/R^{-2q}(X)_{(k)}$ est k-divisible. Puisque $\tilde{U}^{-2q}(X)$ est un groupe de type fini, on a donc $\tilde{U}^{-2q}(X)_{(k)}/R^{-2q}(X)_{(k)} = 0$.

2) $q = 0$. On a alors $x^k - x = \psi_1(0) + ky$. Mais, x étant nilpotent, la transformation $x \longmapsto x^k - x$ induit un automorphisme de $\tilde{U}^0(X)$, donc de $\tilde{U}^0(X)_{(k)}/R^0(X)_{(k)}$, dont l'image est k-divisible. Par suite, $\tilde{U}^0(X)_{(k)}/R^0(X)_{(k)} = 0$.

9. La transformation de Boardman

Pour toute application propre $f : Z \to X$ munie d'une orientation complexe, on sait définir un homomorphisme de Gysin en cohomologie $H^*(Z) \to H^*(X)$ qu'on notera f_*^H pour le distinguer de $f_*^U : U^*(Z) \to U^*(X)$. Définissons un homomorphisme $\gamma : U^*(X) \to H^*(X)$ par la formule $\gamma([f]) = \gamma(f_*^U(1)) = f_*^H(1)$. Il est clair que $\gamma(f_*^U(z)) = f_*^H(\gamma z)$ pour tout élément z de $U^*(Z)$ et que γ est une transformation de théories cohomologiques multiplicatives. Elle induit une transformation de $U^*(X)[t]$ dans $H^*(X)[t]$ qu'on notera aussi γ . D'autre part, le formalisme des premiers paragraphes s'applique aussi à la cohomologie et, si on désigne par $e^H(V)$, $c_t^H(V)$, etc... les classes caractéristiques dans les théories H^* et U^* , on a $\gamma(e^U(V)) = e^H(V)$ et $\gamma(c_t^U(V)) = c_t^H(V)$. La "transformation de Boardman" $\beta_t : U^*(X) \to H^*(X)[t]$ est l'homomorphisme composé $\gamma . s_t$: c'est une transformation cohomologique multiplicative dont le comportement vis-à-vis des homomorphismes de Gysin est précisé par la proposition suivante, conséquence évidente du lemme 3 :

PROPOSITION 1.- Pour tout élément z de $U^*(Z)$, on a la formule $\beta_t(f_*^U(z)) = f_*^H(c_t^H(\nu_f).\beta_t(z))$. En particulier, si $f : Z \to X$ est la projection de Z sur X réduit à un point, $\beta_t([f])$ est un polynôme dont les coefficients sont déterminés par les nombres de Chern de Z .

PROPOSITION 2.- Si L est un fibré en droites, on a $\beta_t(e^U(L)) = \sum_{j\geq 0} t_j(e^H(L))^{j+1}$ (on convient que $t_0 = 1$).

Démonstration. En effet, $s_t(e^U(L)) = s_t(i^*i_*1) = i^*(s_t(i_*1)) = i^*i_*(c_t^U(L)) = e^U(L) . \sum_{j\geq 0} t_j(e^U(L))^j = \sum_{j\geq 0} t_j(e^U(L))^{j+1}$. Donc

$$\beta_t(e^U(L)) = \gamma . s_t(e^U(L)) = \gamma(\sum_{j\geq 0} t_j(e^U(L))^{j+1}) = \sum_{j\geq 0} t_j(e^H(L))^{j+1} .$$

Soient maintenant L_1 et L_2 deux fibrés en droites. On a alors $e^U(L_1 \otimes L_2) = F(e^U(L_1), e^U(L_2))$ et $\beta_t(e^U(L_1 \otimes L_2)) = \sum_{j\geq 0} t_j(e^H(L_1 \otimes L_2))^{j+1}$ $= \sum_{j\geq 0} t_j(e^H(L_1) + e^H(L_2))^{j+1}$. Soit $(\beta_t F)$ la loi de groupe formel sur $\mathbb{Z}[t]$ définie par les coefficients $b_{ij} = \beta_t(a_{ij})$. Si on pose $\theta_t(x) = \sum_{j\geq 0} t_j x^{j+1}$, la formule précédente peut s'écrire $(\beta_t F)(\theta_t(x), \theta_t(y)) = \theta_t(x + y)$ en tenant compte encore de la proposition 2. Grâce à un changement de variable, on en déduit que $(\beta_t F)(x, y) = \theta_t(\theta_t^{-1}(x) + \theta_t^{-1}(y))$, formule qui détermine entièrement la loi de groupe formel $\beta_t F$ dans l'anneau $\mathbb{Z}[t] = H^*(\text{Point})[t]$.

10. L'anneau de Lazard. Structure de U^*

Considérons le foncteur qui associe à tout anneau A l'ensemble des lois de groupe formel $x + y + \sum_{\substack{i\geq 1\\ j\geq 1}} a_{ij}x^i y^j$ sur A (cf. § 3). Ce foncteur est représentable dans le sens suivant : il existe un anneau L ("l'anneau de Lazard") et une loi de groupe formel universelle F_L sur L telle que toute loi de groupe formel sur A soit déduite de F_L par un homomorphisme $L \to A$ qui lui est attaché de manière unique. Pour anneau L on prend le quotient de l'algèbre $\mathbb{Z}[a_{11}, a_{12}, \dots, a_{ij}, \dots]$ par l'idéal engendré par les relations polynomiales exprimant que $G(x, y) = x + y + \sum_{\substack{i\geq 1\\ j\geq 1}} a_{ij}x^i y^j$ est une loi de groupe formel. La loi universelle F_L est définie simplement par $F_L(x, y) = x + y + \sum_{\substack{i\geq 1\\ j\geq 1}} \bar{a}_{ij}x^i y^j$ où $\bar{a}_{ij}$ est la classe de a_{ij} dans L.

L'anneau L peut être gradué de plusieurs façons en assignant à $\bar{a}_{ij}$ le degré $2 - 2i - 2j$ (cas du cobordisme complexe), $1 - i - j$ (cas du cobordisme réel) ou $i + j - 1$. Nous allons adopter la troisième convention.

THÉORÈME 8 (Lazard).- *L'anneau L est une algèbre de polynômes sur $\mathbb{Z}$ avec un générateur en chaque degré positif.*

Démonstration (d'après Adams [1]). Considérons l'algèbre

$\mathbb{Z}[t] = \mathbb{Z}[t_1, \ldots, t_n, \ldots]$, où chaque t_i est affecté du degré i . D'après le § 9, on a une suite d'anneaux et d'homomorphismes

$$L \xrightarrow{\delta} U^{pair} \xrightarrow{\beta_t} \mathbb{Z}[t] .$$

Si on convient (provisoirement) que les éléments de U^{-2q} sont de degré q et que t_j est de degré j , ces homomorphismes respectent les graduations. L'homomorphisme composé $\alpha = \beta_t \cdot \delta$ transporte la loi universelle F_L en la loi H définie par $H(x, y) = \theta_t(\theta_t^{-1}(x) + \theta_t^{-1}(y))$ avec $\theta_t(z) = z + \sum_{j \geq 1} t_j z^{j+1}$. On va expliciter l'homomorphisme induit sur les éléments indécomposables de degré q

$$\alpha_q : Q_q(L) \to Q_q(\mathbb{Z}[t]) .$$

Pour cela, remarquons que l'ensemble des homomorphismes de $Q_q(L)$ dans un groupe abélien G s'identifie à l'ensemble des lois de groupe formel sur l'anneau $A = \mathbb{Z} \oplus \varepsilon G$, avec $\varepsilon^2 = 0$, qui sont de la forme $x + y + \varepsilon\Gamma(x, y)$, où $\Gamma(x, y)$ est un polynôme homogène de degré $q + 1$. En écrivant que $x + y + \varepsilon\Gamma(x, y)$ est une loi de groupe formel, on trouve les identités $\Gamma(0, x) = \Gamma(x, 0) =$ $\Gamma(x, y) - \Gamma(y, x) = \Gamma(y, z) - \Gamma(x + y, z) + \Gamma(x, y + z) - \Gamma(x, y) = 0$.

Lemme 10 (Lazard, Fröhlich [5] p. 62).- *Soit Γ comme ci-dessus. Alors*

$$\Gamma(x, y) = a \cdot \frac{1}{\gamma_q} ((x + y)^{q+1} - x^{q+1} - y^{q+1}) , \qquad a \in G ,$$

où $\gamma_q = p$ si $q + 1$ s'écrit p^m , $m \geq 1$, pour un nombre premier p et $\gamma_q = 1$ dans les autres cas.

Ce lemme implique bien entendu que $Q_q(L) \approx \mathbb{Z}$. La loi F_L induit une loi sur $\mathbb{Z} \oplus \varepsilon Q_q(L)$ dont l'image dans $\mathbb{Z} \oplus \varepsilon Q_q(\mathbb{Z}[t])$ est $\theta'_t(\theta'^{-1}_t(x) + \theta'^{-1}_t(y)) = x + y + \varepsilon t_q((x + y)^{q+1} - x^{q+1} - y^{q+1})$ avec $\theta'_t(z) = z + \varepsilon t_q z^{q+1}$. En écrivant $Q_q(L) \approx \mathbb{Z} \approx Q_q(\mathbb{Z}[t])$, il en résulte que

α_q est la multiplication par γ_q .

<u>Fin de la démonstration du théorème</u> 8. Pour chaque entier q , choisissons un élément a_q de L dont l'image dans $Q_q(L)$ est un générateur. On en déduit un homomorphisme surjectif $\mathbb{Z}[t'_1, \ldots, t'_q, \ldots] \xrightarrow{\sigma} L$ défini par $\sigma(t'_q) = a_q$. En tensorisant par $\mathbb{Q}$, cet homomorphisme devient bijectif puisque $(\alpha\sigma)(t'_q) = \gamma_q t_q$ modulo des éléments décomposables. Donc σ est bijectif.

La démonstration du théorème 8 a mis en lumière le rôle de la suite $L \xrightarrow{\delta} U^{pair} \xrightarrow{\beta_t} \mathbb{Z}[t]$. D'après le théorème 7, δ est surjectif. Puisque L est sans torsion (théorème 8), $\beta_t . \delta$ et δ sont injectifs. On en déduit une version plus précise du théorème de Milnor cité dans l'introduction :

THÉORÈME 9.- <u>L'homomorphisme</u> δ <u>est un isomorphisme gradué de l'anneau de Lazard</u> L <u>sur l'anneau</u> $U^* = U^0 \oplus U^{-1} \oplus U^{-2} \oplus \ldots$ <u>à condition d'affecter les générateurs</u> $\bar{a}_{ij}$ <u>de</u> L <u>du degré</u> $2-2i-2j$. <u>Par conséquent,</u> U^* <u>est isomorphe à une algèbre de polynômes</u> $\mathbb{Z}[x_2, x_4, \ldots]$ <u>où</u> x_{2i} <u>est de degré</u> $-2i$ <u>et tout élément de</u> U^* <u>est déterminé par ses nombres de Chern.</u>

11. <u>Cobordisme réel</u> (<u>non orienté</u>)

Faute de place, nous nous bornerons à esquisser les modifications nécessaires pour adapter ce qui précède au cas réel. Ainsi $N^q(X)$ désignera l'ensemble des classes de cobordisme d'applications propres $Z \to X$ de dimension q .
Les classes de Chern sont remplacées par les classes de Stiefel-Whitney.
On a des opérations de Landweber-Novikov $s_\alpha : N^q(X) \to N^{q+|\alpha|}(X)$. Enfin, les opérations de Steenrod-tom Dieck se réduisent à
$P^2 : N^q(X) \to N^{2q}(P_\infty \times X)$ où $P_\infty = B\mathbb{Z}_2$ désigne "l'espace projectif réel infini". La démonstration du théorème 7 s'adapte sans peine au cobordisme réel. Elle permet de prouver que N^* est engendré par les coefficients

$a_{ij} \in N^{-i-j-1}$ de la loi de groupe formel $F(x, y)$ exprimant la classe d'Euler du produit tensoriel de deux fibrés en droites réelles en fonction des classes d'Euler de chacun des facteurs.

Notons que $F(x, x) = 0$ et que N^* est un anneau de caractéristique 2. Ceci nous amène à considérer le foncteur qui associe à chaque anneau A de caractéristique 2 l'ensemble des lois de groupe formel F sur A telles que $F(x, x) = 0$. Soit L_2 l'anneau qui représente ce foncteur. Pour toute variété X, on a aussi un homomorphisme de Boardman "réduit" $\beta_t : N^*(X) \to H^*(X)[t]$ où $H^*(X)$ désigne $H^*(X; \mathbb{Z}_2)$ et où $t = (t_2, t_4, t_5, \ldots)$. Pour X réduit à un point, on peut considérer la suite $L_2 \xrightarrow{\delta} N^* \xrightarrow{\beta_t} \mathbb{Z}_2[t]$. Le calcul effectué à la fin du § 9 montre que la loi universelle sur L_2 se transporte par $\alpha = \beta_t \cdot \delta$ en la loi sur $\mathbb{Z}_2[t]$ définie par $H(x, y) = \theta_t(\theta_t^{-1}(x) + \theta_t^{-1}(y))$, où $\theta_t(x) = x + t_2x^3 + t_4x^5 + t_5x^6 + \ldots$. En fait, le lemme 10 montre que $Q_q(L_2) \approx \mathbb{Z}_2$ si $q + 1 \neq 2^m$ et $Q_q(L_2) = 0$ sinon. Il s'en suit que $Q_q(L_2) \approx Q_q(\mathbb{Z}_2[t])$ et $L_2 \approx \mathbb{Z}_2[t]$, l'isomorphisme étant induit par α. Puisque δ est surjectif d'après le théorème 7 adapté au cas réel, on obtient ainsi une version un peu plus précise du théorème de Thom :

THÉORÈME 10.- Les homomorphismes δ et β_t sont des isomorphismes. En particulier, N^* est une algèbre de polynômes sur $\mathbb{Z}_2$ avec des générateurs x_i en chaque degré $-i$, où i est un entier positif qui n'est pas de la forme $2^j - 1$. Enfin, la classe de cobordisme d'une variété réelle est déterminée par ses nombres de Stiefel-Whitney.

COROLLAIRE 4.- L'homomorphisme de Boardman réduit

$$N^*(X) \to H^*(X)[t] \approx H^*(X) \otimes_{\mathbb{Z}_2} N^*$$

est un isomorphisme.

12. Quelques questions

Le rôle des groupes formels en cobordisme n'a pas encore été suffisamment exploré au goût du conférencier. Il conviendrait de regarder le cobordisme réel orienté et le cobordisme symplectique (pour ne parler que de ceux-là) et utiliser la technique des groupes formels pour les calculer. Dans le premier cas, on devrait au moins retrouver les résultats de Wall. Il conviendrait de voir aussi comment les théorèmes démontrés ici pourraient s'adapter aux autres théories cohomologiques générales (par exemple la K-théorie connexe ou la cohomotopie stable).

BIBLIOGRAPHIE

[1] J. F. ADAMS - Quillen's work on formal groups and complex cobordism, Notes de Chicago, 1970.

[2] H. CARTAN - Sur les foncteurs K(X) et K(X, A), Séminaire Cartan-Schwartz, 1963/64, n° 3, Benjamin, New York.

[3] P. CARTIER - Groupes formels, Notes ronéotypées, I.R.M.A., Strasbourg.

[4] P. E. CONNER and L. SMITH - On the complex bordism of finite complexes, Publ. Math. I.H.E.S., 37 (1969), p. 117-221.

[5] A. FRÖHLICH - Formal groups, Lecture Notes in Math., 74 (1968), Springer, Berlin.

[6] P. S. LANDWEBER - Cobordism operations and Hopf algebras, Trans. A.M.S., 129 (1967), p. 94-110.

[7] J. MILNOR - On the cobordism Ω^* and a complex analogue, Part I, Amer. J. Math., 82 (1960), p. 505-521.

[8] P. S. NOVIKOV - Operation rings and spectral sequences of the Adams type in extraordinary cohomology theories. U-cobordism and K-theory, Dokl. Akad. Nauk SSSR, 172 (1967), p. 33-36. [Traduction anglaise : Soviet Math. Dokl., 8 (1967), p. 27-31.]

[9] D. QUILLEN - Elementary proofs of some results of cobordism theory using Steenrod operations, Advances in Math., vol. 7, n° 1 (1971), p. 29-56.

[10] R. THOM - Quelques propriétés globales des variétés différentiables, Comm. Math. Helv., 28 (1954), p. 17-86.

[11] T. tom DIECK - Steenrod operationen in Kobordismen-Theorien, Math. Z., 107 (1968), p. 380-401. Voir aussi - Kobordismentheorie (avec T. Bröcker), Lecture Notes in Math., 178 (1971), Springer, Berlin.

Séminaire BOURBAKI 409-01
24e année, 1971/72, n° 409 Février 1972

TRAVAUX DE DWORK

par Nicholas KATZ

Introduction.

This talk is devoted to a part of Dwork's work on the variation of the zeta function of a variety over a finite field, as the variety moves through a family. Recall that for a single variety $V/\mathbb{F}_q$, its zeta function is the formal series in t

$$\mathrm{Zeta}(V/\mathbb{F}_q;t) = \exp\left(\sum_{n\geq 1} \frac{t^n}{n} (\#\text{ of points on } V \text{ rational over } \mathbb{F}_{q^n})\right).$$

As a power series it has coefficients in $\mathbb{Z}$, and in fact it is a rational function of t [4]. We shall generally view it as a rational function of a p-adic variable.

Suppose now we consider a one parameter family of varieties, i.e. a variety $V/\mathbb{F}_p[\lambda]$. For each integer $n \geq 1$ and each point $\lambda_o \in \mathbb{F}_{p^n}$, the fibre $V(\lambda_o)/\mathbb{F}_{p^n}$ has a zeta function $\mathrm{Zeta}(V(\lambda_o)/\mathbb{F}_{p^n};t)$. We want to understand how this rational function of t varies when we vary λ_o in the algebraic closure of $\mathbb{F}_p$. Ideally, we might wish a "formula", of a p-adic sort, for, say, one of the reciprocal zeroes of $\mathrm{Zeta}(V(\lambda_o)/\mathbb{F}_{p^n};t)$. A natural sort of "formula" would be a p-adic power series $a(x) = \Sigma\, a_n x$ with coefficients $a_n \in \mathbb{Z}_p$ tending to zero, with the property :

for every $n \geq 1$ and for every $\lambda_o \in \mathbb{F}_{p^n}$, let $X_o \in$ the algebraic closure of Q_p be the unique quantity lying over λ_o which satisfies $X_o = X_o^{p^n}$. Then

$$a(X_o)a(X_o^p)\ldots a(X_o^{p^{n-1}})$$

is a reciprocal zero of $\mathrm{Zeta}(V(\lambda_o)/\mathbb{F}_{p^n};t)$, i.e., the numerator of $\mathrm{Zeta}(V(\lambda_o)/\mathbb{F}_{p^n};t)$ is divisible by $(1 - a(X_o)a(X_o^p)\ldots a(X_o^{p^{n-1}})t)$.

Now it is unreasonable to expect such a formula unless we can at least describe a priori which reciprocal zero it's a formula for ! If, for example, we knew a priori that one and only one of the reciprocal zeroes were a p-adic unit, then we might reasonably hope for a formula for it. If, on the other hand, we knew a priori that precisely $\nu \geq 2$ of the reciprocal zeroes were p-adic units, we oughtn't hope to single one out ; we could expect at best that we could describe the polynomial of degree ν which has those ν as its reciprocal zeroes. For instance, we might hope for a $\nu \times \nu$ matrix $A(X)$ with entries in $\mathbb{Z}_p[[X]]$, their coefficients tending to zero, so that for each $\lambda_o \in \mathbb{F}_{p^n}$, the characteristic polynomial

$$\det(I - t\, A(X_o)A(X_o^p)\ldots A(X_o^{p^{n-1}}))$$

is the above polynomial.

In another optic, zeta functions come from cohomology, and to study their variation we should study the variation of cohomology. As Dwork discovered in 1961-63 in his study of families of hypersurfaces, their cohomology is quite rigid p-adically, forming a sort of structure on the base now called an F-crystal. Thanks to crystalline cohomology, we now know that this is a general phenomenon (cf. pt. 7 for a more precise statement). The relation with the "formula" viewpoint is this : a formula $a(X)$ for one root is sub-F-crystal of rank 1, a formula $A(X)$ for the ν roots "at once" is a sub-F-crystal of rank ν .

So in fact this exposé is about some of Dwork's recent work on variation of F-crystals, from the point of view of p-adic analysis. Due to space limitations, we have systematically suppressed the Monsky-Washnitzer "over-convergent" point of view in favor of the simpler but less rich "Krasner-analytic" or "rigid analytic" one (but cf. [16]). Among the casualties are Dwork's work on "excellent Liftings of Frobenius", and on the p-adic use of the Picard-Lefschetz formula, both of which are entirely omitted.

1. F-*crystals* ([1],[2]).

In down-to-earth terms, an F-crystal is a differential equation on which a "Frobenius" operates. Let us make this precise.

(1.0) Let k be a perfect field of characteristic $p > 0$, $W(k)$ its Witt vectors, and $S = \mathrm{Spec}(A)$ a smooth affine $W(k)$-scheme. For each $n \geq 0$, we put $S_n = \mathrm{Spec}(A/p^{n+1}A)$, an affine smooth $W_n(k)$-scheme, and for $n = \infty$ we put S^∞ = the p-adic completion of $S = \mathrm{Spec}(\varprojlim A/p^{n+1}A)$. (Function theoretically, $A^\infty = \varprojlim A/p^{n+1}A$ is the ring of those rigid analytic functions of norm ≤ 1 on the rigid analytic space underlying S which are defined over $W(k)$). For any affine $W(k)$-scheme T and any k-morphism $f_o : T_o \longrightarrow S_o$, there exists a compatible system of $W_n(k)$-morphisms $f_n : T_n \longrightarrow S_n$ with f_{n+1} lifting f_n (because T is affine and S smooth), or, equivalently, a $W(k)$-morphism $f : T^\infty \longrightarrow S^\infty$ lifting f_o. Of course, there is in general no unicity in the lifting f.

In particular, noting by σ the Frobenius automorphism of $W(k)$, there exists a σ-linear endomorphism φ of S^∞ which lifts the p'th power endomorphism of S_o. The interplay between S_o, S, S^∞ and φ is given by :

Lemma 1.1. (Tate-Monsky [24],[27]). *Denote by* $\mathbb{C}$ *the completion of the algebraic closure of the fraction field* K *of* $W(k)$ *, and by* $\mathcal{O}_C$ *its ring of integers.*

1.1.1. *The successive inclusions between the sets below are all bijections*

a) *the* $\mathbb{C}$*-valued points of* S (*as* $W(k)$-*scheme*)

b) *the continuous* $W(k)$-*homomorphisms* $A^\infty \longrightarrow \mathcal{O}_C$

c) " " $A^\infty \longrightarrow \mathbb{C}$

d) *the closed points of* $S^\infty \otimes \mathbb{C}$.

1.1.2. *Every k-valued point* e_o *of* S_o *lifts uniquely to a* W(k)-*valued point* e *of* S^∞ *which verifies* $\varphi \circ e = e \circ \sigma$. *In fact, for any isometric extension* $\bar{\sigma}$ *of* σ *to* C , e *is the unique* $\mathbb{C}$-*valued point of* S^∞ *which lifts* e_o *and verifies* $\varphi \circ e = e \circ \bar{\sigma}$. *The point* e *is called the* φ-*Teichmuller representative of* e_o . *The Teichmuller points of* S^∞ ($\mathbb{C}$-*valued points* e *satisfying* $\varphi \circ e = e \circ \bar{\sigma}$) *are in bijective correspondence with the points of* S_o *with values in the algebraic closure* $\bar{k}$ *of* k , *and all take values in* $W(\bar{k})$.

(1.2) Let H be a locally free S^∞-module of finite rank, with an integrable connection ∇ (for the *continuous* derivations of $S^\infty/W(k)$) which is nilpotent. This means that for any continuous derivation D of $S^\infty/W(k)$ which is p-adically topologically nilpotent as additive endomorphism of A^∞ , the additive endomorphism $\nabla(D)$ of H is also p-adically topologically nilpotent. For any affine W(k)-scheme T which is p-adically complete, any pair of maps

$$T \underset{g}{\overset{f}{\rightrightarrows}} S^\infty$$

which are congruent modulo a divided-power ideal of T ((p), for example), the connection ∇ provides an isomorphism

$$\chi(f,g) : f^*H \xrightarrow{\sim} g^*H \ .$$

This isomorphism satisfies

(i) $\chi(g,h)\,\chi(f,g) = \chi(f,h)$ if $T \overset{f,\,g,\,h}{\rightrightarrows} S^\infty$

(ii) $\chi(fk,gk) = k^*\chi(f,g)$ if $R \xrightarrow{k} T \underset{g}{\overset{f}{\rightrightarrows}} S^\infty$

(iii) $\chi(id,id) = id.$

The universal example of such a situation $T \underset{g}{\overset{f}{\rightrightarrows}} S^\infty$ is provided by the "closed divided power neighborhood of the diagonal" $P.D.-\Delta(S^{\infty})$, with its two projections to S^{∞}. When, for examples, S is étale over $\mathbb{A}^n_{W(k)}$, $P.D.-\Delta(S^{\infty})$ is the spectrum of the ring of convergent divided power series over A^{∞} in n indeterminates, the formal expressions

$$\sum a_{i_1,\ldots,i_n} \frac{t_1^{i_1}}{i_1!} \cdots \frac{t_n^{i_n}}{i_n!}$$

whose coefficients $a_{i_1,\ldots,i_n}$ are elements of A^{∞} which tend to zero (in the p-adic topology of A^{∞}).

Any situation $T \underset{g}{\overset{f}{\rightrightarrows}} S^{\infty}$ of the type envisioned above can be factored uniquely

$$T \xrightarrow{f\times g} P.D.-\Delta(S^{\infty}) \underset{pr_2}{\overset{pr_2}{\rightrightarrows}} S^{\infty} ,$$

and we have

$$\chi(f,g) = (f\times g)^{*}\chi(pr_1,pr_2) .$$

In fact, giving the isomorphism $\chi(pr_1,pr_2)$, subject to a cocycle condition, is equivalent to giving the nilpotent integrable connection ∇.

(1.3) We may now define an F-crystal $\underline{H} = (H,\nabla,F)$ as consisting of :

(1) a "differential equation" (H,∇) as above

(2) for every lifting $\varphi : S^{\infty} \longrightarrow S^{\infty}$ of Frobenius, a horizontal morphism

$$F(\varphi) : \varphi^{*}H \longrightarrow H$$

which becomes an isomorphism upon tensoring with Q .

For different liftings φ_1, φ_2, we require the commutativity of the diagram below. (compare [11], section 5 and [12], section 2)

(1.3.1)
$$\begin{array}{ccc} \varphi_1^* H & \xrightarrow{F(\varphi_1)} & H \\ \chi(\varphi_1,\varphi_2) \wr\downarrow & \nearrow_{F(\varphi_2)} & \\ \varphi_2^* H & & \end{array}$$

(1.4) Given a k-valued point e_o of S_o, let φ_1 and φ_2 be two liftings of Frobenius, and e_1 and e_2 the corresponding Teichmuller representatives. By inverse image, we obtain two F-crystals on $W(k)$, $(e_1^*H, e_1^*(F(\varphi_1))$ and $(e_2^*H, e_2^*F(\varphi_2))$ which are explicitly isomorphic

$$\begin{array}{ccc} (e_1^*H)^{(\sigma)} & \xrightarrow{e_1^*(F(\varphi_1))} & e_1^*H \\ \sigma^* \chi(e_1,e_2) \downarrow\wr & & \wr\downarrow \chi(e_1,e_2) \\ (e_2^*H)^{(\sigma)} & \xrightarrow{e_2^*(F(\varphi_2))} & e_2^*H \end{array}$$

We thus obtain an F-crystal on $W(k)$ (a free $W(k)$-module of finite rank together with a σ-linear endomorphism which is an isomorphism over K) which depends <u>only</u> on the point e_o of S_o. In case k is a finite field $\mathbb{F}_{p^n}$, then for every multiple, m, of n, the m-th iterate of the σ-linear endomorphism is <u>linear</u> over $W(\mathbb{F}_{p^m})$. Its characteristic polynomial $\det(1 - tF^m)$ is denoted

$$P(\underline{H}; e_o, \mathbb{F}_{p^m}, t) .$$

2. F-<u>crystals over</u> $W(k)$ <u>and their Newton polygons</u> [19].

<u>Theorem</u> 2.(Manin-Dieudonné). <u>Let</u> (H,F) <u>be an</u> F-<u>crystal over</u> h/(k), <u>and suppose</u> k <u>algebraically closed</u>.

2.1. H <u>admits an increasing finite filtration of</u> F-<u>stable sub-modules</u>

$$0 \subset H_o \subset H_1 \subset \ldots$$

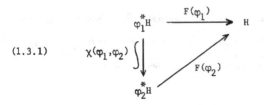

whose associated graded is free, with the following property. There exists a sequence of rational numbers in "lowest terms"

$$0 \leq \frac{a_o}{n_o} < \frac{a_1}{n_1} < \frac{a_2}{n_2} < \dots$$

(if $a_o = 0$, $n_o = 1$; $n_i \geq 1$, $a_i \geq 0$, and $(a_i, n_i) = 1$ if $a_i \neq 0$)

such that

2.1.1. $(H_i/H_{i-1}) \otimes K$ admits a K-base of vectors x which satisfy $F^{n_i}(x) = p^{a_i}x$, and its dimension is a multiple of n_i .

2.1.2. If $a_o/n_o = 0$, then H_o itself admits a $W(k)$ base of elements x satisfying $Fx = x$, F is topologically nilpotent on H/H_o , and the rank of H_o is equal to the stable rank of the p-linear endomorphism of the k-space H/pH induced by F ; H_o is then called the "unit root part" of H , or the "slope zero" part.

2.1.3. If (H,F) is deduced by extension of scalars from an F-crystal $(\mathbb{H},\mathbb{F})$ over $W(k_o)$, k_o a perfect subfield of k , then the filtration descends to an $\mathbb{F}$-stable filtration of $\mathbb{H}$. In case k_o is a finite field $\mathbb{F}_{p^n}$, the eigenvalues of $\mathbb{F}^n$ on the i'th associated graded have p-adic ordinal na_i/n_i .

2.2. The rational numbers a_i/n_i are called the slopes of the F-crystal, and the ranks of H_i/H_{i-1} are called the multiplicities of the slopes. The slopes and their multiplicities characterize the F-crystal up to isogeny.

It is convenient to assemble the slopes and their multiplicities in the Newton polygon

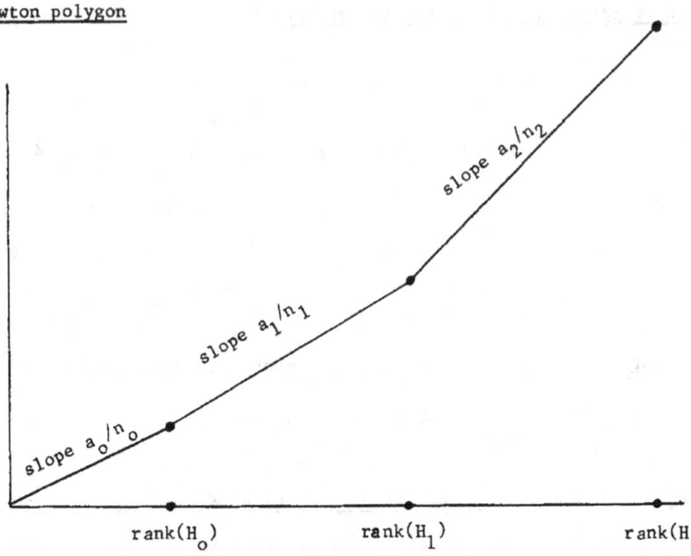

When (H,F) comes by extension of scalars from $(\mathbb{H},\mathbb{F})$ over $W(\mathbb{F}_{p^n})$, this Newton polygon is the "usual" Newton polygon of the characteristic polynomial $P(\underline{\mathbb{H}};e_o,\mathbb{F}_{p^n},t)$, calculated with the ordinal function normalized by $\mathrm{ord}(p^n) = 1$.

3. Local Results ; F-crystals on $W(k)[[t_1,\ldots t_n]]$.

(3.0) The completion of S^∞ along a k-valued point e_o of S_o is (non-canonically) isomorphic to the spectrum of $W(k)[[t_1,\ldots,t_n]]$. In this optic, the set of $W(k)$-valued points of S^∞ lying over e_o becomes the n-fold product of $pW(k)$, and the set of $\mathcal{O}_{\mathbb{C}}$-valued points of S^∞ lying over e_o becomes the n-fold product of the maximal ideal of $\mathcal{O}_{\mathbb{C}}$ (namely, the values of $t_1,\ldots,t_n$).

By inverse image, any F-crystal on S^∞ gives an F-crystal on $W(k)[[t_1,\ldots,t_n]]$.

Proposition 3.1. Let (H,∇,F) be an F-crystal over $W(k)[[t_1,\dots,t_n]]$.

3.1.1. Let $W(k)\langle\langle t_1,t_n\rangle\rangle$ denote the ring of convergent divided power series over $W(k)$ (cf. 1.2). Then $H \otimes W(k) \langle\langle t_1,\dots,t_n\rangle\rangle$ admets a basis of horizontal (for ∇) sections.

3.1.2. Let $K\{\{t_1,\dots,t_n\}\}$ denote the ring of power series over K which are convergent in the open polydisc of radius one (i.e. series $\Sigma\, a_{i_1\dots i_n} t_1^{i_1}\dots t_n^{i_n}$ such that for every real number $0 \leq r < 1$, $|a_{i_1\dots i_n}|r^{i_1+\dots+i_n}$ tends to zero). Then $H \otimes K\{\{t_1,\dots,t_n\}\}$ admits a basis of horizontal sections.

3.1.3. Every horizontal section of $H \otimes W(k)\langle\langle t_1,\dots,t_n\rangle\rangle$ fixed by F "extends" to a horizontal section of H (i.e. over all of $W(k)[[t_1,\dots,t_n]]$).

Proof: 3.1.1. is completely formal : the two homomorphisms $f,g : W(k)[[t_1,\dots,t_n]] \longrightarrow W(k)\langle\langle t_1,\dots,t_n\rangle\rangle$ given by f = natural inclusion, g = evaluation e at $(0,\dots,0)$, followed by the inclusion of $W(k)$ in $W(k)\langle\langle t_1,\dots,t_n\rangle\rangle$, are congruent modulo the divided power ideal $(t_1,\dots t_n)$ of the p-adically complete ring $W(k)\langle\langle t_1,\dots,t_n\rangle\rangle$. Thus $\chi(f,g)$ is an isomorphism between $H \otimes W(k)\langle\langle t_1,\dots,t_n\rangle\rangle$ with its induced connection and the "constant" module $H(0,\dots,0) \otimes_{W(k)} W(k)\langle\langle t_1,\dots,t_n\rangle\rangle$ with connection $1 \otimes d$.

3.1.2. is more subtle. Let's choose a particularly simple φ (as we may using 1.3.1), the one which sends $t_i \longrightarrow t_i^p$, $i=1,\dots,n$, and is σ-linear. Choose a basis of the free $W(k)[[t_1,\dots,t_n]]$ module H , and let A_φ denote the matrix of

$F(\varphi) : \varphi^* H \longrightarrow H$. Denote by Y the matrix with entries in $W(k)\langle\langle t_1,\ldots,t_n\rangle\rangle$ whose columns are a basis of horizontal sections of $H \otimes W(k)\langle\langle t_1,\ldots,t_n\rangle\rangle$ (a "fundamental solution matrix") ; in the notation of (2) above, it's the matrix of $\chi(g,f)$. Because $F(\varphi)$ is horizontal, we have the matricial relation

$$A_\varphi \cdot \varphi(Y) = Y \cdot A_\varphi(0,\ldots,0) .$$

We must deduce that Y converges in the open unit polydisc. We know this is true of A_φ, as it even has coefficients in $W(k)[[t_1,\ldots,t_n]]$. Since $A_\varphi(0,\ldots,0)$ is invertible over K by definition of an F-crystal, we conclude that for any real number $0 \leq r < 1$, we have the implication

> $\varphi(Y)$ converges in the polydisc of radius $r \Longrightarrow Y$ converges in the polydisc of radius r .

On the other hand, writing $Y = \Sigma\, Y_{i_1,\ldots,i_n} t_1^{i_1} \ldots t_n^{i_n}$, we have $\varphi(Y) = \Sigma\ \sigma(Y_{i_1,\ldots,i_n})\, t_{i_1}^{pi_1} \ldots t_{i_n}^{pi_n}$, whence for any real $r \geq 0$, we have the implication

> Y converges in the polydisc of radius $r \Longrightarrow \varphi(Y)$ converges in the polydisc of radius $r^{1/p}$.

Since Y has entries in $W(k)\langle\langle t_1,\ldots,t_n\rangle\rangle$, it converges in the polydisc of radius $r_o = |p|^{1/p-1}$, hence, iterating our two implications, in the polydisc of radius r_o^{1/p^n} for every n ; as $\lim(r_o)^{1/p^n} = 1$, we are done.

3.1.3. is similar to 3.1.2, only easier. If y is a column vector with entries in $W(k)\langle\langle t_1,\ldots,t_n\rangle\rangle$ satisfying

$$A_\varphi \cdot \varphi(y) = y$$

then for every integer $m \geq 1$ we have

$$A_{\varphi}.\varphi(A_{\varphi}).\varphi^{2}(A_{\varphi})\ldots\varphi^{m-1}(A_{\varphi}).\varphi^{m}(y) = y$$

Since $\varphi^{m}(y)$ is congruent to $\sigma^{m}(y(0,\ldots,0)$ modulo $(t_1^{pm},\ldots,t_n^{pm})$, we have a $(t_1,\ldots,t_n)$-adic limit formula for y

$$y = \lim_{n\to\infty} A_{\varphi}.\varphi(A_{\varphi})\ldots\varphi^{n-1}(A_{\varphi})\sigma^{n}(\varphi(0,\ldots,0))$$

which shows that y has entries in $W(k)[[t_1,\ldots,t_n]]$.

Q.E.D.

Remark 3.2. 3.1.2 shows that "most" differential equations do not admit any structure of F-crystal. For example, the differential equation for $\exp(t^{p^n})$ is nilpotent provided $n \geq 1$, but its local solutions around any point $\alpha \in \mathcal{O}_{\mathbb{C}}$ converge only in the disc of radius $|p|^{1/p^n(p-1)}$.

The meaning of 3.1.2 is this : for any two points e_1, e_2 of S^{∞} with values in $\mathcal{O}_{\mathbb{C}}$ which are sufficiently near (congruent modulo $p^{1/p-1}$), the connection provides an explicit isomorphism of the two $\mathcal{O}_{\mathbb{C}}$-modules $e_1^*(H)$ and $e_2^*(H)$. If the two points are further apart, but still congruent modulo the maximal ideal of $\mathcal{O}_{\mathbb{C}}$, 3.1.2 says the connection still gives an explicit isomorphism of the $\mathbb{C}$-vector spaces $e_1^*(H) \otimes \mathbb{C}$ and $e_2^*(H) \otimes \mathbb{C}$.

4. Global results : gluing together the "unit root" parts ([11], thm 4.1)

(4.0) Given an F-crystal $\underline{H} = (H,\nabla,F)$ and an integer $n \geq 0$, we denote by $\underline{H}(-n)$ the F-crystal (H,∇,p^nF). An F-crystal of the form $\underline{H}(-n)$ necessarily has all its slopes $\geq n$, though the converse need not be true.

Theorem 4.1. Suppose k algebraically closed, and $\underline{H}$ an F-crystal on S^∞ such that at every k-valued point of S_o, its Newton polygon begins with a side of slope zero , always of the same length $\nu \geq 1$ (i.e., point by point, the unit root part has rank ν). Suppose further that there exists a locally free submodule $Fil \subset H$ such that H/Fil is locally free of rank ν, and such that for every lifting φ of Frobenius, we have

$$F(\varphi)\ (\varphi^*Fil) \subset p\, H \quad .$$

Then there exists a sub-crystal $\underline{U} \subset \underline{H}$, of rank ν, whose underlying module U is transversal to Fil $(H = U \oplus Fil)$ such that

4.1.1. F is an isomorphism on $\underline{U}$.

4.1.2. The connection ∇ on $\underline{U}$ prolongs to a stratification.

4.1.3. The quotient F-crystal $\underline{H}/\underline{U}$ is of the form $\underline{V}(-1)$.

4.1.4. The extension of F-crystals $0 \to \underline{U} \to \underline{H} \to \underline{H}/\underline{U} \to 0$ splits when pulled back to $W(k)$ along any $W(k)$-valued point of S^∞.

4.1.5. If the situation $(\underline{H}, Fil)$ on $S^\infty/W(k)$ comes by extension of scalars from a situation $(\mathbf{H}, \mathbf{Fil})$ on $\mathfrak{S}^\infty/W(k_o)$, k_o a perfect subfield of k, the F-crystal $\underline{U}$ descends to an F-crystal $\mathfrak{U}$ on $\mathfrak{S}^\infty/W(k_o)$.

Proof. We may assume Fil, H and H/Fil are free, say of ranks $r-\nu$, r and ν. In terms of a basis of H adopted to the filtration $\mathrm{Fil} \subset H$, the matrix of $F(\varphi)$ for some fixed choice of φ is of the form

$$\begin{array}{c|c} \begin{array}{c} r-\nu \\ \\ \nu \end{array} & \begin{pmatrix} pA & C \\ & \\ pB & D \end{pmatrix} \\ \hline & \begin{array}{cc} r-\nu & \nu \end{array} \end{array} .$$

The hypothesis that there be ν unit root point by point means D is invertible. Let's begin by finding for a free submodule $U \subset H$ which is transversal to Fil and stable by $F(\varphi).\varphi^*$. This means finding an $r-\nu \times \nu$ matrix η, such that the submodule of H spanned by the colums of

$$\begin{pmatrix} \eta \\ I \end{pmatrix}$$

(I denoting the $\nu \times \nu$ identity matrix) is stable under $F(\varphi) \circ \varphi^*$. But

$$F(\varphi)\varphi^*\begin{pmatrix} \eta \\ I \end{pmatrix} = \begin{pmatrix} pA & C \\ pB & D \end{pmatrix}\begin{pmatrix} \varphi^*(\eta) \\ I \end{pmatrix} = \begin{pmatrix} pA\varphi^*(\eta)+C \\ pB\varphi^*(\eta)+D \end{pmatrix} ,$$

so that F-stability of $\begin{pmatrix} \eta \\ I \end{pmatrix}$ is equivalent to having

$$\begin{pmatrix} pA\varphi^*(\eta)+C \\ \\ pB\varphi^*(\eta)+D \end{pmatrix} = \begin{pmatrix} \eta(pB\varphi^*(\eta)+D) \\ \\ I(pB\varphi^*(\eta)+ D \end{pmatrix} ,$$

or equivalently (D being invertible) that η satisfy

4.1.6 $$\eta = (pA\varphi^*(\eta) + C)(I + pD^{-1}B\varphi^*(\eta))^{-1}\cdot D^{-1} \quad .$$

Because the endomorphism of $r-\nu\times\nu$ matrices given by

(4.1.7) $$\eta \longrightarrow (pA\,\varphi^*(\eta)+ C)(I+pD^{-1}B\varphi^*(\eta))^{-1}\cdot D^{-1}$$

is a contraction mapping in the p-adic topology of A^∞, it has a unique fixed point.

In order to prove that U is horizontal, it suffices to do so over the completion of S^∞ along any closed point e_o of S_o. Let e be the φ-Teichmuller point of S^∞ with values in $W(k)$ lying over e_o. By hypothesis, $e^*(H)$ contains ν fixed points of $e^*(F(\varphi))$ which span a direct factor of $e^*(H)$, which is necessarily transverse to $e^*(Fil)$. By 3.1.3, these fixed points extend to horizontal sections over $H \otimes W(k)[[t_1,\ldots,t_n]] \overset{dfn}{=\!=} \hat{H}(e)$, which span a direct factor of $\hat{H}(e)$, still transversal to $Fil(e)$. Write these sections as column vectors :

$$\begin{matrix} r-\nu \\ \\ \nu \end{matrix}\begin{pmatrix} S_2 \\ \\ S_1 \end{pmatrix} \in M_{r,\nu}(W(k)[[t_1,\ldots,t_n]]) \quad .$$
$$\underset{\nu}{\longleftrightarrow}$$

By transversality we have S_1 invertible. The fixed-point property is

$$\begin{pmatrix} pA & C \\ pB & D \end{pmatrix}\begin{pmatrix} \varphi^*(S_2) \\ \varphi^*(S_1) \end{pmatrix} = \begin{pmatrix} S_2 \\ S_1 \end{pmatrix}$$

or equivalently

$$\begin{pmatrix} pA & C \\ pB & D \end{pmatrix} \begin{pmatrix} \varphi^*(S_2S_1^{-1}) \\ I \end{pmatrix} = \begin{pmatrix} S_2S_1^{-1}\cdot S_1\varphi^*(S_1^{-1}) \\ S_1\varphi^*(S_1^{-1}) \end{pmatrix} .$$

Let's put $\mu = S_2\cdot S_1^{-1}$; we have

$$\begin{cases} pA\varphi^*(\mu) + C = \mu\, S_1\varphi^*(S_1^{-1}) \\ pB\varphi^*(\mu) + D = S_1\varphi^*(S_1^{-1}) \end{cases}$$

so μ satisfies $\mu = (pA\varphi^*(\mu) + C)\cdot(1+pD^{-1}B\varphi^*(\mu))^{-1}D^{-1}$.

Since the endomorphism of $M_{r-\nu,\nu}(W(k)[[t_1,\dots,t_n]])$ defined by 4.1.7 is still a contraction mapping in its p-adic topology, it follows that μ is its unique fixed point, and hence that μ is the power series expansion of our global fixed point η near e_o . This proves that

4.1.8. <u>the inverse image</u> $\hat{U}(e)$ <u>of</u> U <u>over</u> $W(k)[[t_1,\dots,t_n]]$ <u>is the module spanned by the horizontal fixed points of</u> $F(\varphi)\cdot\varphi^*$ <u>in</u> $\hat{H}(e)$. <u>Hence</u> $\hat{U}(e)$ <u>is horizontal, and stratified, which proves</u> 4.1.2.

4.1.9. <u>The matrices</u> $\mu = S_2S_1^{-1}$ <u>and</u> $S_1\varphi^*(S_1^{-1})$ <u>with entries in</u> $W(k)[[t_1,\dots,t_n]]$ <u>are the local expansion of the global matrices</u> η <u>and</u> $pB\varphi^*(\eta) + D$ <u>respectively</u>. <u>This is an example of analytic continuation par excellence</u>.

To see that U is F-stable, notice that once we know it's horizontal, it suffices for it to be $F(\varphi)$-stable for <u>one</u> choice of φ (as it is), thanks to 1.3.1. In terms of the new base of H , adopted to $H = \mathrm{Fil}\oplus U$, the matrix of $F(\varphi)$ is

$$\begin{pmatrix}1 & \eta\\ 0 & 1\end{pmatrix}^{-1}\begin{pmatrix}pA & C\\ pB & D\end{pmatrix}\begin{pmatrix}1 & \varphi^*(\eta)\\ 0 & 1\end{pmatrix} = \begin{pmatrix}pA - p\eta B & 0\\ pB & D+pB\varphi^*(\eta)\end{pmatrix}$$

which proves 4.1.1 and 4.1.3. That 4.1.5 holds is clear from the "rational" way η was determined.

It remains to prove 4.1.4. The matrix of F in $M_r(W(k))$ looks like

$$\begin{array}{r|cc} r-\nu & pa & 0\\ \nu & pb & d\\ \hline & r-\nu & \nu\end{array}$$

in a base adopted to $H = \mathrm{Fil} \oplus U$, with d invertible. It's again a fixed point problem, this time to find a matrix $E \in M_{\nu,r-\nu}(W(k))$ so that the span of the column vectors $\begin{pmatrix}I\\ pE\end{pmatrix}$ is F-stable. But

$$\begin{pmatrix}pa & 0\\ pb & d\end{pmatrix}\begin{pmatrix}I\\ \sigma p(E)\end{pmatrix} = \begin{pmatrix}pa\\ pb + pd\sigma(E)\end{pmatrix},$$

so F-stability is equivalent to the equation

$$\begin{pmatrix}pa\\ pb + pd\sigma(E)\end{pmatrix} = \begin{pmatrix}pa\\ pE.pa\end{pmatrix}.$$

Thus E must be a fixed point of $E \longrightarrow \sigma^{-1}(-d^{-1}b+pd^{-1}Ea)$, which is again a contraction of $M_{\nu,r-\nu}(W(k))$. Q.E.D.

5. Hodge F-crystals ([20])

5.0. A Hodge F-crystal is an F-crystal (H, ∇, F) together with a finite decreasing "Hodge filtration" $H = Fil^0 \supset Fil^1 \supset \ldots$ by locally free sub-modules with locally free quotients, subject to the transversality condition

5.0.1 $$\nabla Fil^i \subset Fil^{i-1} \otimes \Omega^1$$

Its Hodge numbers are the integers $h^i = \text{rank}\,(Fil^i/Fil^{i+1})$.

A Hodge F-crystal is called divisible if for some lifting φ of Frobenius, we have

5.0.2 $$F(\varphi)\,(\varphi^*(Fil^i)) \subset p^i H \qquad \text{for } i = 0, 1, \ldots$$

It is rather striking that if p is sufficiently large that $Fil^p = 0$, then 5.0.2 will hold for every choice of φ if it holds for one. [To see this, one uses the explicit formula (1.3.1) for the variation of $F(\varphi)$ with φ , transversality (5.0.1), and the fact that the function $f(n) = \text{ord}(p^n/n!)$ satisfies $f(n) \geq \inf(n, p-1)$ for $n \geq 1$.]

The Hodge polygon assosciated to the Hodge numbers $h^0, h^1, \ldots$ is the polygon which has slope ν with multiplicity h^ν :

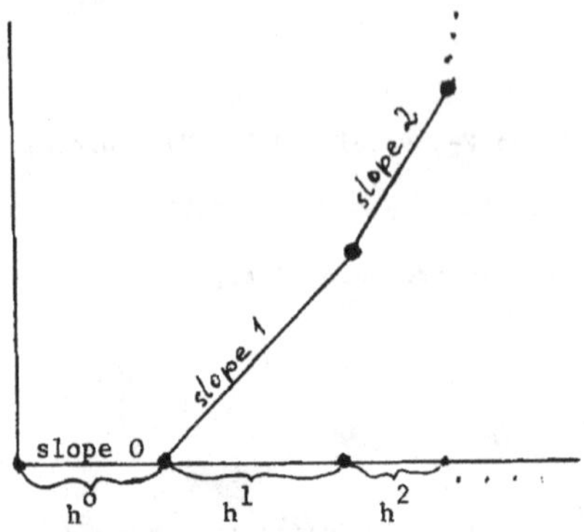

By looking at the first slopes of all exterior powers, one sees:

Lemma 5.1. The Newton polygon of a divisible Hodge F-crystal is always above (in the (x, y) plane) its Hodge polygon.

5.2. A Hodge F-crystal is called autodual of weight N if H is given a horizontal autoduality $<\,,\,> : H \otimes H \longrightarrow \mathcal{O}_{S^\infty}$ such that

5.2.1 the Hodge filtration is self-dual, meaning $\perp(\mathrm{Fil}^i) = \mathrm{Fil}^{N+1-i}$.

5.2.2 F is p^N-symplectic, meaning that for x, y $\in$ H , and any lifting φ , we have $< F(\varphi)(\varphi^*x), F(\varphi)(\varphi^*y)> = p^N \varphi^*(< x, y>)$.

The Newton polygon of an autodual Hodge F-crystal of weight N is symmetric, in the sense that its slopes are rational numbers in [0, N] such that the slopes α and $N-\alpha$ occur with the same multiplicity.

As an immediate corollary of 4.1, we get

Corollary 5.3. Let $(H, \nabla, F, \mathrm{Fil}, <\,,\,>)$ be an autodual divisible Hodge F-crystal, whose Newton polygon over every closed point of S_o has slope zero with multiplicity h^o . Then H admits a three-step filtration

$$\underline{U} \subset \perp(\underline{U}) \subset \underline{H}$$

with:

5.3.1. $\underline{U}$ the "unit root" part of $\underline{H}$, from 4.1.

5.3.2. $\underline{H}/\perp(\underline{U})$ is of the form $\underline{V}_N(-N)$, where $\underline{V}_N$ is a unit-root F-crystal (its F is an isomorphism).

5.3.3. $\perp(\underline{U})/\underline{U}$ is of the form $\underline{H}_1(-1)$, where $\underline{H}_1$ is an autodual divisible Hodge F-crystal of weight N-2 .

Similarly, we have

Corollary 5.4. Suppose (H, ∇, F, Fil) is a Hodge F-crystal whose Newton polygon coincides with its Hodge polygon over every closed point of S_o . Then $\underline{H}$ admits a finite increasing filtration

$$0 \subset \underline{U}_0 \subset \underline{U}_1 \subset \ldots$$

such that

5.4.1. $\underline{U}_i/\underline{U}_{i+1}$ is of the form $\underline{V}_i(-i)$, with $\underline{V}_i$ a unit-root F-crystal (F an isomorphism)

5.4.2. the filtration is transverse to the Hodge filtration: $H = Fil^i \oplus U_{i-1}$.

5.4.3. if (H, ∇, F, Fil) admits an autoduality of weight N , the filtration by the U_i is autodual: $\perp(U_i) = U_{N-1-i}$.

Remark 5.5. F-crystals and p-adic representations.

The category of "unit-root" F-crystals on S^{∞} (F an isomorphism), such as the V_i occurring in 5.4, is equivalent to the category of continuous representations of the fundamental group $\pi_1(S_o)$ on free $\mathbb{Z}_p$-modules of finite rank (i.e., to the category of "constant tordu" étale p-adic sheaves on S_o).

[Given $\underline{H}$ and a choice of φ, one shows successively that for each $n \geq 0$, there exists a finite étale covering T_n of S_n over which $H/p^{n+1}H$ admits a basis of fixed points of $F(\varphi)\cdot\varphi^*$. The fixed points form a free $\mathbb{Z}/p^{n+1}\mathbb{Z}$ module of rank = rank (H), on which $\mathrm{Aut}(T_n/S_n)$, hence $\pi_1(S_n) = \pi_1(S_o)$ acts. For n variable, these representations fit together to give the desired p-adic representation of $\pi_1(S_o)$. This construction is inverse to the natural functor from constant tordu p-adic étale sheaves on S_o to F-crystals on S^{∞} with F invertible].

6. A conjecture on the L-function of an F-crystal.

6.0. Suppose $\underline{H}$ is an F-crystal on $S^{\infty}/W(\mathbb{F}_q)$. Denote by Δ_n the points of S_o with values in $\mathbb{F}_{q^n}$ which are of degree precisely n over $\mathbb{F}_q$. The L-function of $\underline{H}$ is the formal power series in $1 + tW(\mathbb{F}_q)[[t]]$ defined by the infinite product (cf. [13], [26])

$$L(\underline{H};\, t) = \prod_{n\geq 1} \prod_{e_o \in \Delta_n} \left[P(\underline{H};\, e_o, \mathbb{F}_{q^n}, t^n)\right]^{-1/n}$$

When $\underline{H}$ is a unit root F-crystal, its L-function is the L-function associated to the corresponding étale p-adic sheaf (cf. [13], [26]).

Conjecture 6.1. (cf. [8], [13])

6.1.1. $L(\underline{H}; t)$ is p-adically meromorphic.

6.1.2. if $\underline{H}$ is a unit root F-crystal, denote by M the corresponding p-adic étale sheaf on S_o, and by $H^i_c(M)$ the étale cohomology groups with compact supports of the geometric fibre $\bar{S}_o = S_o \times_{\mathbb{F}_q} \bar{\mathbb{F}}_q$ with coefficients in M. These are $\mathbb{Z}_p$-modules of finite rank, zero for $i > \dim S_o$, on which $\mathrm{Gal}(\bar{\mathbb{F}}_q / \mathbb{F}_q)$ acts. Let $f \in \mathrm{Gal}(\bar{\mathbb{F}}_q / \mathbb{F}_q)$ denote the inverse of the automorphism $x \longrightarrow x^q$. Then the function

$$L(\underline{H}; t) \cdot \prod_{i=0}^{\dim S_o} \det(1 - tf \mid H^i_c(M))^{(-1)^i}$$

has neither zero nor pole on the circle $|t| = 1$.

Remarks 6.1.1. is (only) known in cases where the F-crystal $\underline{H}$ on S^∞ "extends" to the Washnitzer-Monsky weak completion S^+ of S ([23]), in which case it follows from the Dwork-Reich-Monsky fixed point formula ([4], [25], [24]). Unfortunately, such cases are as yet relatively rare (but cf. [10] for a non-obvious example). It is known ([12a]) that when $S_o = \mathbb{A}^n$, then $L(\underline{H}; t)$ is meromorphic in the closed disc $|t| \leq 1$. The extension to general S_o of this result should be possible by the methods of ([25]); it would at least make the second part 6.1.2 of the conjecture meaningful. As for 6.1.2 itself, it doesn't seem to be known for any non-constant M. Even for $M = \mathbb{Z}_p$, when L = zeta of S_o, 6.1.2 has only been checked for curves and abelian varieties.

7. <u>F-crystals from geometry</u> ([1], [2])

Let $f : X \longrightarrow S^{\infty}$ be a proper and smooth morphism, with geometrically connected fibres, whose de Rham cohomology is locally free (to avoid derived categories!). Crystalline cohomology tells us that for each integer $i \geq 0$, the de Rham cohomology $H^i = \mathbb{R}^i f_*(\Omega^{\bullet}_{X/S^{\infty}})$ with its Gauss-Manin connection ∇ is the underlying differential equation of an F-crystal $\underline{H}^i$ on S^{∞}. When k is finite, say $\mathbb{F}_q$, then for every point e_o of S_o with values in $\mathbb{F}_{q^n}$, the inverse image X_{e_o} of X over e_o is a variety over $\mathbb{F}_{q^n}$, and its zeta function is given by (cf. 1.4)

$$\mathrm{Zeta}(X_{e_o} / \mathbb{F}_{q^n} ; t) = \prod_{i=0}^{2\dim X_{e_o}} P(\underline{H}^i; e_o, \mathbb{F}_{q^n}, t)^{(-1)^{i+1}}$$

If in addition we suppose that the Hodge cohomology of X/S^{∞} is locally free, <u>and</u> that X/S^{∞} is projective, then according to Mazur [20], the Hodge F-crystal $\underline{H}^i$ is divisible, provided that $p > i$.

For <u>every</u> p and i we have $F(\varphi)\varphi^*(\mathrm{Fil}^1) \subset p\, H^i$, and the p-linear endomorphism of $H^i/pH^i + \mathrm{Fil}^1 \simeq R^i f_*(\mathcal{O}_X)/pR^i f_*(\mathcal{O}_X) = R^i f_{o*}(\mathcal{O}_{X_o})$ ($f_o : X_o \longrightarrow S_o$ denoting the "reduction modulo p" of $f : X \longrightarrow S^{\infty}$) is the classical Hasse-Witt operation, deduced from the p'th power endomorphism of $\mathcal{O}_{X_o}$. Thus if Hasse-Witt is <u>invertible</u>, we may apply 4.1 to the situation $\underline{H}^i$, $H^i \supset \mathrm{Fil}^1$.

When X/S^{∞} is a smooth hypersurface in $\mathbb{P}^{N+1}_{S^{\infty}}$ of degree prime to p which satisfies a mild technical hypothesis of being "in general position", Dwork gives ([5], [7]) an a priori description of an

F-crystal on S^{∞} whose underlying differential equation is (the primitive part of $H^{N}_{DR}(X/S^{\infty})$ with its Gauss-Manin connection, and whose characteristic polynomial is the "interesting factor" in the zeta function ([14]). The identification of Dwork's F with the crystalline F follows from [14] and (as yet unpublished) work of Berthelot and Meredith (c.f. the Introduction to [2]) relating the crystalline and Monsky-Washnitzer theories ([23], [24]). Dwork's F-crystal is isogenous to a divisible one for every prime p ([7], lemma 7.2).

8. Local study of ordinary curves : Dwork's period matrix T ([11])

7.0. Let $f : X \longrightarrow \mathrm{Spec}(W(k)[[t_1,\dots,t_n]])$ be a proper smooth curve of genus $g \geq 1$. It's crystalline $\underline{H}^1$ is an autodual (cup-product) divisible Hodge F-crystal of weight 1. We assume that it is ordinary, in the sense that modulo p its Hasse-Witt matrix is invertible, or equivalently that its Newton polygon is

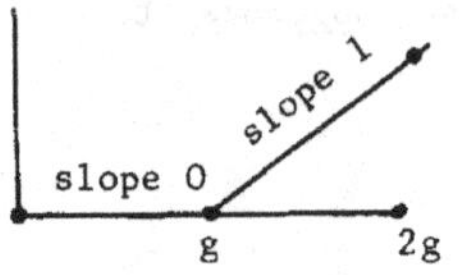

(this means geometrically that the jacobian of the special fibre has p^g points of order p). Let's also suppose k algebraically closed, and denote by e the homomorphisme "evaluation at $(0,\dots,0)$": $W(k)[[t_1,\dots,t_n]] \longrightarrow W(k)$. By 2.1.2 and 4.1.4, $e^*(\underline{H}^1)$ admits a symplectic base of F-eigenvectors

$$\alpha_1,\dots,\alpha_g , \beta_1,\dots,\beta_g$$

satisfying

7.0.1
$$\begin{cases} e^*(F)(\alpha_i) = \alpha_i, \ e^*(F)(\beta_i) = p\beta_i \\ <\alpha_i,\alpha_j> = <\beta_i,\beta_j> = 0 , \\ <\alpha_i,\beta_j> = -<\beta_j,\alpha_i> = \delta_{ij} \end{cases} .$$

By 3.1.2, this base is the value at $(0,\dots,0)$ of a horizontal base of $\underline{H}^1 \otimes K\{\{t_1,\dots,t_n\}\}$, which we continue to note $\alpha_1,\dots,\alpha_g$, $\beta_1,\dots,\beta_g$. For each choice of lifting φ, we have

7.0.2 $$\begin{cases} F(\varphi)(\varphi^*(\alpha_i)) = \alpha_i \\ F(\varphi)(\varphi^*(\beta_i)) = p\beta_i \end{cases} .$$

According to 3.1.3, the sections $\alpha_1,\dots,\alpha_g$ extend to horizontal sections over "all" of H^1, where they span the submodule U of 4.1; in general the β_i do not extend to all of H^1.

We now wish to express the position of the Hodge filtration $\mathrm{Fil}^1 \subset H$ in terms of the horizontal "frame" provided by the α_i and β_j. Since $H^1 = U \oplus \mathrm{Fil}^1$ is a decomposition of H^1 in submodules isotropic for $\langle\ ,\ \rangle$, there is a base $\omega_1,\dots,\omega_g$ of Fil^1 dual to the base $\alpha_1,\dots,\alpha_g$ of U.

7.0.3 $$\langle \omega_i,\omega_j\rangle = 0 \ , \quad \langle \alpha_i, \omega_j \rangle = \delta_{ij} .$$

In $H \otimes K\{\{t_1,\dots,t_n\}\}$, the differences $\omega_i - \beta_i$ are orthogonal to U, hence lie in U:

7.0.4 $$\omega_i - \beta_i = \sum_j \tau_{ji}\,\alpha_j \ ; \quad \tau_{ji} = \langle \omega_i,\beta_j\rangle .$$

The matrix $T = (\tau_{ij})$ is Dwork's "period matrix"; it has entries in $W(k)\ll t_1,\dots,t_n\gg \cap K\{\{t_1,\dots,t_n\}\}$. Differentiating 7.0.4 via the Gauss-Manin connection, we see:

Lemma 7.1. T *is an indefinite integral of the matrix of the mapping* "*cup-product with the Kodaira-Spencer class*" : *for every continuous* $W(k)$*-derivation* D *of* $W(k)[[t_1,\dots,t_n]]$, $D(T)$ *is the matrix of the composite*

7.1.1 $$\mathrm{Fil}^1 \hookrightarrow H^1 \xrightarrow{\nabla(D)} H^1 \xrightarrow{\text{proj}} H/\mathrm{Fil}^1 \simeq U$$

<u>expressed in the dual bases</u> $\omega_1,\ldots,\omega_g$ <u>and</u> $\alpha_1,\ldots,\alpha_g$.

<u>Lemma</u> 7.2. <u>For any lifting</u> φ <u>of Frobenius, we have the following congruences on the</u> τ_{ij} :

7.2.1 $$\varphi^*(\tau_{ij}) - p\,\tau_{ij} \in pW(k)[[t_1,\ldots,t_n]]$$

7.2.2 $$\tau_{ij}(0,\ldots,0) \in pW(k) \quad .$$

<u>Proof</u>. Applying $F(\varphi)\circ\varphi^*$ to the defining equation (7.0.4), we get

$$F(\varphi)(\varphi^*(\omega_i)) - p\,\beta_i = \sum_j \varphi^*(\tau_{ji})\,\alpha_j \quad .$$

Subtracting p times (7.0.4), we are left with

$$F(\varphi)(\varphi^*(\omega_i)) - p\,\omega_i = \sum_j [\varphi^*(\tau_{ji}) - p\tau_{ji}]\,\alpha_j \quad .$$

Since the left side lies in pH^1 , we get

$$\varphi^*(\tau_{ij}) - p\tau_{ij} = \langle F(\varphi)\varphi^*(\omega_i) - p\omega_i, \omega_j\rangle \in pW(k)[[t_1,\ldots,t_n]].$$

To prove that $\tau_{ij}(0,\ldots,0) \in pW(k)$, choose a lifting φ which preserves $(0,\ldots,0)$, for instance, $\varphi(t_i) = t_i^p$ for $i = 1,..,n$, and evaluate (7.2.1) at $(0,\ldots,0)$:

$$\sigma(\tau_{ij}(0,\ldots,0)) - p\tau_{ij}(0,\ldots,0) \in pW(k) \quad .$$

which implies $\tau_{ij}(0,\ldots,0) \in pW(k)$!

QED.

7.3. According to a criterion of Dieudonné and Dwork ([3]), these congruences for $p \neq 2$ imply that the formal series

$$q_{ij} \overset{\text{defn}}{=\!=} \exp(\tau_{ij})$$

lie in $W(k)[[t_1,\ldots,t_n]]$, and have constant terms in $1 + pW(k)$. (When $p = 2$, we cannot define q_{ij} unless τ_{ij} has constant term $\equiv 0$ (4), in which case we would again have the q_{ij} in $W(k)[[t_1,\ldots,t_n]]$).

It is expected that the g^2 principal units q_{ij} in $W(k)[[t_1,\ldots,t_n]]$ are the Serre-Tate parameters of the particular lifting to $W(k)[[t_1,\ldots,t_n]]$ of the jacobian of the special fibre of X given by the jacobian of $X/W(k)[[t_1,\ldots,t_n]]$ (cf. [18], [22]). This seems quite reasonable, because over the ring of ordinary divided power series $W(k) < t_1,\ldots,t_n >$, $p \neq 2$, such liftings are known to the parameterized by the postion of the Hodge filtration, ([21]), which is precisely what (τ_{ij}) is.

Proposition 7.4. The following conditions are equivalent

7.4.1. The Gauss-Manin connection on H^1 extends to a stratification (i.e. horizontal section of $H^1 \otimes W(k) \langle\langle t_1,\ldots,t_n \rangle\rangle$ extend to horizontal sections of H^1)

7.4.2. Every horizontal section of $H \otimes K\{\{t_1,\ldots,t_n\}\}$ is bounded in the open unit polydisc (i.e. lies in $p^{-m}H^1$ for some m).

7.4.3. The τ_{ij} are all bounded in the open unit polydisc (i.e., lie in $p^{-m}W(k)[[t_1,\ldots,t_n]]$ for some m).

7.4.4. The τ_{ij} all lie in $W(k)[[t_1,\ldots,t_n]]$.

7.4.5. The τ_{ij} all lie in $pW(k)[[t_1,\ldots t_n]]$.

Proof. Using the congruences 7.2, we get 7.4.3 $\Leftrightarrow$ 7.4.4 $\Leftrightarrow$ 7.4.5, by choosing for φ the lifting $\varphi(t_i) = t_i^p$ for $i = 1,\ldots,n$. By 7.0.4, 7.4.1 $\Leftrightarrow$ 7.4.4 and 7.4.2 $\Leftrightarrow$ 7.4.3.

QED.

Corollary 7.5. Suppose $X/W(k)[[t]]$ is an elliptic curve with ordinary special fibre, and that the induced curve over $k[t]/(t^2)$ is non-constant. Then every horizontal section of H^1 is a $W(k)$-multiple of α_1, the horizontal fixed point of F in H^1.

Proof. The non-constancy modulo (p,t^2) means precisely that the Kodaira-Spencer class in $H^1(X_{\text{special}}, T)$ is non-zero, which for an elliptic curve is equivalent to the non-vanishing modulo (p,t) of the composite mapping :

$$\mathrm{Fil}^1 \hookrightarrow H^1 \xrightarrow{\nabla(\frac{d}{dt})} H^1 \xrightarrow{\text{proj}} H/\mathrm{Fil} \xrightarrow{\sim} U ,$$

whose matrix is $\frac{d\tau}{dt}$. Thus $\frac{d\tau}{dt} \notin (p,t)$, and hence by 7.4 there exists an unbounded horizontal section of $H^1 \otimes K\{\{t\}\}$. Writing it a $a\,\alpha_1 + b\,\beta_1$ $a,b \in K$, we must have $b \neq 0$ because α_1 is bounded. Hence β_1 is unbounded, hence any bounded horizontal section is a K-multiple of α_1, and $H^1 \cap K\alpha_1 = W(k)\alpha_1$.

The interest of this corollary is that it describes the filtration $U \subset H^1$ purely in terms of the differential equation (i.e., without reference to F) as being the span of the horizontal sections of H^1 (the "bounded solutions" of the differential equation). (cf. [9], pt. 4 where this is worked out in great detail for

Legendre's family of elliptic curves]. The general question of when the filtration by slopes can be described in terms of growth conditions to be imposed on the horizontal sections of $H^1 \otimes K\{\{t\}\}$ is not at all understand.

8. An example ([6], [10]). Let's see what all this means in a concrete case : the ordinary part of Legendre's family of elliptic curves. We take $p \neq 2$, $H(\lambda) \in \mathbb{Z}[\lambda]$ the polynomial $\Sigma(-1)^j \binom{\frac{p-1}{2}}{j} \lambda^j$ of degree $p-1/2$, S the smooth $\mathbb{Z}_p$-scheme $\mathrm{Spec}(\mathbb{Z}_p[\lambda][1/\lambda(1-\lambda)H(\lambda)])$, and X/S^{∞} the Legendre curve whose affine equation is $y^2 = x(x-1)(X-\lambda)$ (*). The De Rham H^1 is free of rank 2, on ω and ω', where

8.0 $$\begin{cases} \omega \text{ is the class of the differential of the first kind } dx/y \\ \omega' = \nabla(\frac{d}{d\lambda})(\omega) \end{cases}$$

The Gauss-Manin connection is specified by the relation

8.1 $$\lambda(1-\lambda)\,\omega'' + (1-2\lambda)\,\omega' = \frac{1}{4}\omega \quad ; \quad (\omega'' \overset{\text{defn}}{=\!=} (\nabla(\tfrac{d}{d\lambda}))^2(\omega))$$

The Hodge filtration is $H^1 \supset Fil^1 \subset H^1$ = span of ω. The cup-product is given by $\langle\omega,\omega\rangle = \langle\omega',\omega'\rangle = 0$; $\langle\omega,\omega'\rangle = -\langle\omega',\omega\rangle = -2/\lambda(1-\lambda)$. Horizontal sections are those of the form $\lambda(1-\lambda)f'\omega - \lambda(1-\lambda)f\omega'$, where f is a solution of the ordinary differential equation $(' = \frac{d}{d\lambda})$

8.2. $$\lambda 1-\lambda f'' + (1-2\lambda)f' = \frac{1}{4}f$$

For any point $\alpha \in W(\mathbb{F}_q)$ for which $|H(\alpha).\alpha.(1-\alpha)|=1$ we know by 7.5 and 4.1 that the $W(\overline{\mathbb{F}}_q)$-module of solutions in $W(\overline{\mathbb{F}}_q)[[t-\alpha]]$ of the differential equation 9.2 is free of rank one, and is generated by a solution whose constant term is 1. Denote this solution f_α. According to 4.1.9, the ratis f'_α/f_α is the local expression of a "global" funntion $\eta \in$ the p-adic completion of $\mathbb{Z}_p[\lambda][1/\lambda(1-\lambda)H(\lambda)]$. Now choose a lifting φ of Frobenius, say the one with $\varphi^*(\lambda) = \lambda^p$. For each Teichmuller point α, there exists a unit C_α in $W(\overline{\mathbb{F}}_q)$, such that the function $C_\alpha f_\alpha/\varphi^*(C_\alpha f_\alpha)$ is the local expression of the 1 x 1 matrix of $F(\varphi)$ on the rank one module U.

(*) $H(\lambda)$ modulo p is the Hasse invariant = 1 x 1 Hasse-Witt matrix.

This is just the spelling out of 4.1.9, the constant C_α so chosen as to make $C_\alpha f_\alpha$ a fixed point of F. In terms of this matrix, call it $a(\lambda)$, we have a formula for zeta :

For each $\alpha_o \in \mathbb{F}_{q^n}$ such that $y^2 = X(X-1)(X-\alpha_o)$ is the affine equation of an ordinary elliptic curve E_{α_o}, denote by $\alpha \in W(\mathbb{F}_{p^n})$ its Teichmuller representative. The unit root of the numerator of Zeta $(E_{\alpha_o}/\mathbb{F}_{p^n};t)$ is

8.3 $$u_n(\alpha) \overset{\text{defn}}{=\!=} a(\alpha)a(\alpha^p)\ldots a(\alpha^{p^{n-1}})$$

and hence

8.4 $$\text{Zeta}(E_{\alpha_o}/\mathbb{F}_{p^n}\,;\,t) = \frac{(1-u_n(\alpha)t)(1-(p^n/u(\alpha))t)}{(1-t)(1-p^n t)}$$

This formula, known to Dwork by a completely different approach in 1957, ([6]) was the starting point of his application of p-adic analysis to zeta !

REFERENCES

1 . P. BERTHELOT - A Series of notes in C.R. Acad. Sci. Paris Série A, t. 269, pp. 297-300, 357-360, 397-400, t. 272, pp. 42-45, 141-144, 254-257, 1314-1317, 1397-1400, 1574-1577.

2. P. BERTHELOT - Thèse, Paris VII, 1972.

3. B. DWORK - Norm Residue Symbol in Local Number Fields, Abh. Math. Sem. Univ. Hamburg, 22 (1958), pp. 180-190.

4 B. DWORK - On the Rationality of the Zeta Function of an Algebraic Vairety, Amer. J. Math, 82 (1960), pp.631-648.

5 B. DWORK - On the zeta function a hypersurface, Pub. Math. IHES 12, Paris 1962, pp.5-68.

6 B. DWORK - A deformation theory for the zeta function of a hypersurface, Proc. Int'l Cong. Math. Stockholm, 1962, pp. 247-259.

7 B. DWORK - On the zeta function of a hypersurface II, Annals of Math. 80 (1964), pp. 227-299.

8. B. DWORK - On the rationality of zeta functions and L-series, Proc. of a Conf. on Local Fields, held at Driebergen, 1966. Springer-Verlag, 1967, pp. 40-55.

9. B. DWORK - P-adic Cycles, Publ. Math. IHES 37, Paris, 1969, pp. 27-116

10. B. DWORK - On Hecke Polynomials, Inventiones Math. 12(1971), pp. 249-256.

11. B. DWORK - Normalized Period Matrices. Annals of Math. 94 (1971), pp. 337-388.

12. B. DWORK - Normalized Period Matrices II, to appear in Annals, of Math.

12 a. B . DWORK - p-adic Analysis and Geometry Seminar at IHES, Fall 1971.

13. A. GROTHENDIECK - Formule de Lefschetz et Rationalité des fonctions L , Séminaire Bourbaki, exposé 279. 1964/65.

14. N. KATZ - On the Differential Equations Satisfied by Period Matrices, Pub. Math. IHES 35, Paris, 1968, pp. 71-106.

15. N. KATZ - On the Intersection Matrix of a hypersurface Ann. Sci. E.N.S., 4e série, t.2, fasc.4, 1969, pp. 583-598.

16. N. KATZ - Introduction aux travaux récents de Dwork, IHES multigraph, 1969.

17. N. KATZ - On a theorem of Ax. Amer. J. Math. 93, (1971), pp. 485-499.

18. J. LUBIN - J.P. SERRE, - J. TATE : Elliptic Curves and Formal Groups, Woods Hole Summer Institue, 1964 (miméographed notes).

19. J. MANIN - Theory of Commutative formal groups over fields of finite characteristic. Russian Math. Surveys 18, n°6 (1963).

20. B. MAZUR - "Frobenius and the Hodge filtration" Univ. of Warwick mimeographed notes, 1971.

21. B. MAZUR - and W. MESSING - work in preparation.

22. W. MESSING - The Crystals associated to Barsotti-Tate groups, with application to Abelian schemes. Thesis, Princeton, Univ. 1971

23. P. MONSKY and G. WASHNITZER - Formal Cohomology I. Annals of Math. 88 (1968), pp. 181-217.

24. P. MONSKY - Formal Cohomology II, III ; Annals of Math. 88 (1968), pp. 218-238, and 93 (1971), pp. 315-343?

25. D. REICH - A p-adic fixed point formula, Amer. J. Math 91 (1969), pp. 835-850.

26. J.P. SERRE - Zeta and L functions, in Arithmetic Algebraic Geometry, ed. Schilling, Harper and Row, New York, 1965, pp. 82-92.

27. J. TATE - Rigid Analytic Spaces, Inventiones Math. 12 (1971), pp. 257-289.

Séminaire BOURBAKI
24e année, 1971/72, n° 410

SUR LES VARIÉTÉS RIEMANNIENNES TRÈS PINCÉES

par Nicolaas H. KUIPER

1. Introduction

En un point p d'une surface différentiable M^2 de l'espace euclidien E^3, le produit des deux courbures principales est la courbure de Gauss :

$$\varkappa = k_1 k_2 = (r_1 r_2)^{-1}$$

c'est un invariant qui ne dépend que de la métrique riemannienne de M . Une définition intrinsèque de $\varkappa$ est donnée par la formule suivante où Δ est un triangle à côtés géodésiques ("Théorème de Gauss-Bonnet")

(1) $$\Delta \to \int_\Delta \varkappa \, d\omega = \alpha + \beta + \gamma - \pi$$

$d\omega$ est l'élément de volume et α , β , γ sont les angles de Δ . Soit g la fonction : carré de la longueur d'un vecteur tangent de M . g définit alors la métrique riemannienne et il détermine la fonction $\varkappa$. Quel que soit $c > 0$, on a la relation

(2) $$\varkappa(g,p) = \frac{1}{c^2} \varkappa(c^2 g,p) .$$

Considérons maintenant une variété différentiable C^∞ de dimension n munie d'une métrique riemannienne complète (M,g) . L'application exponentielle $\exp_p$ de l'espace vectoriel tangent M_p de M en p , dans la variété M est définie ainsi : le point $\exp_p(v)$ est à la distance $\|v\| = \sqrt{g(v)}$ de p sur la demi-géodésique de source p , dans la direction de v .

Si l'ouvert $U \ni 0$ dans M_p est suffisamment petit, la restriction $\exp_p|U$ est un difféomorphisme. Pour σ un 2-plan (sous-espace vectoriel de dimension 2) de M_p , $\exp_p(\sigma \cap U)$ est une surface dont la courbure de Gauss au point p s'appelle la courbure (sectionnelle) $\varkappa(\sigma)$ de σ . Les structures riemanniennes g et $c^2 g$ sur M donnent lieu aux mêmes géodésiques et on déduit de (2) que pour chaque 2-plan σ :

$$(2') \qquad \varkappa(g,\sigma) = \frac{1}{c^2}\,\varkappa(c^2 g,\sigma) .$$

Nous nous intéressons aux variétés différentiables C^∞ , compactes M qui admettent une métrique riemannienne g , pour laquelle la courbure $\varkappa$ est "presque constante". On dit que la courbure $\varkappa > 0$ (resp. < 0) de (M,g) est δ-pincée s'il existe $\delta > 0$ et $A > 0$ tels que

$$\delta A \le \varkappa(\sigma) \le A \qquad (\text{resp. } -A \le \varkappa(\sigma) \le -\delta A)$$

pour tout 2-plan σ de M . (On dit aussi brièvement que (M,g) est δ-pincée.) D'après (2'), on peut supposer que $A = 1$. On a alors

$$(3) \qquad \delta \le \varkappa \le 1 \qquad (\text{resp. } -1 \le \varkappa \le -\delta) .$$

Il est difficile de définir une notion utile de courbure presque constante pour la valeur constante 0 .

Pour une surface compacte connexe à métrique riemannienne (M,g) , δ-pincée et à courbure positive (resp. négative), la caractéristique d'Euler-Poincaré est

$$\chi(M^2) = \int_M \frac{\varkappa |d\omega|}{2\pi} > 0 \qquad (\text{resp. } < 0) .$$

On sait que M admet alors une métrique g' à courbure constante $\varkappa = 1$ (resp. -1). Pour les variétés de dimension $n > 2$ la situation est plus compliquée. Il existe des variétés (M,g) $\frac{1}{4}$-pincées de dimensions paires $2m \ge 4$, telles que M n'admette pas de métrique g' à courbure constante. Pour $\varkappa > 0$ d'après le beau théorème de M. Berger [2], les seuls exemples sont les espaces projectifs complexes et quaternionniens ainsi que le plan des octaves, avec leur métrique symétrique. Eberlein [4] a montré que certains quotients compacts de la boule unitaire ouverte $B^{2m} \subset C^m$ $(2m \geq 4)$ sont des variétés $\frac{1}{4}$- pincées à courbure négative qui n'admettent pas de structure riemannienne à courbure constante. On ne sait rien pour $\delta > \frac{1}{4}$ et $\kappa < 0$. Dans la suite nous ne considérons que les variétés à courbure positive.

2. Rappel des résultats classiques de Rauch, Klingenberg et Berger

M. Rauch [10] fut le premier à poser le problème des variétés δ-pincées (toujours $\kappa > 0$). Dans la suite (M^n, g) est une variété riemannienne complète, connexe, simplement connexe (sauf mention explicite). Rauch a prouvé en 1951 :

THÉORÈME.- L'assertion $\delta \leq \kappa \leq 1 \Rightarrow M^n$ est homéomorphe à S^n est vraie pour $\delta > 0{,}74$.

Ce n'est que dans la période de 1958 à 1961 que Klingenberg et Berger purent améliorer la constante, toujours en préservant la même conclusion. Le tableau historique des résultats partiels est comme suit :

$\delta > 0{,}74$	suffit	Rauch	1951
$\delta > 0{,}54$	suffit	Klingenberg [8]	1959
$\delta > \frac{1}{4}$	suffit pour n pair	Berger [2]	1960
	suffit pour n impair	Klingenberg [9]	1961

En vue des contre-exemples, on ne peut pas améliorer ce résultat final :

THÉORÈME 1.- $\frac{1}{4} < \kappa \leq 1 \Rightarrow M^n$ est homéomorphe à S^n.

3. Résultats récents tenant compte des structures différentiables

D. Gromoll ([6], 1966) a démontré que pour $\delta_n < 1$ suffisamment grand, les variétés (M^n, g) δ-pincées sont difféomorphes à S^n. Les constantes δ^n de [6] tendent vers 1 pour $n \to \infty$. Shikata [13] 1967 a obtenu également avec d'autres méthodes un tel résultat. On a amélioré ce théorème comme suit :

THÉORÈME 2.- $\delta \leq \varkappa \leq 1 \Rightarrow M^n$ est difféomorphe à S^n, pour

$\delta \geq 0{,}87$	Sugimoto, Shiohama, Karcher, juin 1971 [14] ;
$\delta \geq 0{,}85$	idem, novembre 1971 ;
$\delta \geq 0{,}80$	Ruh, février 1972.

Les méthodes utilisées sont plus intéressantes que les constantes exactes obtenues.

Problème ouvert. Rappelons qu'on ne sait toujours pas s'il existe une sphère exotique M^n (non difféomorphe à S^n) qui admette une métrique riemannienne à courbure $\varkappa > 0$.

4. Quelques éléments de démonstration

a. Théorème de comparaison d'Alexandrov ($n = 2$) et Toponogov [15] ($n \geq 2$). (Pour la démonstration, on peut voir [5].)

Soient (M, g) à courbure $\varkappa$, $\delta \leq \varkappa \leq 1$, S_δ la 2-sphère de courbure δ. On considère des triangles à côtés géodésiques (voir figure 1) sur les espaces M et S_δ. $a, b, c, a_\delta, \alpha, \alpha_\delta$ désignent des mesures de côtés et d'angles (on a $a + b + c < 2\pi/\sqrt{\delta}$).

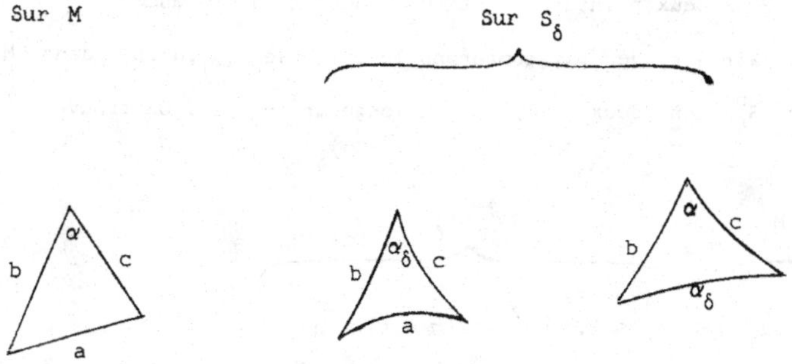

Figure 1

Alors

(4) $$\alpha \geq \alpha_\delta$$

et (5) $$a \leq a_\delta$$

b. Théorème d'injectivité. Nous supposons que (M,g) est comme toujours complet simplement connexe, que $\varkappa \leq 1$ et que si la dimension est impaire, on a de plus $\frac{1}{4} < \varkappa$. Soit $p \in M$. Alors la restriction de $\exp_p$ à la boule ouverte

$$\mathring{B}_p(\pi) = \{u \in M_p : g(u) < \pi^2\}$$

de rayon π, est un plongement différentiable (ouvert) dans M. De plus, l'image contient tous les points u à distance $d(p,u) < \pi$ de p dans M

(6) $$\exp_p \mathring{B}_p(\pi) = \{u \in M : d(p,u) < \pi\} .$$

Sous cette forme générale, le théorème est dû à Klingenberg [9].

Dans la démonstration de ces théorèmes, un rôle essentiel est joué par un lemme de comparaison de champs de Jacobi dû à Rauch [10]. Avec ces résultats, il est facile d'obtenir un théorème à la Rauch. Supposons $\delta > \frac{4}{9}$. Alors S_δ^2

est une sphère de rayon $\delta^{-\frac{1}{2}} < \frac{3}{2}$ et de diamètre intrinsèque $\pi\delta^{-\frac{1}{2}} = \frac{3}{2}(\pi - \varepsilon)$ pour un $\varepsilon > 0$. Pour deux points u_1 et u_2 dans M à distance $d(u_1,p) = d(u_2,p) = \pi - \varepsilon$ de p, comparons le triangle (u_1,u_2,p) dans M avec un triangle S^n_δ dont deux côtés ont la longueur $\pi - \varepsilon$. On trouve d'après a) :

$$\underbrace{a = d(u_1,u_2)}_{\text{sur } M} \leq \underbrace{a_\delta \leq 2.\pi\delta^{-\frac{1}{2}} - 2(\pi - \varepsilon) = \pi - \varepsilon}_{\text{sur } S_\delta} .$$

Pour u_1 fixé, $d(u_1,u_2) \leq \pi - \varepsilon$ est vraie pour tout u_2 à distance $\pi - \varepsilon$ de p. Alors le bord de la boule $\exp_p B(\pi - \varepsilon)$ est contenu dans la boule $\exp_{u_1} \mathring{B}(\pi - \varepsilon)$. La deuxième boule ouverte ne contient pas p. Par conséquent, la réunion des deux boules est une n-variété différentiable, compacte, M', contenu dans M, et alors M' est égal à M ; M' est couvert par deux boules ouvertes. D'après le théorème de Morton Brown [3] $M' = M$ est donc homéomorphe à S^n. C'est le théorème désiré.

Pour obtenir le théorème de Berger-Klingenberg, on suppose que $\frac{1}{4} < \delta \leq \varkappa \leq 1$. On prend deux points p, q dans M, pour lesquels la distance $d(p,q)$ est maximale. Le diamètre (intrinsèque) de S_δ est

$$\pi\delta^{-\frac{1}{2}} = 2(\pi - \varepsilon) < 2\pi$$

par définition de ε. Alors, de même, M est couvert par les boules plongées $\exp_p \mathring{B}(\pi - \varepsilon)$ et $\exp_q \mathring{B}(\pi - \varepsilon)$ d'où le théorème.

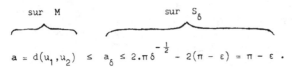

5. Sur la théorie de Sugimoto, Shiohama et Karcher [14] $\delta > 0,85$

Soit $\frac{1}{4} < \delta \leq \varkappa \leq 1$. On choisit, comme dans le paragraphe 4, p et q à distance maximale et on définit :

l'équateur $M^{o} = \{u \in M : d(p,u) = d(q,u)\}$;

la boule nord $M^{+} = \{u \in M : d(p,u) \leq d(q,u)\}$;

la boule sud $M^{-} = \{u \in M : d(p,u) \geq d(q,u)\}$.

On définit de manière analogue pour la n-sphère S à courbure constante égale à 1 , par rapport à deux points diamétralement opposés P et Q : l'équateur S^{o} ; la boule nord S^{+} , et la boule sud S^{-}. On peut affirmer que M^{+} et M^{-} sont vraiment des boules à bord différentiables.

On va définir comme suit un homéomorphisme :

$$h : M \to S .$$

Pour M^{+} , h est le difféomorphisme (voir figure 2) :

$$h(u) = \exp_{P} \tau^{+} \lambda^{+} \exp_{p}^{-1}(u) , \qquad u \in M^{+} .$$

λ^{+} désigne un difféomorphisme de $\exp_{p}^{-1}(M^{+})$ sur la boule $B_{p}(\pi/2)$ dans l'espace tangent M_{p} , qui préserve les demi-droites dans M_{p} de source $0 \in M_{p}$ et λ^{+} est l'identité près de p .

τ^{+} est une isométrie entre les espaces tangents de M à p et de S à P . Sur M^{-} , on définit h (déjà connu sur M^{o})

$$h(u) = \exp_{Q} f_{*}\tau^{-} \lambda^{-} \exp_{q}^{-1}(u) , \qquad u \in M^{-} .$$

λ^{-} et τ^{-} sont analogues à λ^{+} et τ^{+} . f_{*} est un homéomorphisme sur lui-même de la boule $B_{Q}(\pi/2)$ dans l'espace tangent de S à Q . Ce sera le cône sur un difféomorphisme f de la sphère unitaire S^{n-1} dans cet espace tangent. f est uniquement défini dès que τ^{+} et τ^{-} sont donnés. L'homéomorphisme h est un difféomorphisme en dehors de $M^{o} \cup q$. Pour qu'il

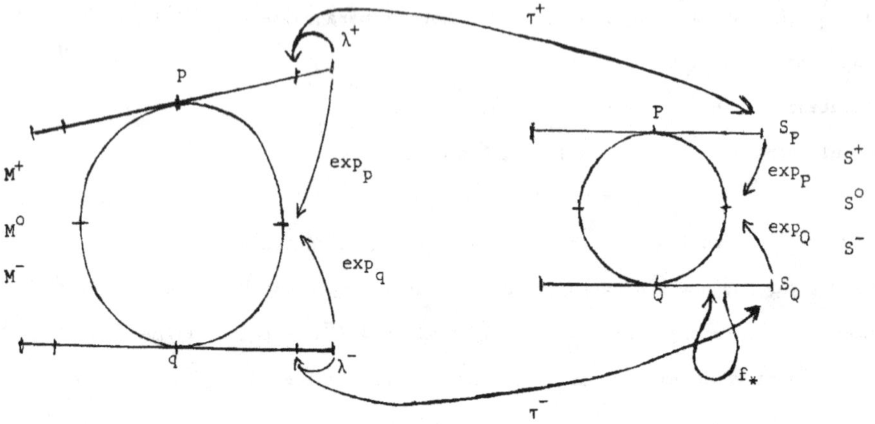

Figure 2

devienne un difféomorphisme en les points de M^o , il suffit de changer h dans un double collier de M^o mince.

Le problème est ainsi réduit à trouver un difféomorphisme de la boule B .

$$F : B \rightarrow B$$

qui prolonge $f : S^{n-1} \rightarrow S^{n-1} = \partial B$. Pour que F existe, il suffit que f soit difféotope à l'identité. f s'identifie à la correspondance entre directions en q et directions en p , donnée par la relation : "pointer vers le même point de M^o ".

Les auteurs étudient ensuite l'application f . On essaie de définir une homotopie f_t entre l'identité f_0 et $f = f_1$, pour lequel le point u se déplace dans la direction de f(u) :

$$F(t,u) = f_t(u) = \exp_u t \exp_u^{-1} f(u) .$$

Pour l'existence de F , il faut que (d est la distance dans S^{n-1})

(8) $$d(u,f(u)) < \pi .$$

Ruh avait déjà montré que si $L = (\sqrt{\delta}\ \sin(\pi/2\sqrt{\delta}))^{-1}$, alors :

$$\sup_{|V|=1} |df_u(V)| = \|df_u\| \leq L \quad \text{et} \quad \|df_u^{-1}\| \leq L .$$

En utilisant [1], les auteurs trouvent que (8) est satisfait pour

$$\delta > 0,65 .$$

F défini, on examine s'il peut être une difféotopie.

Soit $\Phi(u,v)$ l'angle dans l'espace $E^n \supset S^{n-1}$ entre les directions des vecteurs v tangent au point $u \in S^{n-1}$ et $(df)(v)$ au point $f(u)$. Si, pour tout u , v , les angles $\beta = d(u,f(u))$ et $\Phi = \Phi(u,v)$ sont petits, il est géométriquement plausible que les f_t (df_t de rang maximal) sont des difféomorphismes pour $0 \leq t \leq 1$, et F est alors la difféotopie désirée. Dans une analyse élaborée, les auteurs prouvent que tel est déjà le cas si

$\beta \leq \frac{\pi}{2}$ ce qui est vrai pour $\delta > 0,76$,

et $\Phi \leq \frac{\pi}{2}$ ce qui est vrai pour $\delta > 0,90$.

Mieux, on montre que c'est le cas si :

$$\cos \Phi > \begin{cases} (\sin \beta/\beta)^{\frac{1}{2}} \cos \beta & \text{pour } \beta \leq \pi/2 \\ \cos \beta & \text{pour } \beta \geq \pi/2 \end{cases}$$

ce qui est satisfait pour $\delta > 0,85$.

6. Sur la théorie de Ruh

6.a. L'idée fondamentale. La nouvelle idée de Ruh, qu'il a déjà utilisée dans [11], est d'imiter l'application de Gauss f, qui à chaque point u de la sphère unitaire $M = S^n = \{z \in E^{n+1} : |z| = 1\}$ dans l'espace euclidien E^{n+1} associe le vecteur unitaire normal en u pointé vers l'extérieur. f est l'identité donc un difféomorphisme. On peut rendre intrinsèque cette construction, comme suit :

Soient $\tau(M)$ le fibré tangent de $M = S^n$ et $\nu(M)$ le fibré trivial de fibre R de section marquée e. $\eta(M) = \tau(M) \oplus \nu(M)$ est alors un R^{n+1}-fibré (trivial) sur $M = S^n$. Notons E_u sa fibre au point u. Elle contient de manière naturelle l'espace tangent M_u. Notons ∇ la connexion de Levi-Civita sur $\tau(M)$. Pour un constant $c > 0$, on définit une connexion ∇' sur le fibré $\eta(M)$ par

$$(9) \qquad \begin{cases} \nabla'_X Y = \nabla_X Y - c\langle X,Y\rangle e , & Y \in \tau(M) \\ \nabla'_X e = cX . & \end{cases}$$

Pour $c = 1$, c'est le parallélisme absolu (= intégrable), induit par le transport parallèle dans E^{n+1}.

L'application de Gauss $u \mapsto f(u) \in M_p$ se réalise par le transport ∇'-parallèle du vecteur $e = e_u$ du point $u \in M$ vers un point fixe $p \in M$.

6.b. Les champs de $(n+1)$-repères W^+ et W^- et les applications f^+, f^-, f.

Dans le cas d'une variété pincée (M,g) avec $\frac{1}{4} < \delta \leq \varkappa \leq 1$, on définit p, q, M^o, M^+, M^- comme dans le paragraphe 5. On introduit $\eta(M) = \tau(M) \oplus \nu(M)$ et le champ e. La connexion ∇' sera donnée par la formule (9) avec

(10) $$c^2 = \tfrac{1}{2}(1+\delta) \leq 1 .$$

On définit une structure euclidienne dans la fibre E_u , qui induit dans $M_u \subset E_u$ la structure donnée g , et tel que $e \in E_u$ soit unitaire et orthogonale à M_u , pour tout $u \in M$.

Dans une $n+1$ - base de E_u formée de e et des vecteurs d'une base orthonormée de $M_u \subset E_u$, l'élément de l'algèbre de Lie dans (9) est représenté par une matrice antisymétrique

$$\left(\begin{array}{c|c} A & \begin{matrix} -c \\ -c \\ \vdots \\ -c \end{matrix} \\ \hline c\ c\ \ldots\ c & 0 \end{array}\right)$$

Par conséquent le transport parallèle ∇' préserve les structures euclidiennes des fibres de $\eta(M)$. Choisissons dans E_p un $n+1$ - repère W_p^+ orthonormal. Soit W^+ le champ des $n+1$ - repères orthonormaux sur M^+ , obtenu par transport ∇'-parallèle de W_p^+ suivant les demi-géodésiques de (M^+,g) de source p . Soient C une géodésique minimale de p à q et W_q^- le repère déduit de W^+ par transport ∇'-parallèle le long de C . Soit W^- le champ de $n+1$ - repères sur M^- , déduit de W_q^- par transport ∇'-parallèle suivant les demi-géodésiques de (M^-,g) de source q . En général, les champs W^+ et W^- ne coïncident pas sur l'équateur M^o . Soit $\langle e_u , W_u^+\rangle \in R^n$ les coordonnées du vecteur e_u en $u \in M^+$ dans la base W_u^+ . Soit $f^+(u) \in E_p$ déduit de $e_u \in E_u$ par transport parallèle le long des demi-géodésiques de source p . Dans la base W_p^+ , $f^+(u)$ a encore pour coordonnées $\langle e_u , W_u^+\rangle$. On définit de même $\langle e_u , W_u^-\rangle \in R^n$ et $f^-(u) \in E_p$

pour $u \in M^-$ (le transport parallèle se fait le long des demi-géodésiques de source q prolongées par C^{-1}).

En général, $f^+|M^o$ et $f^-|M^o$ ne coïncident pas. On va les rendre égaux comme suit.

Lemme 1.- (Voir § 6.c) Si $\delta > 0,62$, alors

(11) $$f^+(x) + f^-(x) \neq 0 \qquad \text{pour } x \in M^o$$

Soit $\delta > 0,62$. Alors

$$f(x) = \frac{f^+(x) + f^-(x)}{\|f^+(x) + f^-(x)\|} \in M_p$$

est un vecteur unitaire bien défini. Dans le plan des vecteurs $f^+(x)$ et $f^-(x)$, on considère la rotation d'angle φ , $0 \leq \varphi < \pi$, qui applique $f^+(x)$ sur $f^-(x)$. Soit $\exp 2t\,B$ la transformation orthogonale qui laisse invariant chaque vecteur orthogonal à ce plan et qui induit une rotation d'angle $t\varphi$ dans ce plan. Soit

$$b = \exp 2\,B \ , \quad \text{alors} \quad b\, f^+(x) = f^-(x) \quad ;$$

B est un élément de l'algèbre de Lie du groupe orthogonal.

Introduisons les "coordonnées polaires" $(t,x) \in [0,1] \times M^o$ de $u \in (M^+)$ (resp. M^-) par les formules

$$u = \exp_p t \exp_p^{-1}(x)$$

(resp. $u = \exp_q t \exp_q^{-1}(x)$).

On prolonge f sur M^+ (resp. M^-) en posant

$$f(u) = f((t,x)) = \begin{cases} \exp t\,B.f^+(u) & u \in M^+ \\ \exp(-tB)f^-(u) & u \in M^- . \end{cases}$$

Pour $t = 1$, on a bien

$$f(1,x) = \exp B.f^+(x) = \exp(-B).f^-(x) .$$

Lemme 2.- (Voir § 6.d) Pour $\delta > 0,80$, les restrictions $f|M^+$ et $f|M^-$ sont des immersions dans $S = S^n$ de même orientation.

Le théorème 2 de Ruh est une conséquence des lemmes 1 et 2 comme suit.

Soit $\delta > 0,80$; f est bien défini et $f|M^+$ et $f|M^-$ sont des immersions de mêmes orientations. On peut modifier f dans un double collier autour de M^o de telle sorte que la nouvelle application f' soit une immersion différentiable $f' : M \to S$. Alors f' est un revêtement et par conséquent un difféomorphisme.

6.c. Sur la démonstration de $|a_x| < \pi$, lemme 1.

Soit $a = a_x$ la matrice orthogonale donnée par la formule

$$W_x^+ = a_x W_x^- \qquad x \in M^o .$$

Alors, la condition (11) s'exprime par :

(11') $\qquad ae \neq -e$

ou par : $\qquad$ angle $(e,ae) < \pi$.

Il suffit que

(12) $$|a| \overset{\text{déf}}{=\!=} \sup_{V\in R^n} \text{angle } (V,aV) < \pi .$$

Définition des fonctions $R(\ )$

Soit (ξ,x) un lacet ξ de source x dans une variété M , base d'un fibré $\eta(M)$ à fibres euclidiennes, muni d'une connexion ∇ qui préserve la structure euclidienne des fibres. Le transport ∇-parallèle le long de (ξ,x) nous donne une transformation orthogonale notée $R(\xi,x)$ de la fibre E_x de $\eta(M)$. Sa normc (voir (12))

$$|R(\xi,x)| = \sup_V \text{angle } (V,R(\xi,x)(V)) \geq 0$$

est indépendante de $x \in \xi$.

Pour la connexion riemannienne d'une surface et ξ le bord d'un disque D :

$$|R(\xi,x)| = |\int \kappa \, d\omega| .$$

Plus généralement, la limite

$$R(\sigma) = \lim_{D\to x} R(\xi,x)/dA$$

(pour D un 2-disque orienté de bord ξ et d'aire dA plongé dans une surface différentiable $V^2 \ni x$ de M) est un élément de l'algèbre de Lie du groupe orthogonal. Il ne dépend que du 2-plan orienté σ tangent à V^2 en x . Pour la connexion d'une métrique riemannienne (M,g) , $R : \sigma \to R(\sigma)$ définit le tenseur de courbure. Pour le composé $(\xi,x) = (\xi_1,x) + (\xi_2,x)$ de deux lacets :

$$R(\xi,x) = R(\xi_2,x) \circ R(\xi_1,x) ,$$

d'où $\qquad |R(\xi,x)| \leq |R(\xi_1,x)| + |R(\xi_2,x)| .$

On en déduit l'inégalité intégrale pour le bord ξ d'un 2-disque différentiable orienté D , d'élément d'aire dA :

(13) $$|R(\xi,x)| \leq \int_D |R(\sigma)| dA \leq \sup_\sigma |R(\sigma)| \int_D dA$$

(σ varie dans l'ensemble des 2-plans tangents de D).

Notons $R'(\xi,x)$, $R'(\sigma)$ (resp. $R(\xi,x)$, $R(\sigma)$) les fonctions R( ) pour la connexion ∇' (resp. ∇) du lemme 2. Soit (ξ,x) le lacet de source $x \in M^0$, qui est le composé des géodésiques (figure 3) :

$\{u = (t,x) \in M^+ : 1 \geq t \geq 0\}$ de x à p ; la géodésique fixe C de p à q ; et $\{u = (t,x) \in M^- : 0 \leq t \leq 1\}$ de q à x .

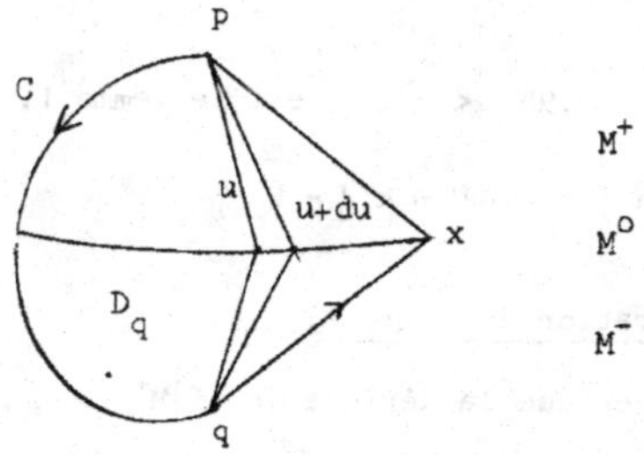

Figure 3

Soit $\alpha \subset M_p (|\alpha| \leq \pi)$ le plus petit des deux secteurs angulaires limités par les tangentes à C et à la géodésique de p à x. ξ est le bord de l'union $D = D_p \cup D_q$ des deux 2-disques (cônes) suivants :

$$D_p = \exp_p(\alpha \cap \exp_p^{-1} M^+)$$

et $$D_q = \{\exp_q t \exp_q^{-1}(D_p \cap M^o) : 0 \leq t \leq 1\} .$$

Posons

(14) $$a_x = R'(\xi, x) .$$

Alors :

(15) $$|a_x| = |R'(\xi, x)| \leq \int_D |R'(\sigma)| dA .$$

La définition (9) de V' entraîne que $R'(\sigma)$ est obtenu de $R''(\sigma)$ par le plongement naturel $\underline{\underline{so(n)}} \hookrightarrow \underline{\underline{so(n+1)}}$ ($R''(\sigma) = R(\sigma) - \frac{1}{2}(1+\delta)R_o(\sigma)$, $R_o(\sigma)$ est la valeur de R pour la n-sphère de rayon 1), d'où $|R'(\sigma)| = |R''(\sigma)|$.

Comme (M, g) est δ-pincée, d'après Karcher [7] : $|R''(\sigma)| \leq \frac{2}{3}(1-\delta)$. Donc $|a_x| \leq \int_D |R'(\sigma)| dA \leq \frac{2}{3}(1-\delta)$ (aire D_p + aire D_q) . En appliquant § 4.a, (Toponogov) à des triangles $(p, u, u+du)$ et $(q, u, u+du)$ à côtés géodésiques [u et $u + du = \exp_u(du)$ dans $D_p \cap M^o$] , on obtient

(16) $$|a_x| \leq \frac{2}{3}(1-\delta)\left[\frac{\pi}{\delta} + \frac{\pi}{\delta} L\right]$$ (L : voir § 5).

Pour $\delta \geq 0{,}62$, $|a_x| \leq 0{,}98\,\pi < \pi$; c'est le lemme 1.

Pour $\delta \geq 0{,}75$, $|a_x| \leq 0{,}485\,\pi < \frac{1}{2}\pi$.

6.d. Sur la démonstration du lemme 2.

Il suffit de démontrer que la dérivée de $f|M^+$ est de rang maximal en $u = (t,x) \in M^+$ (et de même pour $f|M^-$). On a

$$f = \exp t\,B.f^+(u) = \exp t\,B\langle e,W^+\rangle .$$

Le deuxième terme de

$$df = (d \exp t\,B).f^+(u) + \exp t\,B.\langle\nabla' e,W^+\rangle + \exp t\,B.\langle e,\nabla' W^+\rangle$$

est le composé de $\exp t\,B \in SO(n+1)$ et de $\langle\nabla' e,W^+\rangle$ et d'après (9) est une similitude de dilatation $c = \sqrt{(1+\delta)/2}$: pour $du \in M_u^+$, on a

$$du \mapsto \langle c\,du , W^+\rangle .$$

Pour $\delta \geq 0{,}80$, l'image est de longueur

(17) $$c|du| \geq 0{,}95|du| .$$

Ce terme est bien de rang maximal. E. Ruh montre que les autres termes sont trop petits pour détruire cette propriété.

Par un calcul qui n'utilise que les méthodes du § 6.c, on obtient que la norme du dernier terme de df est

(18) $$\|\langle e,\nabla' W^+\rangle\| \leq 0{,}10 .$$

Majorer le premier terme est plus difficile et la démonstration n'a pas encore été rédigée (30 janvier 1972). D'après Ruh, la projection du premier terme (appliquée à du) sur le deuxième est de longueur $< 0{,}80|du|$. Le lemme en résulte, d'après (17) et (18).

Remarque.- Le fait que la démonstration précédente fournisse une constante δ indépendante de n , est lié au fait que B est toujours essentiellement bidimensionnel.

RÉFÉRENCES

[1] M. BERGER - An extension of Rauch's metric comparison theorem and some applications, Illinois J. Math. 6, (1962), p. 700-712.

[2] M. BERGER - Les variétés riemanniennes $\frac{1}{4}$ - pincées, Ann. Scuola Normale Superiore, Pisa (3), Vol. 14 (1960), p. 161-170.

[3] M. BROWN - A proof of the generalized Schoenflies theorem, Bull. A.M.S., 66 (1960), p. 74-76. [Voir aussi Sém. Bourbaki, exposé 205, vol. 1960/61, W. A. Benjamin, N.Y.]

[4] P. E. EBERLEIN - Manifolds admitting no metric of constant negative curvature, Journal of Diff. Geom., 5 (1971), p. 59-60.

[5] D. GROMOLL, W. KLINGENBERG und W. MEYER - Riemannsche Geometrie im Grossen, Lecture Notes in Maths. n° 55 (1968), Springer.

[6] D. GROMOLL - Differenzierbare Strukturen und Metriken positiver Krümmung auf Sphären, Math. Ann., 164 (1966), p. 353-371.

[7] H. KARCHER - Pinching implies strong pinching, Comment. Math. Helv., 46, p. 124-126.

[8] W. KLINGENBERG - Über kompacte Riemmannsche Mannigfaltigkeiten, Math. Ann., 137 (1959), p. 351-361.

[9] W. KLINGENBERG - Über Riemannsche Mannigfaltigkeiten mit positiever Krümmung, Comment. Math. Helv., 34 (1961), p. 35-54.

[10] M. RAUCH - A contribution to differential geometry in the large, Ann. of Math., 54 (1951), p. 38-55.

[11] E. RUH - Curvature and differentiable structures on spheres, Comment. Math. Helv., 46 (1971), p. 127-136.

[12] E. RUH - (à paraître).

[13] Y. SHIKATA - On the differentiable pinching problem, Osaka Math. J., 4 (1967), p. 279-287.

[14] M. SUGIMOTO, K. SHIOHAMA, H. KARCHER - On the differentiable pinching problem, Math. Ann., (à paraître).

[15] V. A. TOPONOGOV - Riemannian spaces having their curvature bounded, A.M.S. Transl., 37 (1964), p. 291-336.

Séminaire BOURBAKI
24e année, 1971/72, n° 411

OPÉRATEURS DE FOURIER
[d'après HÖRMANDER et MASLOV]

par Bernard MALGRANGE

Introduction

Il est connu depuis longtemps des physiciens que l'on obtient, pour de petites longueurs d'ondes, de bonnes approximations des solutions des équations d'évolution du type de l'équation des ondes au moyen de développements asymptotiques obtenus à partir des équations des bicaractéristiques, c'est-à-dire à partir des équations de "l'optique géométrique". Le même fait se retrouve dans la relation mécanique - classique - mécanique quantique sous le nom de "méthode B.K.W.".

Ces faits avaient déjà été utilisés il y a quelques années par des mathématiciens (voir notamment [3] et [6]), mais d'une manière relativement épisodique. Les travaux de Maslov [7] et de Hörmander [4], [1], explorent systématiquement ce point de vue, avec des résultats fort importants et spectaculaires. Après mûres réflexions, le conférencier s'est finalement convaincu qu'il lui était strictement impossible de donner une idée d'ensemble de la question dans un nombre de pages raisonnable ; d'ailleurs, il en était déjà convaincu a priori. Déjà l'historique remplirait le nombre de pages réglementaire, aussi on évitera d'en parler.

Le présent papier se contente donc de donner un résumé de [4], résumé d'ailleurs incomplet puisque la question des "supports essentiels" (appelés dans [4] "wave front sets") n'est pas abordée, ni par conséquent les relations avec les travaux de Sato et de ses élèves ; voir à ce sujet [9], et les travaux ultérieurs de Sato, Kawai, Kashiwara. Les applications de [4] sont développées dans [1] et résumées dans [5], où l'on trouvera aussi les références aux travaux de Egorov, Nirenberg-Trèves et d'autres qui utilisent les opérateurs de Fourier. Enfin, pour les travaux de Maslov lui-même, et notamment pour ce qui concerne l'approximation classique en mécanique quantique, dont ne parlent pas les autres auteurs cités, je renvoie à [8] et à son livre [7] dont une traduction française devrait être à l'impression. Le lecteur ne trouvera donc ici que fort peu d'indications sur la motivation des notions introduites. J'espère pouvoir réparer dans une certaine mesure cette omission lors de l'exposé oral.

I. OPÉRATEURS PSEUDO-DIFFÉRENTIELS ET INTÉGRALES OSCILLANTES

Soit X un ouvert de $\mathbb{R}^n$; nous noterons $\Sigma^m(X, \mathbb{R}^p)$ l'espace des fonctions $a(x,\xi) \in \mathcal{C}^\infty(X\times \mathbb{R}^p, \mathbb{C})$, telles qu'on ait, pour tout $K \subset\subset X$

$$|D_\xi^\alpha D_x^\beta a(x,\xi)| \leq C_{\alpha,\beta,K}(1+|\xi|)^{m-|\alpha|} , \qquad (x,\xi)\in K\times \mathbb{R}^p .$$

On utilise, bien sûr, les notations habituelles sur les multi-entiers, avec $D_\xi^\alpha = (-i \frac{\partial}{\partial\xi})^\alpha$, et $|\xi|$ la norme euclidienne dans $\mathbb{R}^p$.

Pour $n = p$, on associe à a l'opérateur $A : \mathcal{D}(X) \to \mathcal{C}^\infty(X)$ qui est ainsi défini :

$$(1.1) \qquad (Af)(x) = (\frac{1}{2\pi})^n \int e^{ix\xi} a(x,\xi)\hat{f}(\xi)d\xi$$

avec $\hat{f}(\xi) = \int f(x)e^{-ix\xi}dx$, $x\xi = \Sigma x_\ell \xi_\ell$.

Supposons en particulier que a soit un polynôme en ξ : on aura alors $a = \Sigma a_\alpha \xi^\alpha$, $a_\alpha \in \mathcal{C}^\infty(X, \mathbb{C})$, et la formule d'inversion de Fourier nous donne $Af = \Sigma a_\alpha D^\alpha f$: ici, A est donc un générateur différentiel, d'où le nom "d'opérateurs pseudo-différentiels" donné aux A dans le cas général.

Le <u>noyau</u> de A est, par définition, la distribution K_A sur X^2 définie par $\langle K_A , g(x)f(y)\rangle = \int (Af)(x)g(x)dx$; on voit immédiatement que K_A est défini à partir de a par la formule suivante : pour $h \in \mathcal{D}(X^2)$, on a :

(1.2) $$\langle K_A , h\rangle = (\frac{1}{2\pi})^n \int\int e^{i\xi x}\, a(x,\xi)dxd\xi \int h(x,y)e^{-i\xi y}dy .$$

Le lecteur pourra vérifier facilement la convergence de l'intégrale double, en utilisant le fait que $\int h(x,y)e^{i\xi y}dy$ est à décroissance rapide en (x,ξ) et " à support compact en x ".

Notons maintenant que la formule précédente s'écrit formellement

(1.3) $$\langle K_A , h\rangle = (\frac{1}{2\pi})^n \int\int\int e^{i\xi(x-y)}\, a(x,\xi)\, h(x,y)\, dx\, dy\, d\xi .$$

Nous allons donner un procédé qui permette de lui donner un sens ; en vue des paragraphes suivants, considérons plus généralement une expression

(1.4) $$\int e^{i\varphi(x,\theta)}\, f(x,\theta)\, dx\, d\theta$$

avec les hypothèses suivantes :

P.1 $\varphi \in C^\infty(X\times R^N_*)$, $R^N_* = R^N - \{0\}$.

P.2 φ est réelle et sans point critique.

P.3 φ est homogène de degré 1 en θ, i.e. $\varphi(x,t\theta) = t\varphi(x,\theta)$, $t > 0$.

P.4 $f\in \Sigma^m(X, R^N)$, et il existe $K \subset\subset X$ avec $f(x,\theta) = 0$ pour $x \notin K$.

On désigne par $I_\varphi(f)$ la valeur de l'intégrale (1.4) lorsqu'elle converge, ce qui sera le cas, par exemple, lorsqu'on a $m < -(N+1)$; pour lui donner un sens dans le cas général, on opère ainsi :

Il est facile de fabriquer un $L = \Sigma a_j \frac{\partial}{\partial\theta_j} + \Sigma b_k \frac{\partial}{\partial x_k} + c$, tel qu'on ait $L(e^{i\varphi}) = e^{i\varphi}$, avec $a_j \in \Sigma^0(X , R^N)$; $b_k , c \in \Sigma^{-1}(X ; R^N)$. Supposons $f = 0$ au voisinage de $\theta = 0$ (on se ramène à ce cas en posant $f = \alpha f + (1-\alpha)f$, $\alpha \in \mathcal{D}_\theta$, $\alpha = 1$ au voisinage de 0 ; le terme correspondant à αf dans l'intégrale converge trivialement).

Soit $\chi \in \mathcal{D}_\theta$, $\chi = 1$ au voisinage de 0 ; posons $f_\varepsilon(x,\theta) = \chi(\varepsilon\theta)f(x,\theta)$; en appelant M le transposé de L , il vient, en intégrant par parties k fois

$$I_\varphi(f_\varepsilon) = I_\varphi(M^k f_\varepsilon) = \int e^{i\varphi}(M^k f_\varepsilon)dx\,d\theta \ .$$

On a $M^k f \in \Sigma^{m-k}$; si l'on a choisi k assez grand pour qu'on ait $m-k \leq -(N+1)$, on voit que $I_\varphi(f_\varepsilon)$ converge, pour $\varepsilon \to 0$ vers l'intégrale usuelle indépendante de χ

$$I_\varphi(M^k f) = \int e^{i\varphi}(M^k f)dx\,d\theta \ .$$

Par définition, nous poserons $I_\varphi(f) = I_\varphi(M^k f)$ ou encore $I_\varphi(f) = \lim_{\varepsilon\to 0} I_\varphi(f_\varepsilon)$ et nous appellerons $I_\varphi(f)$ une "intégrale oscillante" ; nous emploierons les mêmes notations que pour les intégrales usuelles. Les formules usuelles d'intégration successive et de changement de variables seront alors vérifiées, sous des hypothèses convenables que je n'ai pas envie d'expliciter ici.

Par exemple, pour $f \in \mathcal{D}(R^n)$, on a maintenant "le droit" d'écrire la formule d'inversion de Fourier sous la forme

$$f(x) = \left(\frac{1}{2\pi}\right)^n \iint e^{i\xi(x-y)}\, f(y)dy\,d\xi \ .$$

Autre exemple : la théorie des opérateurs pseudo-différentiels (en abrégé o.p.d.) peut être simplifiée en utilisant systématiquement des intégrales oscillantes ; notamment, la formule de changement de variables se réduit essentiellement au changement de variables dans les intégrales multiples : ce résultat s'obtient en remarquant, par une démonstration analogue à celle du théorème 2.1 ci-dessous, qu'on ne change pas la classe des o.p.d., modulo les noyaux régularisants, en considérant au lieu des noyaux du type (1.3) les noyaux suivants, en apparence un peu plus généraux :

(1.5) $$\langle K_A \, , h\rangle = \left(\frac{1}{2\pi}\right)^n \iiint e^{i\xi(x-y)}\; a(x,y,\xi)\; h(x,y)dx\,dy\,d\xi$$

avec $A \in \Sigma^m(X^2 \ \ R^n)$.

Nous n'entrerons pas dans les détails, et nous allons maintenant examiner les distributions que l'on peut définir au moyen des intégrales oscillantes générales.

II. DISTRIBUTIONS DE FOURIER

Une fonction φ sur $X \times \mathbf{R}^N$ vérifiant P.1 à P.3 sera appelée "une phase". On posera

$$\Gamma_\varphi = \{(x,\theta) | \varphi'_\theta = 0\} \quad \text{et} \quad C_\varphi = \{(x,\varphi'_x) \in X \times \mathbf{R}^n_* \mid (x,\theta) \in \Gamma_\varphi\} .$$

On dira qu'une phase φ est "non dégénérée" si, pour tout $(x,\theta) \in \Gamma_\varphi$, les $d(\frac{\partial\varphi}{\partial\theta_i})$ sont linéairement indépendants ; alors (fonctions implicites), Γ_φ est une variété de dimension n (ou est vide, cas pour nous sans intérêt).

Soit $a \in \Sigma^m(X, \mathbf{R}^N)$; on considère sur X la distribution $A : f \mapsto I_\varphi(af)$, $f \in \mathcal{D}(X)$. Il résulte facilement des calculs définissant les intégrales oscillantes que A est une distribution d'ordre k, pour tout k vérifiant $m - k < -N$.

THÉORÈME 2.1.- 1) Le support singulier de A est contenu dans la projection de C_φ (= la projection de Γ_φ).

2) Si φ est non dégénérée, alors

(i) Si a est plat (= nul à l'ordre infini) sur Γ_φ, $A \in \mathcal{C}^\infty$;

(ii) Si a est nul sur Γ_φ, A peut aussi être défini par (φ et) $b \in \Sigma^{m-1}(X, \mathbf{R}^N)$.

Les démonstrations sont immédiates :

1) Pour $x \notin \text{proj}(\Gamma_\varphi)$, $\int e^{i\varphi(x,\theta)} a(x,\theta)d\theta$ a un sens en tant qu'intégrale oscillante, et le même calcul montre que sa valeur dépend de manière $\mathcal{C}^\infty$ de x.

2) Il suffit de démontrer la seconde assertion ; pour cela on montre qu'on

peut écrire $a = \Sigma b_j \frac{\partial\varphi}{\partial\theta_j}$, avec $b_j \in \Sigma^m(X, R^N)$, en dehors d'un voisinage de $\theta = 0$; une intégration par parties donne alors le résultat.

Exemple 2.2.- Ici on remplace n par 2n (resp. N par n) et x par (x,y) (resp. θ par ξ) ; on a $\varphi = \xi(x-y)$, donc $C_\varphi = \{(x,x,\xi,-\xi)\}$ et $\text{proj}\, C_\varphi = \Delta$, diagonale de X^2 : on retrouve le fait que le noyau d'un o.p.d. est $\mathcal{C}^\infty$ en dehors de la diagonale.

Exemple 2.3.- Considérons le problème de Cauchy pour l'équation des ondes :

$$\begin{cases} \frac{\partial^2 u}{\partial t^2} - \Delta u = 0 \\ u(x,0) = 0 \\ \frac{\partial u}{\partial t}(x,0) = f \end{cases}$$

à l'instant t , on a $u(x,t) = \sum_{\varepsilon=\pm 1} \varepsilon(\frac{1}{2\pi})^n \int e^{i[\xi x + \varepsilon t|\xi|]}(2i|\xi|)^{-1}\hat{f}(\xi)d\xi$ ou encore

$$u(x,t) = \Sigma\, \varepsilon(\frac{1}{2\pi})^n \int e^{i[\xi(x-y)+\varepsilon t|\xi|]}(2i|\xi|)^{-1}f(y)dy\,d\xi \quad \text{(intégrale oscillante).}$$

(Le fait que $|\xi|^{-1}$ n'est pas régulier à l'origine est sans importance ; il suffit de tronquer au voisinage de 0 dans l'espace des ξ pour se ramener au cas considéré + un régularisant.) Pour (x,t) fixé, les variables étant ici y et ξ , on a $\varphi = \xi(x-y) + \varepsilon t|\xi|$; Γ_φ est défini par $y - x = \varepsilon t \frac{\xi}{|\xi|}$ et sa projection dans R^n_y est la sphère $(y-x)^2 = t^2$, ce qui est conforme aux propriétés de "propagation des singularités" de l'équation des ondes.

De même, si l'on considère le noyau associé à l'opérateur $f \longmapsto u$, on voit que son support singulier dans l'espace des (x,y,t) est l'ensemble $(x-y)^2 = t^2$. La théorie des opérateurs de Fourier a, entre autres, pour but d'étendre ces faits à des équations du type le plus général possible.

Remarquons encore qu'on peut "localiser" les définitions précédentes ainsi : soit V un ouvert <u>conique</u> de $X \times \mathbb{R}_+^N$, i.e. V est stable par $(x,\theta) \mapsto (x,t\theta)$ pour tout $t > 0$; soit φ une phase définie sur V et soit $a \in \Sigma^m(X, \mathbb{R}^N)$ ayant son support conique dans V (*) ; alors pour $f \in \mathcal{D}(X)$, l'intégrale oscillante $I_\varphi(af) = \int e^{i\varphi(x,\theta)} a(x,\theta) f(x) d\theta\, dx$ sera bien définie, et définira donc encore une distribution sur X.

Dans la suite, nous supposerons toujours les phases <u>non dégénérées</u> ; alors le résultat principal est en gros le suivant : la classe des distributions de Fourier définies par φ <u>ne dépend que de</u> C_φ. Pour le voir, nous allons commencer par examiner deux cas particuliers importants.

(i) <u>Changement de variables</u>

Le calcul est ici immédiat et servira seulement à préciser comment il faut s'y prendre pour tout écrire de manière invariante : soit $x = u(x')$, $\theta = v(x',\theta')$ avec v homogène en θ', un difféomorphisme de la variété conique (X,V) sur une variété conique (X',V') ; on a l'égalité entre intégrales oscillantes :

$$\int e^{i\varphi(x,\theta)} a(x,\theta) f(x) d\theta dx = \int e^{i\bar{\varphi}(x',\theta')} \bar{a}(x',\theta') \bar{f}(x') \left|\frac{Du}{Dx'}\right| \left|\frac{Dv}{D\theta'}\right| dx' d\theta'$$

avec $\bar{\varphi}(x',\theta') = \varphi(u(x'),v(x',\theta'))$, et de même pour $\bar{a}$ et $\bar{f}$.

Il est commode ici de poser $b(x,\theta) = a(x,\theta) d\theta \sqrt{dx}$, $g(x) = f(x)\sqrt{dx}$, i.e. de travailler, non avec des fonctions a et f, mais des sections, respectivement des fibrés, $\Omega_\theta \otimes \Omega_{1/2,x}$ et $\Omega_{1/2,x}$, où Ω (resp. $\Omega_{1/2}$)

(*) On appellera "support conique" de a le plus petit fermé conique $F \subset X \times \mathbb{R}_*^N$ tel que $a = 0$ dans $X \times \mathbb{R}_*^N - F$.

désigne le fibré des volumes (ou densités d'ordre 1) et $\Omega_{1/2}$ le fibré des densités d'ordre 1/2 ; on a alors

$$\int e^{i\varphi(x,\theta)} b(x,\theta) g(x) = \int e^{i\bar{\varphi}(x',\theta')} \bar{b}(x',\theta')\bar{g}(x')$$

avec $\bar{b}$ (resp. $\bar{g}$) transformé de b (resp. g) par (u,v) , par définition de Ω et $\Omega_{1/2}$.

On a par un calcul facile : $\bar{a}(x',\theta') \left|\frac{Dv}{D\theta'}\right| \left|\frac{Du}{Dx'}\right|^{1/2} \in \Sigma^m(X', R^N)$, ce qu'on écrira :

$$\bar{b}(x',\theta') \in \Sigma^m(X', R^N ; \Omega_\theta \otimes \Omega_{1/2,x}) .$$

D'autre part, (et cela est plus important), on a $\frac{\partial\bar{\varphi}}{\partial\theta'} = \frac{\partial\varphi}{\partial\theta}(u,v)\frac{\partial v}{\partial\theta'}$; donc Γ_φ est le transformé de $\Gamma_{\bar{\varphi}}$ par le difféomorphisme (u,v) ; enfin, sur $\Gamma_{\bar{\varphi}}$, on a $\frac{\partial\bar{\varphi}}{\partial x'} = \frac{\partial\varphi}{\partial x}\frac{\partial u}{\partial x'}$: ceci montre que C_φ est le transformé de $C_{\bar{\varphi}}$ par (u,v) à condition de considérer C_φ comme sous-ensemble du <u>cotangent</u> T^*X de X (et "non" de $X \times R^n$).

Rappelons que T^*X peut être défini comme l'ensemble des couples $(x,(df)_x)$, $x \in X$, $(df)_x$ la différentielle d'une fonction en x ; en coordonnées locales, un point de T^*X sera représenté par $(x_1,\dots,x_n , \xi_1,\dots,\xi_n)$ avec $(\xi_1,\dots,\xi_n)$ représentant la différentielle en x de $\xi_1 x_1 + \dots + \xi_n x_n$ (ou de toute autre fonction f telle que $\frac{\partial f}{\partial x_i}(x) = \xi_i$). Sur T^*X , la forme différentielle $\pi = \Sigma\, \xi_i dx_i$ est invariante par changement de coordonnées, ainsi que sa différentielle extérieure $\omega = \Sigma\, d\xi_i \wedge dx_i$ (nous laissons le lecteur, à titre d'exercice, donner une définition "intrinsèque" de π et de ω). La forme ω définit ce qu'on appelle une "structure symplectique" sur T^*X .

Il importe ici de remarquer que la variété (immergée) C_φ n'est pas quelconque : en effet l'image réciproque de π sur Γ_φ par $i : \Gamma_\varphi \to C_\varphi$ vérifie

$$i^*(\Sigma \xi_i dx_i) = \Sigma \frac{\partial\varphi}{\partial x_i} dx_i = d\varphi - \Sigma \frac{\partial\varphi}{\partial\theta_i} d\theta_i = d\varphi = 0$$

(car $\varphi = 0$ sur Γ_φ par l'identité d'Euler : $\varphi = \Sigma\, \theta_i \frac{\partial\varphi}{\partial\theta_i}$). Par suite, <u>la restriction de</u> ω <u>(et même de</u> π <u>) à</u> C_φ <u>est nulle</u> ; C_φ est ce qu'on appelle une <u>variété lagrangienne de</u> T^*X , i.e. une variété (immergée dans T^*X) de dimension maximale n sur laquelle la restriction de ω soit nulle. Réciproquement, il est facile de voir, qu'une variété lagrangienne conique de $T^*X - \{0\}$, peut localement (i.e. dans un voisinage conique de chacun de ses points) être définie par une phase non dégénérée.

(ii) <u>Adjonction de nouvelles variables</u>

(Nous n'utiliserons pas encore ici la discussion qui précède.) Soit φ une phase sur V , ouvert conique de $X \times \mathbb{R}^N$; soit W l'ouvert conique de $X \times \mathbb{R}^{N+1}$ formé des (x,θ,τ) vérifiant $(x,\theta) \in V$, $|\tau| < K|\theta|$ pour un $K > 0$; posons $\bar\varphi(x,\theta,\tau) = \varphi(x,\theta) + \tau^2/2|\theta|$; on a évidemment $C_{\bar\varphi} = C_\varphi$; soit $a \in \Sigma^m(X , \mathbb{R}^{N+1})$, à support conique dans W ; on a, pour $f \in \mathcal{D}(X)$, par intégrations successives :

$$I_{\bar\varphi}(af) = I_\varphi(bf) , \quad \text{avec} \quad b(x,\theta) = \int e^{i\tau^2/2|\theta|}\, a(x,\theta,\tau)d\tau ,$$

on a ici une intégrale usuelle, puisque $a = 0$ pour $|\tau| \geq K|\theta|$.

Pour évaluer b , on applique la méthode de la <u>phase stationnaire</u>, i.e. on écrit d'abord :

$$b(x,\theta) = |\theta| \int e^{i\sigma^2|\theta|/2}\, a(x,\theta,|\theta|\sigma)d\sigma ,$$

d'où, par Fourier

$$b(x,\theta) = \sqrt{\frac{|\theta|}{2\pi}}\, e^{i\pi/4} \int e^{-i\eta^2/2|\theta|}\, \hat a(x,\theta,\eta)d\eta$$

avec $\hat{a}(x,\theta,\eta) = \int a(x,\theta,|\theta|\sigma)e^{-i\sigma\eta}\,d\eta$.

Pour $|\theta| \to \infty$ la partie principale de la dernière intégrale est $\int \hat{a}(x,\theta,\eta)d\eta = 2\pi a(x,\theta,0)$ par Fourier ; de façon plus précise, en utilisant le développement asymptotique

$$|e^{-i\eta^2/2\theta} - \sum_0^p (-i\eta^2/2|\theta|)^k/k!| \leq (\eta^2/2|\theta|)^{p+1}/(p+1)! \qquad (p \text{ entier}),$$

on montre le résultat suivant :

PROPOSITION 2.1.- (En dehors d'un voisinage de $0 \in R^N$), <u>on a</u> $b(x,\theta) \in \Sigma^{m+1/2}(X, R^N)$; <u>et</u>, modulo $\Sigma^{m-1/2}(X, R^N)$, <u>la partie principale de</u> b <u>est</u>

$$\sqrt{2\pi|\theta|}\ e^{i\pi/4}\ a(x,\theta,0)\ .$$

Si l'on avait pris $\bar{\varphi}(x,\theta,\tau) = \varphi(x,\theta) - \tau^2/2|\theta|$, dans le résultat on aurait $e^{-i\pi/4}$; plus généralement, si l'on prend

$$\bar{\varphi}(x,\theta,\tau) = \varphi(x,\theta) - A(\tau,\tau)/2|\theta|\ ,$$

A une forme quadratique non dégénérée sur R^p , on trouve, en éliminant τ par réduction à la forme diagonale et applications successives du résultat précédent :

$$b(x,\theta) \sim (2\pi|\theta|)^{p/2}|\text{dét } A|^{-1/2}\ e^{i\pi\sigma/4}\ a(x,\theta,0) \quad \text{modulo } \Sigma^{m-1+p/2}\ ,$$

avec σ = signature de A .

(iii) <u>Le cas général</u>

Avant de l'examiner, il faut encore faire une construction qui permette de mettre dans le même sac les deux cas particuliers précédents. Soit φ une phase non dégénérée, définie sur un ouvert conique $V \subset X \times R^N_*$; l'application $\Gamma_\varphi \to C_\varphi$ est localement un difféomorphisme, du fait que φ est non dégénérée ; en restreignant V , on peut supposer que c'est un difféomorphisme.

Sur Γ_φ , on a un volume μ_φ défini ainsi : soit α_φ la forme différentielle de degré n sur V définie par

$$\alpha_\varphi \wedge d\left(\frac{\partial\varphi}{\partial\theta_1}\right) \wedge \ldots \wedge d\left(\frac{\partial\varphi}{\partial\theta_N}\right) = dx_1 \wedge \ldots \wedge dx_n \wedge d\theta_1 \wedge \ldots \wedge d\theta_N ,$$

alors $\mu_\varphi = |\alpha_\varphi|$; choisissons, au voisinage d'un point de Γ_φ des fonctions sur V , soit $\lambda_1,\ldots,\lambda_n$, telles que les λ_i et les $\frac{\partial\varphi}{\partial\theta_j}$ forment un système de coordonnées locales ; on aura

$$\mu_\varphi = \left|D\left(\lambda_i , \frac{\partial\varphi}{\partial\theta_j}\right)/D(x,\theta)\right|^{-1} d\lambda_1 \ldots d\lambda_n .$$

Pour les gens savants, on peut aussi définir μ_φ par la formule : $\mu_\varphi = \delta\left(\frac{\partial\varphi}{\partial\theta_i}\right)dx\,d\theta$, δ la "fonction" (= courant de degré 0) de Dirac sur $\mathbf{R}^N$.

Soit alors $a(x,\theta) \in \Sigma^m(X , \mathbf{R}^N)$, à support conique dans V , et soit $\tilde{a}$ la restriction de a à Γ_φ ; d'après le théorème 2.1, si l'on s'intéresse seulement à la "partie principale" de l'opérateur défini par a (i.e., si on travaille modulo les opérateurs définis par des éléments de Σ^{m-1}), seul $\tilde{a}$ nous intéresse ; il sera encore mieux de travailler avec l'image $i(\tilde{a})$ de $\tilde{a}$ par $i : \Gamma_\varphi \to C_\varphi$ puisque nous voulons finalement faire tous les changements de phase (non dégénérée) qui ne changent pas C_φ ; il faut donc voir comment $i(\tilde{a})$ est transformé par les opérations de (i) et (ii).

Cas (i). Le théorème de dérivation des fonctions composées permet de s'assurer immédiatement que la correspondance $a\sqrt{dx\,d\theta} \longmapsto \tilde{a}\sqrt{\mu_\varphi}$ est invariante par les difféomorphismes envisagés. Nous sommes donc amenés à considérer le "symbole principal" de la distribution définie par a et φ doit être défini par $i(\tilde{a}\sqrt{\mu_\varphi})$.

Cas (ii). Soit $\varphi_1(x,\theta,\tau) = \varphi(x,\theta) + A(\tau,\tau)/2|\theta|$ $(\tau \in \mathbb{R}^p)$ comme en (ii), et soient $a(x,\theta,\tau) \in \Sigma^m(X, \mathbb{R}^{N+p})$ et $b(x,\theta)$ comme en (ii) ; désignons par π la projection $X\times \mathbb{R}^{N+p} \to X\times\mathbb{R}^N$; comme Γ_{φ_1} est défini par $\tau = 0$, $\frac{\partial\varphi}{\partial\theta_i} = 0$, π est un isomorphisme $\Gamma_{\varphi_1} \sim \Gamma_{\varphi}$; on vérifie alors la formule suivante

$$\pi(\widetilde{a}\sqrt{\mu_{\varphi_1}}) = c\sqrt{\mu_{\varphi}}\ ,\ \text{avec}\ c = \text{restriction à}\ \Gamma_{\varphi}\ \text{de}\ |\theta|^{p/2}|\text{dét}\,A|^{-1/2}a(x,\theta,0)\ .$$

Comparant avec la formule qui donne la partie principale de b, on trouve la même chose à deux "détails" près :

a) Un facteur $(2\pi)^{p/2}$, qu'il est facile d'éliminer en normalisant autrement la définition des distributions de Fourier : dans la suite, à φ, phase sur $X\times\mathbb{R}^N$ et $a \in \Sigma^m(X, \mathbb{R}^N)$, nous ferons correspondre la distribution $A : f \mapsto (2\pi)^{-(n+2N)/4} I_{\varphi}(af)$, $f \in \mathcal{D}(X)$. Cette normalisation est d'ailleurs aussi cohérente avec celle que nous avons adoptée pour les pseudo-différentiels.

b) Le facteur $e^{i\pi\sigma/4}$, σ = signature de A, qui, lui, ne se laisse pas exorciser, comme on va le voir.

Passons maintenant au cas général : nous examinerons directement la construction "globale" des distributions de Fourier, en supposant toutefois que X est un ouvert de $\mathbb{R}^n$ (il sera facile ensuite de passer au cas général, où X est une variété). Soit C une sous-variété lagrangienne conique fermée de $T^*X - \{0\}$, et m un entier ≥ 0. On se donne en outre :

a) Des phases non dégénérées φ_j définies chacune dans un ouvert conique $U_j \subset X\times\mathbb{R}_*^{N_j}$, telles que $\Gamma_{\varphi_j} \to C_{\varphi_j}$ soit un isomorphisme, que C_{φ_j} soit un ouvert de C, et que les C_{φ_j} soient un recouvrement de C.

b) Des $a_j \in \Sigma^{m+(n-2N_j)/4}(X, \mathbb{R}^{N_j})$ avec "support conique de a_j " $\subset K$, K étant un cône à base compacte de U_j . Soit A_j la distribution de Fourier définie par φ_j et a_j ; on appelle $I^m(X,C)$, l'ensemble des distributions $A = \Sigma A_j$, pour n'importe quel choix des a_j (les φ_j étant fixés). On a d'abord le résultat suivant :

PROPOSITION 2.4.- $I^m(X,C)$ ne dépend pas du choix des φ_j .

Pour obtenir un résultat plus précis, il faut associer un "symbole principal" à un élément de $I^m(X,C)$. Pour cela, on considère d'abord les $i(\tilde{a}_j \sqrt{\mu_{\varphi_j}})$, qui sont des densités d'ordre 1/2 sur C ; compte tenu du fait que $i(\sqrt{\mu_{\varphi_j}})$ est homogène de degré $N_j/2$ (comme on le voit, en considérant l'action de l'homothétie $\theta \longmapsto t\theta$ sur μ_{φ_j}), on peut considérer $i(\tilde{a}_j \sqrt{\mu_{\varphi_j}})$, avec des définitions plus ou moins évidentes, comme un élément de $\Sigma^{m+n/4}(C ; \Omega_{1/2})$.

Pour tenir compte des facteurs de phase, une construction supplémentaire est nécessaire : on convient que a_j et a_k définissent "le même symbole" dans un ouvert de $C_{\varphi_j} \cap C_{\varphi_k}$ si, dans cet ouvert, on a

$$e^{\pi i \sigma_j/4}\, i(\tilde{a}_j \sqrt{\mu_{\varphi_j}}) = e^{\pi i \sigma_k/4}\, i(\tilde{a}_k \sqrt{\mu_{\varphi_k}})$$

avec σ_j = signature de $(\Phi_j)''_{\theta^2}$, σ_k = etc ...

D'une façon plus savante : on montre que $\sigma_j - \sigma_k$ est localement constant dans $C_{\varphi_j} \cap C_{\varphi_k}$ (mais non nécessairement σ_j et σ_k) ; on considère alors le fibré L de fibre-type $\mathbb{C}$ défini par le "cocycle de Maslov" $\alpha_{jk} = e^{\pi i(\sigma_j - \sigma_k)/4}$ (sur lequel on convient que les homothéties agissent trivialement), et on considère les $i(\tilde{a}_j\sqrt{\mu_{\varphi_j}})$ comme des sections de $\Omega_{1/2}\otimes L$, i.e. des éléments de $\Sigma^{m+n/4}(C,\Omega_{1/2}\otimes L)$; le "symbole de A " est alors, par définition, la somme $\Sigma\, i(\tilde{a}_j\sqrt{\mu_{\varphi_j}})$ et l'on a le résultat suivant :

Si A et B, définis comme précédemment (avec éventuellement des systèmes $\{\varphi_j\}$ différents) ont même symbole modulo $\Sigma^{m+n/4-1}$, on a $A - B \in I^{m-1}(X,C)$.

Ce résultat se démontre, en même temps que la proposition 2.4, par réduction aux deux cas particuliers (i) et (ii). On définit ainsi une application

$$\Sigma^{m+n/4}(C,\Omega_{1/2}\otimes L)/\Sigma^{m+n/4-1}(\;) \to I^m(X,C)/I^{m-1}(X,C)$$

qui est évidemment surjective, compte tenu de ce qui précède, et le résultat principal est le suivant :

THÉORÈME 2.5.- Cette application est bijective.

A noter que la démonstration de l'injectivité demande encore du travail. Notons aussi que le cocycle α_{jk} est à valeurs dans le groupe des racines huitièmes de l'unité, ou, en notations additives, dans $\mathbb{Z}/8\mathbb{Z}$; en fait, comme on a $\operatorname{sgn}(\Phi_j)''_{\theta^2} - N_j \equiv 0 \pmod 2$, on peut réduire le groupe structural à $\mathbb{Z}/4\mathbb{Z}$ en remplaçant α_{jk} par le cocycle équivalent $\alpha_{jk}e^{-i\pi(N_j-N_k)/4}$. Hörmander donne aussi une autre interprétation, plus géométrique, du fibré correspondant, lié à des constructions antérieures de Maslov et Arnold, et montre par un exemple que, en général, on ne peut pas réduire davantage le groupe structural.

III. NOYAUX DE FOURIER

On applique les constructions précédentes, avec X remplacé par $X\times Y$, X (resp. Y) ouvert de $\mathbb{R}^n$ (resp. $\mathbb{R}^p$) – ou, plus généralement, avec X et Y des variétés, mais peu importe. Soit alors $A \in I^m(X\times Y, C)$, C une variété conique lagrangienne fermée dans $T^*(X\times Y) - \{0\}$; A est une distribution sur $X\times Y$, ou plus précisément une forme linéaire continue sur $\mathcal{D}(X\times Y, \Omega_{1/2})$, en tenant compte des conventions précédentes. Par suite (théorème des noyaux), A définit une application continue $\mathcal{D}(Y, \Omega_{1/2}) \to \mathcal{D}'(X, \Omega_{1/2})$ qu'on notera encore A ; localement, A sera défini par la formule

$$\langle Af, g\rangle = (2\pi)^{-(n+p+2N)/4} \int e^{i\varphi(x,y,\theta)}\, a(x,y,\theta)\, f(y)\, g(x)\, dx\, dy\, d\theta$$

avec $a \in \Sigma^{m+(n+p-2N)/4}(X\times Y, \mathbb{R}^N)$, et φ une phase non dégénérée sur $X\times Y\times \mathbb{R}^N$ (ou sur un ouvert conique V de cet espace, a étant à support conique dans V).

Il est plus commode ici de considérer l'ensemble $C' \subset T^*(X\times Y) - \{0\}$ obtenu à partir de C par l'application $(x,y,\xi,\eta) \to (x,y,\xi,-\eta)$; sur C' la restriction de la forme $\omega_X - \omega_Y$ est nulle, ω_X (resp. ω_Y) désignant la 2-forme canonique de $T^*(X)$ (resp. T^*Y). Si, par exemple, et c'est souvent le cas dans les applications, C' est le graphe d'une application $F : T^*Y \to T^*X$, on a $F^*(\omega_X) = \omega_Y$, c'est-à-dire que F est une transformation canonique. Par exemple, dans le cas d'un opérateur pseudo-différentiel, on a $X = Y$, C' est la diagonale de $(T^*X)^2$, et F est l'identité.

Un cas particulier important est celui où C (ou C', cela revient au même), est contenu dans $[T^*X - \{0\}] \times [T^*Y - \{0\}]$; on dira alors que C est une relation canonique (homogène de T^*Y dans T^*X). Si $\varphi(x,y,\theta)$ est une fonction définissant localement C , cela veut dire qu'en tout point (x,y,θ) où l'on a $\frac{\partial\varphi}{\partial\theta} = 0$, on a $\frac{\partial\varphi}{\partial x} \neq 0$ et $\frac{\partial\varphi}{\partial y} \neq 0$. Utilisant la première inégalité, on voit que, pour $f \in \mathcal{D}(Y)$ et x fixé, l'intégrale oscillante

$$\int e^{i\varphi(x,y,\theta)} a(x,y,\theta)f(y)dy\,d\theta$$

sera définie, et on voit facilement (par le même raisonnement qui définit les intégrales oscillantes) qu'elle dépend de manière $\mathcal{C}^\infty$ de x ; donc A envoie (continuement) $\mathcal{D}(Y)$ dans $\mathcal{C}^\infty(X)$; de même, la 2e inégalité nous montre que le transposé A' de A envoie $\mathcal{D}(X)$ dans $\mathcal{C}^\infty(Y)$, donc en transposant A envoie $\mathcal{E}'(Y)$ dans $\mathcal{D}'(X)$ et finalement A est un noyau <u>régulier</u> (mais non très régulier, sauf si la projection de C sur $X\times Y$ est contenu dans la diagonale).

Les résultats importants de ce paragraphe concernent (i) les adjoints (ou les transposés) (ii) la composition. Le point (i) est immédiat, (il suffit essentiellement de permuter le rôle des variables x et y). Nous insisterons un peu plus sur (ii), sans toutefois entrer dans tous les détails. Supposons que C_1 et C_2 soient deux <u>relations canoniques</u>, respectivement de T^*Y dans T^*X et de T^*Z dans T^*Y ; grâce aux nouveaux programmes des lycées et collèges, tous les enfants savent aujourd'hui ce que signifie le composé $C_1 \circ C_2$; rappelons quand même que c'est l'ensemble des (x,ξ,z,ζ) tels qu'il existe (y,η) avec $(x,\xi,y,\eta) \in C_1$ et $(y,\eta,z,\zeta) \in C_2$. Une meilleure manière de dire les choses est de considérer la "diagonale" $\Delta \subset T^*X\times (T^*Y)^2\times T^*Z$, i.e. les points dont les deux composantes dans T^*Y sont égales, de prendre $C_1\times C_2 \cap \Delta$, et de le projeter dans $T^*X\times T^*Z$. Supposons que $C_1\times C_2$ <u>rencontre transversalement</u> Δ ; on voit alors que $C_1\times C_2 \cap \Delta$ est une bonne variété, de dimension $\dim X + \dim Z$, et que sa projection dans $T^*X \times T^*Z$ est une immersion (i.e. la différentielle de la dite projection est partout de rang maximum) ; si nous supposons en outre cette projection injective et propre, son image $C_1 \circ C_2$ sera une sous-variété de $T^*X \times T^*Z$ dont on voit facilement que c'est une relation canonique homogène de T^*Z dans T^*X . Sous les hypothèses précédentes, on a le théorème suivant :

THÉORÈME 3.1.- Soient $A_1 \in I^{m_1}(X\times Y , C_1')$ et $A_2 \in I^{m_2}(Y\times Z , C_2')$, à supports propres. On a alors : $A_1 A_2 \in I^{m_1+m_2}(X\times Z , (C_1 \circ C_2)')$.

La démonstration, en gros, se fait ainsi : en omettant le facteur de normalisation, on écrit, après avoir pris quelques précautions de support :

$$A_1 \circ A_2 f(x) = \int e^{i[\varphi_1(x,y,\theta)+\varphi_2(y,z,\tau)]} a_1(x,y,\theta)a_2(y,z,\tau)f(z)dy\,dz\,d\theta\,d\tau ,$$

on pose $\sigma = (\sqrt{|\theta|^2 + |\tau|^2}y , \theta , \tau)$ et l'on considère $\varphi = \varphi_1 + \varphi_2$ et $a = a_1 a_2$ comme fonctions de (x,z,σ) . On voit alors que C_φ est bien l'ensemble qu'on cherche, i.e. $(C_1 \circ C_2)'$; la difficulté est qu'il n'est pas "tout à fait" vrai que a soit un symbole de l'ordre voulu, mais on arrive à s'en sortir par une troncature.

Le symbole principal de $A_1 A_2$ s'obtient à partir du même calcul ; nous ne donnerons pas la formule complète pour ne pas allonger encore cet exposé, et nous omettrons les densités et le fibré de Maslov (qui, d'ailleurs ne changent les choses que par un facteur "universel", i.e. ne dépendant que des C_i et non des A_i) ; à cette restriction près, on voit que le symbole principal de $A_1 A_2$ s'obtiendra ainsi : on prend le produit des symboles de A_1 et A_2 sur $C_1 \times C_2$, on prend la restriction à $C_1 \times C_2 \cap \Delta$, et on projette sur

$C_1 \circ C_2$; moyennant des conventions convenables, cette manière de faire garde un sens pour les symboles "exacts", à valeurs dans $\Omega_{1/2} \otimes L$.

Un cas particulièrement simple est celui où les relations canoniques C_1 et C_2 sont des "graphes canoniques locaux", i.e. leurs projections sur T^*X et T^*Y (resp. T^*Y et T^*Z) sont des difféomorphismes locaux (ceci implique en particulier que X , Y , Z ont même dimension) ; alors sur C_1 et C_2 , on a un volume canonique obtenu par image réciproque à partir de celui de T^*Y (ou T^*X pour C_1 , ou T^*Z pour C_2), donc on peut identifier les densités d'ordre $1/2$ à des fonctions, donc les symboles principaux de A_1 et A_2 à des <u>fonctions</u> sur C_1 et C_2 (éventuellement tordues par le fibré de Maslov) ; c'est en particulier ce qui se passe pour les pseudo-différentiels, où le fibré de Maslov est par dessus le marché trivial.

On peut voir qu'alors la construction précédente du symbole principal de A_1A_2 est exactement la bonne.

Pour terminer, donnons quelques exemples importants pour les applications :

(i) Supposons que C soit le graphe d'un difféomorphisme canonique, et soit $A \in I^0(X\times Y, C)$; alors on a $A^* \in I^0(Y\times X, C^{*\prime})$, où $C^* = C$ (mais en faisant jouer à X et Y des rôles permutés). On aura $A^*A \in I^0(Y\times Y, \Delta')$, i.e. A^*A est un <u>pseudo-différentiel d'ordre</u> 0 sur Y ; d'après une propriété des pseudo-différentiels (que j'ai omis de rappeler, mais qui se démontre aussi avec les considérations du § 1), A^*A opère continuement de $L^2 \cap \mathcal{E}'$ dans (L^2 local) ; par suite, A possèdera la même propriété.

(ii) Supposons $X = Y = Z$; soit C le graphe d'un difféomorphisme canonique, et soit $A \in I^m(X,C')$, le symbole principal de A étant inversible ; et soient P et Q deux pseudo-différentiels de symbole principal p et q

respectivement, tels qu'on ait $PA = AQ$; alors si $(x,\xi) = F(y,\eta)$ est l'équation définissant C , on aura : $p(F(x,\xi)) = q(x,\xi)$, donc p et q se déduisent l'un de l'autre par la transformation canonique F . Ce résultat est fondamental pour les applications, car il permet souvent de simplifier considérablement la partie principale des pseudo-différentiels. Il a été établi d'abord (dans un cas un peu moins général) par Egorov [2].

Donnons un exemple ; soit H l'opérateur pseudo-différentiel défini par (1.1), avec $a(x,\xi) = |\xi|$ (peu importe ce qui se passe au voisinage de 0 dans l'espace des ξ , cela ne change les choses que par un régularisant). Soit F_t la solution du problème de Cauchy pour la "demi-équation des ondes" : $-i\frac{dF_t}{dt} = HF_t$, avec $F_o = f$; par transformation de Fourier en x , on a

$$F_t = (\frac{1}{2\pi})^n \int e^{i(t|\xi| + x\xi)} \hat{f}(\xi)d\xi \qquad \text{(intégrale ordinaire)}$$

$$= (\frac{1}{2\pi})^n \int e^{i(t|\xi| + \langle x-y , \xi\rangle)} f(y)dyd\xi \qquad \text{(intégrale oscillante)}$$

i.e. pour t fixé, F_t est donné par $U_t f$, U_t un opérateur de Fourier de phase $\varphi_t = \langle x - y , \xi\rangle + t|\xi|$; alors C'_{φ_t} est donné par

$$\begin{cases} x = y + t\dfrac{\xi}{|\xi|} \\ \eta = \xi , \end{cases}$$

le groupe à un paramètre de transformations canoniques qui fait passer de (y,η) à (x,ξ) est celui qu'on obtient en résolvant les équations canoniques correspondant au hamiltonien H , comme on voit tout de suite ; par suite, si P est un pseudo-différentiel (on aurait envie de dire "un observable"), le symbole principal de $U_t P U_t^{-1}$ est lié à celui de P par la transformation canonique précédente.

Le lecteur se doute que l'exemple précédent n'a pas été choisi au hasard ; en fait, il est typique d'une partie des applications de la théorie.

BIBLIOGRAPHIE

[1] J. J. DUISTERMAAT and L. HÖRMANDER - Fourier integral operators, II, à paraître.

[2] Yu. V. EGOROV - Sur les transformations canoniques des opérateurs pseudo-différentiels [en russe], Usp. Mat. Nauk, 25 (1959), p. 235-236.

[3] L. GÅRDING, T. KOTAKE et J. LERAY - Uniformisation etc... (Problème de Cauchy, I bis et VI), Bull. Soc. Math. de France, 92 (1964), p. 263-361.

[4] L. HÖRMANDER - Fourier integral operators, I, Acta Math., 127 (1971), p. 79-183.

[5] L. HÖRMANDER - On the existence and the regularity of solutions of linear pseudo-differential equations, L'Enseignement Math. (1971).

[6] P. D. LAX - Asymptotic solutions of oscillatory initial value problems, Duke Math. J., 24 (1957), p. 473-508.

[7] V. MASLOV - Théorie des perturbations et méthodes asymptotiques [en russe], Moscou 1965.

[8] V. MASLOV - The characteristics of pseudo-differential operators and difference schemes, Actes Congrès Int. Math. 1970, vol. 2, p. 755-769.

[9] M. SATO - Regularity of hyperfunction solutions of partial differential equations, Actes Congrès Int. Math. 1970, vol. 2, p. 785-794.

Séminaire BOURBAKI 412-01
24e année, 1971/72, n° 412 Juin 1972

SUR LES CLASSES CARACTÉRISTIQUES DES FEUILLETAGES

par André HAEFLIGER

Le but de ce rapport est de montrer le lien entre la cohomologie de l'algèbre de Lie des champs de vecteurs (resp. des champs de vecteurs formels) étudiée par Gelfand et Fuchs et les classes caractéristiques des fibrés feuilletés (resp. des feuilletages ou des microfibrés feuilletés).

Le premier pas dans cette direction a été fait par Godbillon et Vey [11] qui ont montré que la cohomologie des champs de vecteurs formels sur R s'envoie naturellement dans la cohomologie d'une variété munie d'un feuilletage de codimension 1 , attachant ainsi à un tel feuilletage une classe de cohomologie réelle de dimension 3 .

Il était dès lors apparent que les théorèmes de Bott sur l'annulation des classes caractéristiques des fibrés normaux aux feuilletages, ainsi que la construction des classes exotiques qu'il en déduisait, devaient être comprise dans ce cadre.

Plusieurs généralisations de la construction de Godbillon-Vey ont été proposées indépendamment par divers auteurs, notamment Malgrange (non publié) et Bernstein-Rosenfeld [1].

Nous présentons ici le point de vue adopté dans une note de Bott et du rapporteur.

[Les parties I et II peuvent se lire indépendamment.]

I. Fibrés feuilletés

1. L'algèbre de Lie d'un groupe de difféomorphismes

Dans ce qui suit G désignera un groupe de difféomorphismes d'une variété M compacte. (Différentiable signifiera indéfiniment différentiable.)

G est muni d'une structure différentiable naturelle : une application $g : x \mapsto g_x$ d'une variété X dans G sera dite différentiable si l'application $(x, z) \to g_x.z$ de $X \times M$ dans M est différentiable. Si X est un voisinage ouvert de 0 dans $\mathbf{R}$, en tout point z de M, la courbe $g_o^{-1} g_t.z$ définit un vecteur tangent à M. Un champ de vecteurs obtenu de cette manière sera appelé un G-champ de vecteurs. On supposera que le crochet de deux G-champs de vecteurs est un G-champ de vecteurs. Ainsi les G-champs de vecteurs sur M forment une algèbre de Lie sur les réels, appelée l'algèbre de Lie $\underline{G}$ de G.

Si h est une application différentiable de X dans G, la dérivée h'_x de h au point x sera l'application linéaire de l'espace tangent $T_x X$ dans $\underline{G}$ faisant correspondre au vecteur ξ représenté par la courbe $x(t)$ le champ de vecteurs sur M qui est représenté au point z par la courbe $h_{x(o)}^{-1} h_{x(t)}.z$.

Une forme q-linéaire alternée ω sur $\underline{G}$ sera dite continue si son évaluation sur toute suite de G-champs de vecteurs dépendant différentiablement d'un paramètre t est une fonction différentiable de t.

L'algèbre $A(\underline{G})$ des formes q-linéaires alternées continues sur $\underline{G}$ est munie d'une différentielle d définie par

$$d\omega(\xi_1, \ldots, \xi_{q+1}) = \Sigma (-1)^{i+j-1} \omega([\xi_i , \xi_j], \xi_1, \ldots, \hat{\xi}_i \ldots \hat{\xi}_j, \ldots, \xi_{q+1}) .$$

La cohomologie de cette algèbre différentielle est appelée la cohomologie $H(\underline{G})$ de l'algèbre de Lie $\underline{G}$.

Les éléments de $A(\underline{G})$ peuvent s'interpréter comme les formes différentielles sur G invariantes à gauche. Si $h : X \to G$ est une application différentiable et si $\omega \in A(\underline{G})$, alors $h^*\omega$ sera la q-forme différentielle sur X définie par

$$(h^*\omega)(\xi_1, \ldots, \xi_q) = \omega(h'\xi_1, \ldots, h'\xi_q) .$$

$A(X)$ désigne l'algèbre des formes différentielles sur X .

LEMME.- <u>L'homomorphisme</u> $h^*: A(\underline{G}) \to A(X)$ <u>commute avec</u> d .

Ceci résulte du fait suivant, facile à vérifier. Soit h une application différentiable d'un ouvert de R^2 dans G ; en tout point de coordonnées (t,s), on a la relation

$$[h'(\partial/\partial t), h'(\partial/\partial s)] = -\frac{\partial}{\partial t} h'(\partial/\partial s) + \frac{\partial}{\partial s} h'(\partial/\partial t) .$$

Nous aurons aussi à considérer le cas où l'on se donne un sous-groupe K de G (supposé en général compact). Alors K opère sur $\underline{G}$: si $h \in K$ et si g_t est une courbe dans G définissant le champ de vecteurs $\xi \in \underline{G}$, alors $h.\xi$ est le champ de vecteurs défini par la courbe $hg_t h^{-1}$. Nous désignerons par $A^*(\underline{G},K)$ le sous-complexe de $A^*(\underline{G})$ des formes K-basiques, c'est-à-dire invariantes par K et annulées par tous les produits intérieurs par les K-champs de vecteurs. La cohomologie de $A^*(\underline{G},K)$ sera notée $H^*(\underline{G},K)$

Gelfand et Fuchs ont étudié notamment dans une série d'articles [9] la cohomologie de l'algèbre de Lie de tous les champs de vecteurs différentiables sur M (c'est le cas où G est le groupe $\mathrm{Diff}\, M$ de tous les difféomorphismes de M).

Par exemple, si M est le cercle S^1 , ils ont montré que $H(\underline{\mathrm{Diff}}\, S^1)$ est une algèbre à deux générateurs α et β de dimension 2 et 3 représentés par les formes suivantes ($\partial/\partial t$ désigne le champ de vecteurs correspondant à la paramétrisation $e^{2i\pi t}$) :

$$\alpha(f\frac{\partial}{\partial t}, g\frac{\partial}{\partial t}) = \int_{S^1} \begin{vmatrix} f' & f'' \\ g' & g'' \end{vmatrix} \quad \text{et} \quad \beta(f\frac{\partial}{\partial t}, g\frac{\partial}{\partial t}, h\frac{\partial}{\partial t}) = \int_{S^1} \begin{vmatrix} f & f' & f'' \\ g & g' & g'' \\ h & h' & h'' \end{vmatrix} .$$

Il en résulte que $H(\underline{\mathrm{Diff}}\, S^1, SO_2)$ est la somme directe $R[\alpha] \oplus R[\chi]$, où χ est représenté par la forme

$$\chi(f\frac{\partial}{\partial t}, g\frac{\partial}{\partial t}) = \int_{S^1} \begin{vmatrix} f & g \\ f' & g' \end{vmatrix} .$$

2. Fibrés avec feuilletages transverses

Nous reprenons les notations du § précédent. Le groupe G muni de la topologie discrète sera désigné par G^δ .

Un fibré G-feuilleté sur une variété différentiable X , de fibre M , est un fibré différentiable $p : E \to X$ avec groupe structural G^δ . Cela signifie qu'on s'est donné sur E un atlas maximal $\{\varphi_U\}$ dont les cartes φ_U sont des difféomorphismes de $p^{-1}(U)$ sur $U \times M$ compatibles avec les projections sur U , les changements de cartes $\varphi_U \varphi_{U'}^{-1}$ étant de la forme $(x,z) \mapsto (x , \gamma_{UU'} . z)$, où $\gamma_{UU'}$ est une application localement constante de $U \cap U'$ dans G .

Les composés des cartes φ_U avec la projection sur M sont les projections locales d'un feuilletage sur E transverse aux fibres.

Soit K un sous-groupe de G . Un K-fibré G-feuilleté est un fibré G-feuilleté E muni encore d'un groupe structural K et de manière compatible avec G . Cela signifie que l'on s'est donné, en plus de l'atlas $\{\varphi_U\}$, un atlas $\{\psi_V\}$ dont les changements de cartes $\psi_V \psi_{V'}^{-1}$ sont de la forme $(x,z) \mapsto (x , k_{VV'}(x) . z)$, où $k_{VV'}$ est une application différentiable de $V \cap V'$ dans K. De plus les changements de cartes $\varphi_U \psi_V^{-1}$ doivent être de la forme $(x,z) \mapsto (x , h_{UV}(x) . z)$, où h_{UV} est une application différentiable de $U \cap V$ dans G . On a alors la relation

$$h_{U'V'}(x) = \gamma_{U'U}\, h_{UV}(x)\, k_{VV'}(x) .$$

Si f est une application différentiable de X' dans X , alors le fibré induit $f^{-1}(E)$ sur X' est aussi un K-fibré G-feuilleté. L'application naturelle de $f^{-1}(E)$ dans E sera un morphisme de la catégorie $F(G^\delta,K)$ des K-fibrés G-feuilletés.

Deux K-fibrés G-feuilletés E_o et E_1 sur X sont homotopes s'il existe un K-fibré G-feuilleté E sur $X \times R$ tel que E_i soit le fibré induit de E par l'inclusion $x \mapsto (x,i)$ de X dans $X \times R$.

Une <u>classe caractéristique</u> α pour la catégorie $F(G^\delta,K)$ à coefficient dans un groupe R associe à tout K-fibré G-feuilleté E sur X un élément $\alpha(E) \in H(X,R)$ tel que

$$\alpha(f^{-1}E) = f^*\alpha(E) .$$

On peut interpréter ce qui précède en termes de classifiant. (Si H est un groupe topologique, BH désigne un classifiant pour les fibrés H-principaux.)

Les homomorphismes d'inclusion $G^\delta \to G$ et $K \to G$ induisent des applications $BG^\delta \to BG$ et $BK \to BG$ dont la seconde peut être supposée une fibration. On a le diagramme suivant où $B(G^\delta,K)$ est le produit fibré des applications précédentes :

$$\begin{array}{ccc} B(G^\delta,K) & \to & BK \\ \downarrow & & \downarrow \\ BG^\delta & \to & BG . \end{array}$$

Les classes d'homotopie des K-fibrés G-feuilletés sur X sont en correspondance bijective avec les classes d'homotopie des applications de X dans $B(G^\delta,K)$.

Les classes caractéristiques correspondent aussi bijectivement aux éléments de $H(B(G^\delta,K),R)$.

Signalons deux cas particuliers intéressants :

a) K est réduit à l'élément neutre. Cela signifie que l'on s'intéresse à la catégorie des fibrés G-feuilletés trivialisés en tant que G-fibrés. Alors $B(G^\delta,e)$ a le type d'homotopie de la fibre homotopique de $BG^\delta \to BG$, ou encore de l'espace total du fibré G-principal de base BG^δ .

b) K a le même type d'homotopie que G (par exemple K est le compact maximal d'un groupe de Lie G). On s'intéresse dans ce cas aux classes d'homotopie des fibrés G-feuilletés. $B(G^\delta,K)$ a le même type d'homotopie que BG^δ .

3. L'homomorphisme caractéristique $H^*(\underline{G},K) \to H^*(X)$

Soit E un K-fibré G-feuilleté sur X . On veut définir un homomorphisme fonctoriel

$$\varphi : A(\underline{G},K) \to A(X)$$

où $A(X)$ désigne l'algèbre des formes différentielles sur X . La cohomologie de cette algèbre sera identifiée à l'algèbre de cohomologie $H(X)$ à coefficients réels via le théorème de de Rham.

Soient $h_{UV} : U \cap V \to K$ les applications différentiables de transition entre les atlas qui définissent sur E les réductions à G^δ et K . Si $\omega \in A(G)$, alors $(h_{UV})^*\omega$ est une forme différentielle sur $U \cap V$; si ω appartient au sous-complexe $A(\underline{G},K)$, alors d'après la formule du § 2, $(h_{UV})^*\omega = (h_{U'V'})^*\omega$ dans leur domaine commun de définition. On obtient ainsi une forme $\varphi(\omega)$ sur X . L'application φ commute avec d d'après le § 1.

L'homomorphisme

$$\varphi : H(\underline{G},K) \to H(X)$$

qu'on en déduit ne dépend que de la classe d'homotopie de E . Comme il est fonctoriel, il définit un homomorphisme

$$\varphi : H(\underline{G},K) \to H(B(G,K)) \ .$$

[$H(.)$ désigne toujours la cohomologie à coefficients réels.]

Remarques.- 1) Supposons que K soit un groupe de Lie compact. Soit $I(K)$ l'algèbre des fonctions polynomiales sur l'algèbre de Lie de K invariantes par la représentation adjointe. Cette algèbre est isomorphe à l'algèbre $H(BK)$. On a alors le diagramme commutatif suivant :

$$\begin{array}{ccc} H(\underline{G},K) & \leftarrow & I(K) \\ \varphi\downarrow & & \downarrow\wr \\ H(B(G,K)) & \leftarrow & H(BK) \end{array}$$

où la première flèche horizontale est définie par une K-connexion dans l'algèbre $A(\underline{G})$ (cf. [6]).

2) Van Est a démontré (cf. [8]) que lorsque G est un groupe de Lie connexe et K son compact maximal, alors $H(\underline{G},K)$ est isomorphe à la cohomologie des cochaînes continues de G. C'est d'ailleurs le cas en général si G/K est contractile.

Un <u>problème fondamental</u> est de savoir dans quelle mesure l'homomorphisme φ est injectif. (On ne peut espérer que φ soit surjectif : si G est par exemple le groupe des translations R de la droite, alors $H^1(\underline{R})$ est le groupe des homomorphismes continus de R dans R, alors que $H^1(BR^\delta)$ est le groupe de tous les homomorphismes de R dans R.)

Plus précisément, étant donné un élément $\alpha \in H^q(\underline{G},K)$, on peut se demander quelles sont les valeurs possibles que prend $\varphi(\alpha)$ sur les classes d'homologie entière de $B(G^\delta,K)$.

Examinons quelques cas particuliers.

a) Soit G un groupe de Lie semi-simple connexe et soit K un sous-groupe compact.

THÉORÈME (Borel-Selberg, etc...).- <u>L'homomorphisme $\varphi : H(\underline{G},K) \to H(B(G^\delta,K))$ est injectif.</u>

D'après Borel [2], il existe un sous-groupe discret D de G tel que $D\backslash G$ soit compact. De plus D peut être choisi sans torsion (Selberg), de sorte que $D\backslash G/K = X$ est une variété compacte. Considérons le fibré E sur X de fibre G qui est le quotient de $G \times G$ par la relation d'équivalence qui identifie (g_1, g_2) à $(g_1 d, d^{-1} g_2 k)$, où $d \in D$ et $k \in K$. Un élément ω de $A(\underline{G},K)$

s'identifie à une forme sur G/K invariante par G , donc aussi à une forme sur X qui n'est autre que l'image de ω par φ . Une forme non nulle de dimension maximale de $A(\underline{G},K)$ est appliquée sur une forme volume de X .

Comme $H(\underline{G},K)$ vérifie une dualité de Poincaré (Koszul [14]), il en résulte que φ est injectif.

b) Soit G le groupe $\mathrm{Diff}^+ S^1$ des difféomorphismes de S^1 homotopes à l'identité et soit K le sous-groupe SO_2 des rotations ; il a le même type d'homotopie que G .

Ainsi $H(\underline{\mathrm{Diff}^+} S^1 , SO_2)$ s'envoie par φ dans la cohomologie de $\mathrm{Diff}^+ S^1$ considéré comme groupe abstrait (c'est-à-dire la cohomologie de BG^δ).

La classe χ décrite dans le § 1 s'envoie dans la classe d'Euler du fibré universel de fibre S^1 sur BG^δ qui est non triviale. Les puissances de χ ont-elles des images non nulles ?

Quant à la classe α (cf. § 1), Thurston a démontré [17] que son évaluation sur $H_2(BG^\delta , Z)$ définissait un homomorphisme surjectif sur R , et qu'il en était de même pour toutes ses puissances.

Plus généralement, on peut poser le problème suivant. Prendre pour G le groupe des difféomorphismes de S^n et pour K le sous-groupe des rotations SO_{n+1} , c'est considérer la catégorie des fibrés en sphères S^n , associés à un fibré vectoriel, et avec un feuilletage transverse aux fibres.

Que peut-on dire sur la classe d'Euler et les classes de Pontryagin réelles d'un tel fibré (cf. diagramme de la remarque 1) ?

II. Feuilletages

1. L'algèbre de Lie d'un pseudogroupe de Lie

Soit G un pseudogroupe de Lie agissant transitivement sur une variété différentiable M. On peut définir comme précédemment la notion de G-champs de vecteurs définis sur des ouverts de M.

Soit 0 un point base dans M. Les k-jets en 0 des G-champs de vecteurs forment un espace vectoriel $\underline{G}^k$. Ce n'est pas une algèbre de Lie car le k-jet du crochet dépend du $(k+1)$-jet des composantes. Mais la limite inverse $\underline{G} = \lim \underline{G}^k$ est une algèbre de Lie appelée l'algèbre de Lie de G, ou plus précisément des G-champs de vecteurs formels.

On désignera par $A(\underline{G})$ la limite inductive des algèbres $A(\underline{G}^k)$ des formes multilinéaires alternées sur $\underline{G}^k$. Cette algèbre est munie d'une différentielle d définie formellement comme dans I,1. Sa cohomologie sera désignée par $H(\underline{G})$.

Les k-jets en 0 des éléments de G forment une variété différentiable J_0^kG qui est un fibré sur M par la projection but. De plus, soit G_0^k le groupe de Lie des jets d'ordre k en 0 des éléments de G laissant fixe 0. Alors G_0^k opère sur J_0^kG à droite par composition des jets et en fait un fibré principal de groupe G_0^k. De plus G opère à gauche comme pseudogroupe de transformations de J_0^kG.

Nous désignerons par $J_0^\infty G$ la limite inverse des J_0^kG.

Par définition, une application d'une variété X dans $J_0^\infty G$ est différentiable si sa projection dans chaque J_0^kG est différentiable. On pourra aussi considérer $J_0^\infty G$ comme un fibré G_0^∞-principal sur lequel G opère à gauche.

Définissons l'algèbre $A(J_0^\infty G)$ des formes différentielles sur $J_0^\infty G$ comme la limite directe des algèbres $A(J_0^kG)$ des formes différentielles sur J_0^kG.

L'algèbre $A(\underline{G})$ est canoniquement isomorphe à l'algèbre des formes différentielles sur $J_o^\infty G$ invariantes par l'action à gauche de G . Cet isomorphisme commute avec la différentielle.

Pour définir cet isomorphisme, il faut remarquer que l'espace vectoriel $\underline{G}$ limite inverse des jets des G-champs de vecteurs en 0 s'identifie à l'espace tangent à $J_o^\infty G$ en l'identité (limite inverse des espaces tangents aux $J_o^k G$ en l'identité). Si $z \in J_o^k G$ et si g est un élément de G défini dans un voisinage du but de z , alors on obtient par composition à gauche par g un difféomorphisme d'un voisinage de z sur un voisinage $g.z$ dont la dérivée en z ne dépend que du jet d'ordre $k+1$ de g .

On peut également construire un sous-groupe compact K de G_o^∞ jouant le rôle de compact maximal. Ce sous-groupe K est isomorphe à la limite inverse de sous-groupes compacts maximaux K^r de G_o^r qui sont tous isomorphes à K^1 (on suppose que G_o^1 n'a qu'un nombre fini de composantes connexes), car le noyau de $G_o^{r+1} \to G_o^r$ est un espace vectoriel pour $r \geq 1$. Pour tout r , G_o^r/K^r est contractile.

K opère par la représentation adjointe sur $A(\underline{G})$. On désignera par $A(\underline{G},K)$ le sous-complexe des formes invariantes par les éléments de K et annulées par les produits intérieurs par les éléments de $\underline{K}$. Son algèbre de cohomologie sera notée $H(\underline{G},K)$.

2. G-feuilletage sur X et homomorphisme caractéristique : $H(\underline{G},K) \to H(X)$

Soit X une variété différentiable et G un pseudogroupe de Lie opérant transitivement sur M .

Un G-feuilletage F sur X est un ensemble maximal de submersions f_U d'ouverts U de X dans M , les U formant un recouvrement de X et les f_U

vérifiant la condition de compatibilité suivante : pour tout $x \in U \cap V$, il existe un élément g_{UV} de G tel que

$$f_U = g_{UV} f_V \qquad \text{dans un voisinage de } x .$$

Les f_U sont les projections locales de F.

Une application différentiable f d'une variété X' dans X est dite transverse à F si les applications $f_U f$ sont des submersions. Ce sont alors des projections locales d'un G-feuilletage sur X' appelé l'image inverse $f^{-1}F$ de F par f. L'application f est alors un morphisme de $f^{-1}(F)$ sur F. Avec cette notion, les G-feuilletages forment une catégorie $F(G)$.

$H(X)$ désignera toujours la cohomologie à coefficients réels.

THÉORÈME.- <u>Pour tout G-feuilletage</u> F <u>sur</u> X, <u>il existe un homomorphisme</u>

$$\varphi(F) : H(\underline{G},K) \rightarrow H(X)$$

<u>fonctoriel, c'est-à-dire si</u> $f : X' \rightarrow X$ <u>est transverse à</u> F, <u>alors</u>

$$f^*\varphi(F) = \varphi(f^{-1}F) .$$

<u>Démonstration</u>. Soit J^kF le fibré sur X dont la fibre au-dessus de x est la variété des k-jets en x des projections locales f_U de F appliquant x sur 0. C'est un fibré différentiable principal de groupe G_o^k (qui opère par composition à gauche). Sa restriction à U est isomorphe au fibré induit de J_o^kG par f_U : si g est un élément de G appliquant 0 sur $f_U(x)$, au couple formé de x et du k-jet de g en 0 correspond le k-jet en x de $g^{-1}f_U$. Par ces isomorphismes locaux, les formes différentielles sur J_o^kG invariantes par G se transportent sur des formes différentielles définies globalement sur J^kF.

Si l'on désigne par $A(J^\infty F)$ la limite directe de l'algèbre des formes différentielles sur J^kF, on obtient un homomorphisme injectif φ de $A(\underline{G})$ dans

$A(J^{\infty}F)$, qui commute avec les différentielles, et avec l'action de K . Or les formes différentielles K-basiques sur J^kF s'identifient aux formes différentielles sur le quotient de J^kF par K qui est un fibré sur X de fibre contractile. Par le théorème de de Rham, la cohomologie de cette algèbre est isomorphe à $H(X)$. L'homomorphisme $\varphi(F)$ est ainsi obtenu par composition

$$H(\underline{G},K) \rightarrow H(A(J^{\infty}F),K) \rightarrow H(X) .$$

De manière équivalente (et pour montrer l'analogie avec I,2,3), on peut toujours réduire le groupe structural G_o de $J^{\infty}F$ au sous-groupe K , (et deux telles réductions sont homotopes). Cela revient à se donner un recouvrement $\{V\}$ de X et des sections locales $\psi_V : V \rightarrow J^{\infty}F$ telles que $\psi_{V'} = k_{V'V}\psi_V$, où $k_{V'V}$ est une application différentiable de $V \cap V'$ dans K . Si f_U est une projection locale de F , il existe alors une application différentiable h_{UV} de $U \cap V$ dans $J_o^{\infty}G$ telle que $h_{UV}(x)\psi_V(x)$ = jet de f_U en x . Si $f_{U'}$ est une autre projection locale de F telle que $f_{U'} = g_{U'U}f_U$ et si $\gamma_{U'U}(x)$ désigne le jet de $g_{U'U}$ au point $f_U(x)$, on a la formule

$$h_{U'V'}(x) = \gamma_{U'U}(x)\ h_{UV}(x)\ k_{VV'}(x) .$$

Ainsi en identifiant $\omega \in A(\underline{G},K)$ à une forme invariante sur $J_o^{\infty}G$, on peut définir $\varphi(\omega)$ comme l'unique forme sur X dont la restriction à chaque $U \cap V$ est $h^*_{UV}(\omega)$. (Comparer avec I,3.)

Remarques.- 1) On peut toujours trouver un relèvement différentiable de $J^1(F)$ dans $J^{\infty}F$, unique à homotopie près. On obtient ainsi un homomorphisme bien défini $H(\underline{G}) \rightarrow H(J^1F)$. Si le fibré normal à F est trivialisé (en tant que G_o^1-fibré), cela revient à se donner une section σ de J^1F au-dessus de X . On obtient alors par composition un homomorphisme

$$\varphi : H(\underline{G}) \rightarrow H(X)$$

qui est caractéristique pour les G-feuilletages avec fibré normal trivialisé.

2) Soit G' un sous-pseudogroupe de G transitif sur M. On peut choisir le compact maximal K' de G'_o contenu dans K. Un G'-feuilletage F sur X est aussi un G-feuilletage et l'on a le diagramme commutatif

$$\begin{array}{ccc} H(\underline{G},K) & \rightarrow & H(\underline{G}',K') \\ & \searrow \quad \swarrow & \\ & H(X) . & \end{array}$$

3. Microfibrés feuilletés et classifiants

Pour interpréter ce qui précède en termes de classifiants, il faut considérer la catégorie plus grande des microfibrés.

Un microfibré G-feuilleté sur une variété X est la donnée d'une variété E munie d'une submersion $p : E \rightarrow X$, d'une section $i : X \rightarrow E$ de p et d'un G-feuilletage complémentaire aux fibres. Si l'on se restreint à un voisinage E' de $i(X)$, les microfibrés E et E' seront considérés comme isomorphes.

On définit de manière évidente l'image inverse de E par une application différentiable f de X' dans X, la notion de morphisme qui en découle et enfin celle d'homotopie comme dans I,2.

De plus, à tout G-feuilletage F sur X, on peut associer un G-microfibré E sur X, unique à isomorphisme près, et tel que F soit l'image inverse par i du G-feuilletage de E.

Un G-microfibré (ou un G-feuilletage) admet un groupoïde topologique structural Γ. C'est le groupoïde des germes des éléments de G aux divers points de M. On le munit de la topologie des germes de sorte que Γ est étalé sur M par la projection source ou but (c'est l'analogue pour les G-fibrés de G muni de la topologie discrète).

Les constructions classiques des classifiants pour les groupes topologiques se généralisent facilement aux groupoïdes topologiques (cf. [16] ou [12]). Ainsi à tout groupoïde topologique Γ est associé fonctoriellement un espace $B\Gamma$. Les classes d'homotopie de microfibrés G-feuilletés sur X correspondent bijectivement aux classes d'homotopie de X dans $B\Gamma$. A noter que si l'on restreint Γ à un voisinage de 0, le type d'homotopie de $B\Gamma$ n'est pas changé (on suppose G transitif).

L'homomorphisme caractéristique $H(\underline{G},K) \to H(X)$ étant défini fonctoriellement pour les microfibrés G-feuilletés (on compose l'homomorphisme défini en 2 avec i^*), il provient d'un homomorphisme universel

$$\varphi : H(\underline{G},K) \to H(B\Gamma) .$$

On peut associer à G d'autres groupoïdes topologiques, tel que le groupoïde J^kG des jets d'ordre k avec sa topologie de variété fibrée sur M , ou la limite $J^\infty G$ des J^kG (c'est l'analogue pour un groupe G de difféomorphismes de M de G muni de sa structure différentiable), ou encore le groupe G_o^k des k-jets des éléments laissant fixe 0 . Les classifiants de ces groupoïdes sont tous du même type d'homotopie que BK .

On a une application naturelle de $B\Gamma \to BK$ à l'homotopie près (via $BJ^\infty G$), et un homomorphisme

$$H(\underline{G}) \to H(F\Gamma) ,$$

où $F\Gamma$ est la fibre homotopique de $B\Gamma \to BK$.

Remarque.- Modulo des définitions convenables, on doit pouvoir interpréter $H(\underline{G},K)$ comme la cohomologie continue de Γ .

4. Le cas du pseudogroupe des difféomorphismes de R^n

Nous désignerons par $\mathfrak{a}_n$ l'algèbre de Lie des champs de vecteurs formels sur R^n . Elle correspond au pseudogroupe G_n de tous les difféomorphismes de R^n . Le compact maximal est alors le groupe orthogonal O_n (ou SO_n si l'on se restreint au pseudogroupe G_n^+ des difféomorphismes qui préservent l'orientation).

En faisant correspondre à un champ de vecteurs formel sa partie linéaire, on obtient une projection de $\mathfrak{a}_n$ sur la sous-algèbre $g\ell_n$ qui est l'algèbre de Lie des automorphismes linéaires de R^n . Ainsi l'algèbre $A(\mathfrak{a}_n)$ est munie d'une $g\ell_n$-connection (pour ces notions, cf. H. Cartan [6]).

L'algèbre universelle pour cette catégorie est l'algèbre de Weil $W(g\ell_n)$ dont nous rappelons la définition. En tant qu'algèbre, c'est le produit tensoriel de l'algèbre $A(gl_n)$ des formes multilinéaires alternées sur gl_n par l'algèbre $S(gl_n)$ des formes multilinéaires symétriques sur gl_n. Une forme q-linéaire alternée (resp. symétrique) sera de degré q (resp. $2q$).

Soit $\omega_j^i \in A^1(gl_n)$ (resp. $\Omega_j^i \in S^1(gl_n)$) la base duale de la base canonique de gl_n. La différentielle d dans $W(gl_n)$ est l'unique antidérivation de carré nul telle que

$$d\omega_j^i = -\Sigma\, \omega_k^i \wedge \omega_j^k + \Omega_j^i$$

ce qui implique

$$d\Omega_j^i = \Sigma\, \Omega_k^i \wedge \omega_j^k - \Sigma\, \omega_k^i \wedge \Omega_j^k .$$

$W(gl_n)$ est une gl_n-algèbre, c'est-à-dire que gl_n opère sur $W(gl_n)$ par la représentation adjointe et par les produits intérieurs.

La connection dans $\mathfrak{a}_n$ définit un homomorphisme de gl_n-algèbres **différentielles** $W(gl_n) \to A(\mathfrak{a}_n)$, ω_j^i étant appliqué sur la forme qui associe à $\xi \in \mathfrak{a}_n$ le coefficient d'indice $\binom{i}{j}$ de sa partie linéaire.

On constate d'abord que cet homomorphisme s'annule sur l'idéal engendré par les éléments de $S(gl_n)$ de degré $> 2n$. Le quotient de $W(gl_n)$ par cet idéal sera appelé l'algèbre de Weil tronquée $\hat{W}(gl_n)$. L'homomorphisme précédent se factorise donc en une injection

$$i : \hat{W}(gl_n) \to A(\mathfrak{a}_n) .$$

THÉORÈME (Gelfand-Fuchs [10]).- L'homomorphisme i induit un isomorphisme sur la cohomologie

$$H(\hat{W}(gl_n)) = H(\mathfrak{a}_n) .$$

La cohomologie de $\hat{W}(gl_n)$ se calcule aisément. On sait que l'algèbre $W(gl_n)$ est acyclique en degré > 0. Les éléments gl_n-basiques dans $W(gl_n)$ sont les invariants symétriques $I(gl_n)$, c'est-à-dire les polynômes dans les

Ω^i_j invariants par la représentation adjointe. C'est l'algèbre des polynômes $R[c_1,\dots,c_n]$, où c_i désigne le terme de degré $2i$ dans le déterminant de la matrice $1 + 1/2\pi\Omega$.

Soient u_i des éléments de $W(g\ell_n)$ tels que $du_i = c_i$. Les images des u_i et c_i dans $\hat{W}(g\ell_n)$ seront désignées par la même lettre.

Soit W_n le produit tensoriel de l'algèbre extérieure $E(u_1,u_2,\dots,u_n)$ dans les générateurs $u_1,\dots,u_n$ par l'algèbre $\hat{R}[c_1,\dots,c_n]$ quotient de l'algèbre $R[c_1,\dots,c_n]$ par l'idéal des termes de degré $> 2n$. Dans W_n , on définit une différentielle en posant $du_i = c_i$.

THÉORÈME.- <u>L'inclusion</u> $W_n \to \hat{W}(g\ell_n)$ <u>induit un isomorphisme sur la cohomologie.</u>

Pour le vérifier, on filtre ces deux complexes en utilisant le degré du second facteur du produit tensoriel et on considère les suites spectrales associées. Pour $\hat{W}(g\ell_n)$, c'est celle de Hochschild-Serre [13] (elle se généralise sans autre hypothèse au cas d'une $g\ell_n$-algèbre réductive avec connection). Le terme E_2 pour W_n s'identifie à W_n , alors que celui de $\hat{W}(g\ell_n)$ est isomorphe à $H(g\ell_n) \otimes \hat{R}[c_1,\dots,c_n]$. Comme la projection naturelle de $E(u_1,\dots,u_n)$ dans $A(g\ell_n)$ induit un isomorphisme sur la cohomologie, il suffit d'appliquer un théorème de comparaison.

J. Vey a déterminé une base de $H(W_n)$. Les éléments de la forme $u_{i_1} \wedge \dots \wedge u_{i_t} \otimes c_{j_1} \otimes \dots \otimes c_{j_s}$ où $i_1 < \dots < i_t$, $j_1 \leq \dots \leq j_s$ et $|j| = \Sigma\, j_r \leq n$ forment une base de W_n . En prenant ceux pour lesquels $i_1 \leq j_1$ et $i_1 + |j| > n$, leur classe de cohomologie forment une base additive de $H(W_n)$.

Il en résulte par exemple que la structure multiplicative de $H(W_n)$ est triviale car $|j| > n/2$.

Calcul de $H(\mathfrak{a}_n, O_n)$ et $H(\mathfrak{a}_n, SO_n)$

L'algèbre $\hat{W}(g\ell_n)$ est aussi une O_n-algèbre. La sous-algèbre de ses éléments O_n-basiques sera désignée par $\hat{W}(g\ell_n, O_n)$.

D'après le théorème de Gelfand-Fuchs, l'inclusion de $\hat{W}(g\ell_n, O_n)$ dans $A(\mathfrak{a}_n, O_n)$ induit un isomorphisme sur la cohomologie (utiliser la suite spectrale de Hochschild-Serre).

Pour i impair, on peut prendre pour u_i des éléments O_n-basiques. Soit WO_n le sous-complexe de W_n qui est le produit tensoriel de $E(u_1, u_3, \ldots) \otimes \hat{R}[c_1, c_2, \ldots, c_n]$. (Les indexes des u_i sont impairs.)

THÉORÈME.- L'inclusion de WO_n dans $A(\mathfrak{a}_n, O_n)$ induit un isomorphisme

$$H(WO_n) = H(\mathfrak{a}_n, O_n) .$$

La SO_n-connection canonique sur $A(\mathfrak{a}_n)$ permet de définir pour n pair la classe d'Euler $\chi \in H^n(\mathfrak{a}_n, SO_n)$.

THÉORÈME.-

$$H(\mathfrak{a}_n, SO_n) = \begin{cases} H(WO_n) , & n \text{ impair} \\ H(WO_n)[\chi]/(\chi^2 - c_n) , & n \text{ pair.} \end{cases}$$

Vey a également déterminé une base additive de $H(WO_n)$.

Les éléments c_{2i} engendrent dans $H(\mathfrak{a}_n, O_n)$ un sous-anneau isomorphe à $\hat{R}[c_2, c_4, \ldots]$ et par $\varphi(F)$ les éléments c_{2i} sont envoyés sur les classes de Pontryagin p_i du fibré normal du feuilletage F sur X . C'est le théorème d'annulation de Bott.

L'invariant de Godbillon-Vey [11] correspond à l'image par $\varphi(F)$ de $u_1 c_1^n$.

Description explicite de l'homomorphisme caractéristique $\varphi(F) : H(\mathfrak{a}_n, O_n) \to H(X)$

D'après le théorème de Gelfand-Fuchs, il suffit de construire un homomorphisme de $\hat{W}(g\ell_n, O_n)$ dans $A(X)$. Comme le sous-complexe $\hat{W}(g\ell_n)$ de $A(\mathfrak{a}_n)$ ne dépend que du jet d'ordre 2 des champs de vecteurs, il suffira de supposer que le feuilletage F sur X est de classe C^2 .

Sur $J^1(F)$, qui est le fibré principal associé au fibré normal de F , on a canoniquement n formes $\omega^1,\dots,\omega^n$ qui forment un système complètement intégrable correspondant au feuilletage image inverse de F par la projection sur X . Sur $J^2(F)$, on a n^2 formes ω^i_j canoniquement définies et qui correspondent aux formes ω^i_j de $A(\mathfrak{a}_n)$ ou de $\hat{W}(g\ell_n)$. Le choix de formes θ^i_j sur J^1F telles que

$$d\omega^i = -\Sigma\, \theta^i_k \wedge \omega^k$$

correspond exactement au choix d'une section $\sigma : J^1F \to J^2F$ (par la correspondance $\theta^i_j = \sigma^*(\omega^i_j)$). Cette section est invariante par l'action de GL_n si et seulement si θ^i_j est transformé suivant l'action adjointe de GL_n , c'est-à-dire si c'est la 1-forme d'une connection.

Il existe un homomorphisme unique de $\hat{W}(g\ell_n)$ dans $A(J^1F)$ appliquant ω^i_j sur θ^i_j . Comme il commute avec l'action de GL_n , il donne par restriction un homomorphisme de $\hat{W}(g\ell_n, O_n)$ dans $A(J^1F/O_n)$, d'où en passant à la cohomologie, l'homomorphisme $\varphi(F)$.

Le cas complexe. Soit G^C_n le pseudogroupe dont les éléments sont les automorphismes holomorphes des ouverts de C^n sur des ouverts de C^n , et soit $\mathfrak{a}^C_n$ son algèbre de Lie de champs de vecteurs formels. Dans ce cas le compact maximal est le groupe unitaire U_n .

Le calcul de Gelfand-Fuchs s'applique sans changement à ce cas. Nous nous bornons à énoncer le résultat. Soit $\omega^i_j \in A^1(\mathfrak{a}^C_n) \otimes \mathbf{C}$ la 1-forme associant au champ de vecteurs complexes la composante d'indice (i,j) de sa partie linéaire, et soit $\Omega^i_j = d\omega^i_j + \Sigma\, \omega^i_k \wedge \omega^k_j$.

Soit c_i la composante de degré $2i$ du déterminant de la matrice $(I + \sqrt{-1}/2\pi\,\Omega)$, et $\bar{c}_i$ la forme conjuguée. Il existe des formes $u_i \in A^{2i-1}(\mathfrak{a}_n^C, U_n) \otimes C$ telles que $du_i = c_i - \bar{c}_i$.

Soit alors WU_n le complexe $\hat{C}[c_1,\ldots,c_n] \otimes E(u_1,\ldots,u_n) \otimes \hat{C}[\bar{c}_1,\ldots,\bar{c}_n]$ muni de la différentielle $du_i = c_i - \bar{c}_i$.

THÉORÈME.- L'homomorphisme naturel $WU_n \to A(\mathfrak{a}_n^C, U_n) \otimes C$ induit un isomorphisme en cohomologie :

$$H(\mathfrak{a}_n^C, U_n) \otimes C = H(WU_n) .$$

Par l'homomorphisme caractéristique du G_n^C-feuilletage complexe F , les c_i sont appliqués sur les classes de Chern du fibré normal de F .

5. Problèmes et résultats

Soit Γ le groupoïde des germes des éléments d'un pseudogroupe de Lie G . Etudier les propriétés homotopiques des G-feuilletages est équivalent à étudier celles du classifiant $B\Gamma$. Comme dans I,3, une question fondamentale est de savoir quelles peuvent être les valeurs prises par les images de $\varphi : H(\underline{G},K) \to H(B\Gamma)$ sur les classes d'homologie entières de $B\Gamma$.

Soit Γ_n (resp. Γ_n^+) le groupoïde des germes de difféomorphismes locaux (resp. respectant l'orientation) de R^n . On peut essayer, comme l'avait fait Roussarie pour la codimension 1 (cf. [11]), de tester les classes caractéristiques sur des feuilletages obtenus en prenant le quotient par un sous-groupe discret d'un feuilletage homogène.

Soit donc G un groupe de Lie et soit H un sous-groupe connexe de codimension n . L'action de G sur un voisinage de H dans G/H définit un pseudogroupe de Lie sur R^n dont le groupoïde des germes sera noté $\Gamma_{G,H}$. L'algèbre de Lie de ce pseudogroupe n'est autre que l'algèbre de Lie $\underline{G}$ de G et le rôle du sous-groupe compact est joué par le compact maximal K de H .

On a le diagramme commutatif

$$\begin{array}{ccc} H(\underline{G},K) & \leftarrow & H(\mathfrak{a}_n , SO_n) \\ \downarrow & & \downarrow \\ H(B\Gamma_{G,H}) & \leftarrow & H(B\Gamma_n^+) \end{array} .$$

Comme on l'a vu (cf. I,3), si G est semi-simple, la première flèche verticale est injective. Ainsi un élément de $H(\mathfrak{a}_n , SO_n)$ qui a une image non nulle dans $H(\underline{G},K)$ aura aussi une image non nulle dans $H(B\Gamma_n^+)$.

On peut prendre par exemple pour G le groupe $SL_{n+1}(R)$ agissant sur S^n identifié aux rayons de R^{n+1} . Ou bien le groupe $SO(1 , n+1)$ agissant sur les rayons du cône $x_1^2 - x_2^2 - \dots - x_{n+2}^2 = 0$.

On peut montrer ainsi que plusieurs classes sont envoyées par φ non trivialement dans $H(B\Gamma_n^+)$. Pour $n = 2$ par exemple, les classes $u_1 c_1^2$ et $u_1 c_2$ sont linéairement indépendantes. Mais on est encore bien loin de pouvoir montrer l'injectivité de φ .

Dans le cas complexe, la situation est plus satisfaisante. Par exemple, Bott avait démontré [3] que les classes $u_1 c^\alpha$, où c^α est un monôme de degré $2n$ dans les c_i , pouvaient prendre indépendamment n'importe quelle valeur complexe.

Dans le cas réel, Thurston [17] a démontré qu'il existait une famille à 1 paramètre de feuilletages de codimension 1 sur une variété compacte de dimension 3 pour lequel l'invariant de Godbillon-Vey $u_1 c_1$ intégré sur M pouvait prendre toutes les valeurs réelles. (C'est le même exemple que celui cité en I,3, la classe β correspondant à $u_1 c_1$.)

En utilisant les techniques de Chern-Simons [7], on peut montrer en revanche la rigidité de certaines classes de WO_n . (C'est ce qu'a annoncé notamment J. Heitsch.)

Thurston a également annoncé qu'il pouvait généraliser les méthodes de Mather (cf. [15]) en codimension supérieure à 1 . Il en déduit en particulier qu'il existe des feuilletages de codimension 2 pour lequel la première classe de Pontrjagin réelle (c_2 dans notre notation) est non nulle.

BIBLIOGRAPHIE

[1] BERNSTEIN-ROSENFELD - Sur les classes caractéristiques des feuilletages, Funct. Anal. 6 (1972), 68-69.

[2] BOREL - Compact Clifford-Klein forms of symmetric spaces, Topology 2 (1963) 111-122.

[3] BOTT - On a topological obstruction to integrability, Proc. Int. Congress, Nice, 1970, 27-36.

[4] BOTT - The Lefschetz formula and exotic characteristic classes, Proc. of the Diff. Geometry Conf., Roma (1971).

[5] BOTT-HAEFLIGER - On characteristic classes of -foliations, à paraître au Bull. AMS.

[6] CARTAN - Notions d'algèbre différentielle, etc., Colloque de Topologie, Bruxelles (1950), 15-27, et 57-71.

[7] CHERN-SIMONS - Some cohomology classes in principal fiber - bundles and their applications to Riemannian geometry, Proc. Nat. Acad. Sc. USA, 68 (1971), 791-4.

[8] VAN EST - Une application d'une méthode de Cartan-Leray, Indag. Math. 17 (1955), 542-4.

[9] GELFAND-FUCHS - The cohomology of the Lie algebra of tangent vector fields of a smooth manifold, I et II, Funct. Anal., 3 (1969), 32-52, et 4 (1970), 23-32.

[10] GELFAND-FUCHS - The cohomology of the Lie algebra of formal vector fields, Izv. Akad. Nauk SSSR, 34 (1970), 322-337.

[11] GODBILLON-VEY - Un invariant des feuilletages de codimension un, C.R. Acad. Sc. Paris, Juin 1971.

[12] HAEFLIGER - Homotopy and integrability, Amsterdam 1971, Springer, Lecture Notes, n° 197.

[13] HOCHSCHILD-SERRE - Cohomology of Lie algebras, Annals of Math, 57 (1953), 591-603.

[14] KOSZUL - Homologie et cohomologie des algèbres de Lie, Bull. Soc. Math. de France, 78 (1950), 65-127.

[15] MATHER - On Haefliger's classifying space I, Bull. AMS, 77 (1971), 1111-1115.

[16] SEGAL - Classifying spaces and spectral sequences, I.H.E.S., Public. Math., 34 (1968), 105-112.

[17] THURSTON - Non-cobordant foliations of S^3 .

LE GROUPE DE CREMONA D'APRÈS DEMAZURE

par André HIRSCHOWITZ

0. Introduction

En première approximation, le groupe de Cremona à n variables est le groupe des $\mathbb{C}$-automorphismes de $\mathbb{C}(x_1,\ldots,x_n)$. Ce groupe est bien trop gros pour être algébrique (voici, pour les sceptiques, une flopée d'automorphismes : $(x_1,x_2) \longmapsto (x_1,x_2+P(x_1))$). Cependant, il a un rôle important à tenir dans l'étude des variétés rationnelles si bien que les renseignements le concernant sont activement recherchés. Une façon naturelle de l'aborder consiste à étudier ses sous-groupes algébriques. Pour mettre en évidence des sous-groupes algébriques, on dispose de la remarque suivante : Soit X une variété rationnelle de dimension n complète. La composante neutre du groupe des automorphismes de X définit, via les isomorphismes entre $\mathbb{C}(X)$ et $\mathbb{C}(x_1,\ldots,x_n)$, une classe de conjugaison de sous-groupes algébriques du groupe de Cremona.

En 1893, Enriques a montré (cf. [5] et [4]) que tous les sous-groupes algébriques connexes maximaux du groupe de Cremona à deux variables sont décrits par le procédé ci-dessus et qu'on peut choisir X lisse. On observe alors que ces groupes sont de rang deux de centre nul, et que leur partie réductive est de type A .

Plus récemment, Demazure a conçu le projet d'adopter un point de vue analogue pour étudier le groupe de Cremona à n variables sur un corps quelconque. Le fruit de ses observations a fait l'objet de la publication (cf. [1]) dont le présent exposé prétend rendre compte.

Pour pouvoir exploiter les techniques habituelles de la théorie des groupes algébriques, Demazure concentre son effort sur les sous-groupes algébriques du groupe de Cremona contenant un tore déployé de dimension n . Il peut alors développer une théorie des racines qui rappelle celle des groupes réductifs déployés (cf. [6]) et qui lui permet de classifier les sous-groupes en question par ce qu'il appelle les systèmes d'Enriques. On constate ainsi que la partie réductive de ces sous-groupes est de type A et que ceux qui sont semi-simples sont des produits de groupes projectifs.

Le reste du travail est consacré à une noble entreprise : réaliser les sous-groupes en question comme groupes d'automorphismes de variétés rationnelles lisses (en vérité, on aurait préféré pouvoir choisir ces variétés rationnelles lisses propres). A cet effet, Demazure introduit certains objets de nature combinatoire, les éventails auxquels il associe des $\mathbb{Z}$-schémas rationnels de dimension n munis de l'opération fidèle d'un tore déployé de rang n . Voyons dès maintenant ces éventails de plus près.

1. Eventails et schémas associés

Soit M un groupe abélien libre de type fini.

DÉFINITION 1.- On appelle éventail dans M tout ensemble E fini non vide de parties de M^* vérifiant :

E_1 Tout élément de E est une base incomplète de M^* .

E_2 Toute partie de M^* contenue dans un élément de E est un élément de E .

E_3 Si K et L sont deux éléments de E , on a $\mathbb{N}(K \cap L) = \mathbb{N}K \cap \mathbb{N}L$ où $\mathbb{N}K$ par exemple désigne l'ensemble des combinaisons à coefficients dans $\mathbb{N}$ d'éléments de K .

DÉFINITION 2.- <u>On appelle support de l'éventail</u> E <u>la réunion</u> $|E|$ <u>des éléments de</u> E .

Notons $\mathbb{N}^+K$ l'ensemble des combinaisons linéaires à coefficients entiers strictement positifs d'éléments de K (en particulier $\mathbb{N}^+\emptyset = \{0\}$).

DÉFINITION 3.- <u>On dit que l'éventail</u> E <u>est complet si les</u> $\mathbb{N}^+K$ <u>forment une partition de</u> M^* <u>lorsque</u> K <u>décrit</u> E .

Avant de donner des exemples, montrons comment on associe à un éventail un $\mathbb{Z}$-schéma.

Pour K dans E , notons M_K le sous-monoïde de M formé des $m \in M$ tels que $\langle r , m \rangle \geq 0$ pour tout r dans K .

Notons $\mathbb{Z}[M]$ l'algèbre du groupe M , qui est engendrée par les e^m où m décrit M . Notons V_K le spectre premier du sous-anneau $\mathbb{Z}[M_K]$ de $\mathbb{Z}[M]$ engendré par les e^m où m décrit M_K . Si $K = \emptyset$, V_K est le $\mathbb{Z}$-tore T dual de M . Si K est une base, V_K est isomorphe à $\mathbb{G}_a^n$ et si K est quelconque, V_K est isomorphe à un produit de groupes additifs et multiplicatifs. L'isomorphisme canonique entre M et $\mathrm{Hom}(T , \mathbb{G}_m)$ permet de définir une opération de T sur le $\mathbb{Z}$-groupe $\mathbb{Z}[M_K]$ qui induit une opération de T sur le $\mathbb{Z}$-schéma V_K . Il nous reste à recoller les V_K . Voici le lemme qu'on utilise :

<u>Lemme</u> 4.- <u>Si</u> $L \subset K$, <u>l'injection de</u> M_K <u>dans</u> M_L <u>induit un morphisme canonique de</u> V_L <u>dans</u> V_K :

a) <u>Ce morphisme est une immersion ouverte de</u> $\mathbb{Z}$<u>-schémas, compatible avec l'opération de</u> T .

b) <u>Le morphisme canonique de</u> $V_{K \cap L}$ <u>dans</u> $V_K \times V_L$ <u>est une immersion fermée.</u>

Notons que c'est l'axiome E_3 qui permet de montrer la seconde partie du lemme.

DÉFINITION 5.- <u>On appelle schéma associé à l'éventail</u> E <u>le schéma</u> $\hat{E}$ <u>obtenu en recollant les</u> V_K <u>à l'aide des immersions décrites dans le lemme précédent.</u>

On voit sans difficulté que $\hat{E}$ est un $\mathbb{Z}$-schéma lisse séparé de présentation finie et à fibres intègres.

PROPOSITION 6.- <u>Pour que</u> $\hat{E}$ <u>soit propre, il faut et il suffit que</u> E <u>soit complet.</u>

On peut montrer que si E est complet, ses éléments maximaux sont des bases.

Donnons maintenant des exemples :

a) $M^* = \mathbb{Z}^n$ $(r_1,\ldots,r_n)$ est la base canonique et, par définition $r_{n+1} = -r_1 - r_2 - \ldots - r_n$. Posons $|E| = \{r_1,\ldots,r_n, r_{n+1}\}$ et considérons l'éventail E dont les éléments sont les parties de $|E|$ distinctes de $|E|$. Le schéma $\hat{E}$, obtenu en recollant $(n+1)$ espaces affines,est un espace projectif. Rien d'étonnant à ce qu'il soit propre : on vérifie sans difficulté que E est complet.

b) $M^* = \mathbb{Z}^2$, (e_1,e_2) est la base canonique. $|E| = \{e_1,e_2, -e_1,-e_2\}$ et E est engendré par (e_1,e_2), $(e_1,-e_2)$, $(-e_1,e_2)$, $(-e_1,-e_2)$ ce qui se mémorise à l'aide du dessin suivant

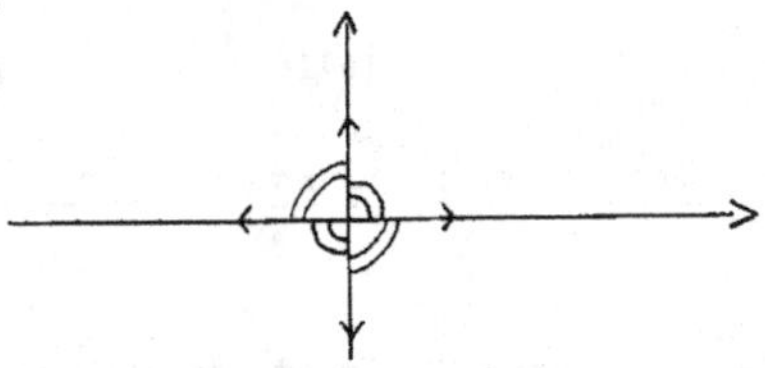

Les angles mis en évidence sont ceux définis par des parties à deux éléments de E. Dire que E est complet revient à dire que la réunion de ces angles est l'espace entier. Dans $\mathbb{Z}^3$ la situation est analogue : ce sont les angles solides qui interviennent. Dans l'exemple qui nous occupe $\hat{E} = \mathbb{P}_1 \times \mathbb{P}_1$.

c) $M^* = \mathbb{Z}^2$. Représentons l'éventail par le dessin

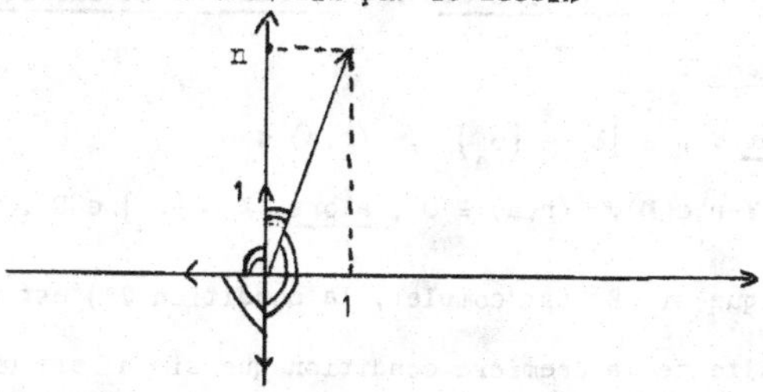

Le schéma $\hat{E}$ est la surface F_n obtenue en adjoignant (de la façon évidente) une section à l'infini au fibré $\mathcal{O}(n)$ sur la sphère de Riemann.

b) On peut distinguer les éventails convexes : E est convexe si les éléments maximaux de E sont des bases et si, K étant un tel élément et r un point de $|E| - K$, la somme des coordonnées de r dans K est négative. Soit ω_E le faisceau inversible canonique sur $\hat{E}$. On peut montrer que pour que E soit convexe, il faut et il suffit que ω_E^{-1} soit ample. De façon plus générale, on peut se demander si tous les $\hat{E}$ sont quasi-projectifs. La réponse est négative même dans le cas propre (cf. [3]). Demazure donne un critère numérique de quasi-projectivité issu de l'étude de $\mathrm{Pic}\,\hat{E}$.

2. Automorphismes du $\mathbb{Z}$-schéma $\hat{E}$ associé à E

On connait déjà le sous-tore T de $\mathrm{Aut}(\hat{E})$.

Soient k un corps et a dans $M = \mathrm{Hom}(T, \mathbb{G}_m)$. Notons $T \times_a \mathbb{G}_a$ le produit semi-direct de T par $\mathbb{G}_a$ pour l'opération de T sur $\mathbb{G}_a$ définie par a .

DÉFINITION 7.- On dit que a est une racine de E s'il existe une opération de $(T \times_a \mathbb{G}_a)_k$ sur $\hat{E}_k$ prolongeant l'opération canonique de T_k sur $\hat{E}_k$ et n'induisant pas l'opération triviale de $\mathbb{G}_a$.

Nous allons tout de suite donner la caractérisation combinatoire qui permet de repérer les racines dans la pratique.

THÉORÈME 8.- Pour que a soit racine de E, il faut et il suffit qu'il existe r_a dans $|E|$ vérifiant :

1°) $\langle r_a, a\rangle = 1$ et $\forall r \in |E| - \{r_a\}$, $\langle r,a\rangle \leq 0$.

2°) Si $K \in E$ et $\forall r \in K$, $\langle r,a\rangle = 0$, alors $K \cup \{r_a\} \in E$.

On peut vérifier que si E est complet, la condition 2°) est superflue. D'autre part, il résulte de la première condition que si a est une racine, r_a est bien déterminé. A titre d'exemple, cherchons les racines dans le cas de l'exemple c) ci-dessus

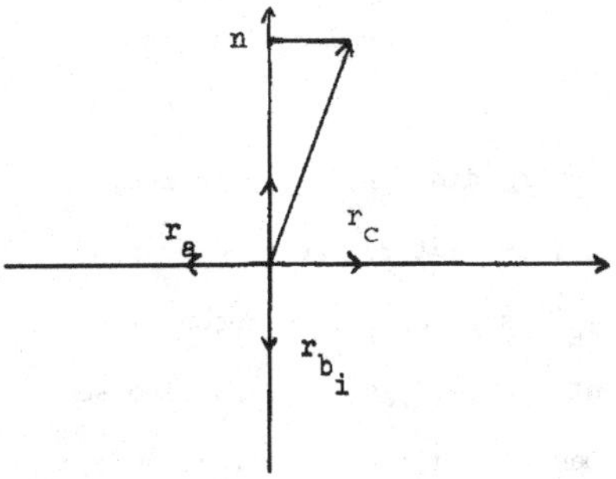

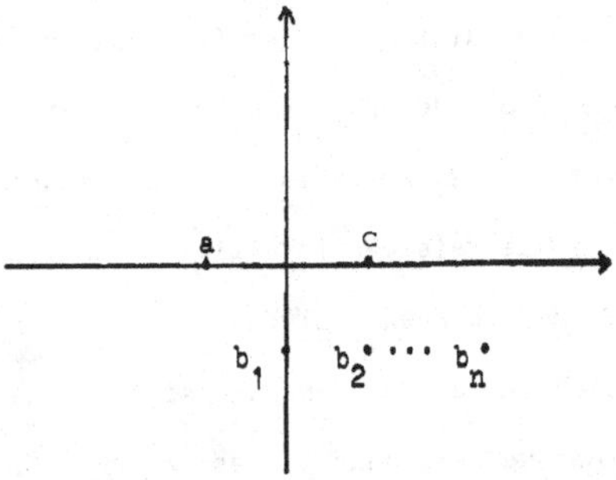

On obtient dans M les racines $a, b_1, \ldots, b_n$ dessinées ci-dessus. Voyons maintenant de plus près les automorphismes de $\hat{E}$ associés à a.

THÉORÈME 9.- Il existe un monomorphisme unique x_a de $\mathbb{G}_a$ dans $\mathrm{Aut}(\hat{E})$ tel que, si S est un k-schéma, si $\ell \in \mathbb{G}_a(S)$ et $t \in T(S)$, on ait :

1°) $t x_a(\ell) t^{-1} = x_a(a(t)\ell)$.

2°) Si $1 + \ell/a(t)$ est inversible, alors $x_a(\ell)$ transforme t en $t r_a(1 + \ell/a(t))$.

L'image U_a de x_a est donc un sous-groupe normalisé par T dans $\mathrm{Aut}(\hat{E})$. On l'appellera groupe à un paramètre d'automorphismes de $\hat{E}$ associé à la racine a.

Si a et b sont deux racines de E , quelles sont les relations de commutation entre les automorphismes associés ?

THÉORÈME 10.- 1°) Si $r_a = r_b$ ou si $\langle r_a , b\rangle = \langle r_b , a\rangle = 0$, les deux sous-groupes à un paramètre commutent.

2°) Si $\langle r_b , a\rangle = 0$, alors si on pose $\langle r_a , b\rangle = -n$, les éléments $b + pa$ sont racines de E pour $0 \leq p \leq n$ et on a, pour tout schéma S et tous ℓ , ℓ' dans $\mathbf{G}_a(S)$

$$x_a(\ell)x_b(\ell')x_a(\ell)^{-1} = \prod_{0\leq p\leq n} x_{b+pa}((-1)^p\binom{n}{p}\ell^p\ell') .$$

3°) Si $a + b = 0$, il existe un homomorphisme unique $\varphi : G_{2,\mathbf{Z}} \to \mathrm{Aut}(\hat{E})$ tel que $\varphi\begin{pmatrix}1 & \ell\\ 0 & 1\end{pmatrix} = x_a(\ell)$, $\varphi\begin{pmatrix}1 & 0\\ \ell & 1\end{pmatrix} = x_b(\ell)$, $\varphi\begin{pmatrix}\ell' & 0\\ 0 & 1\end{pmatrix} = r_a(\ell')$, $\varphi\begin{pmatrix}1 & 0\\ 0 & \ell'\end{pmatrix} = r_b(\ell')$ pour tous ℓ , ℓ' et S tels que $\ell \in \mathbf{G}_a(S)$ et $\ell' \in \mathbf{G}_m(S)$.

On notera que le théorème ci-dessus est muet sur le cas où $\langle r_a , b\rangle < 0$ et $\langle r_b , a\rangle < 0$. Ce qui se passe, c'est que sous l'une des trois hypothèses ci-dessus, T , U_a et U_b acceptent d'engendrer un sous-groupe représentable de $\mathrm{Aut}(\hat{E})$. Plus précisément :

THÉORÈME 11.- Soit R un ensemble fini de racines de E et pour $a \in R$ soit r_a l'élément qui lui est associé par le théorème 8. Pour qu'il existe un sous-schéma en groupe G de $\mathrm{Aut}(\hat{E})$ contenant T , affine, lisse et à fibres connexes dont l'ensemble des racines relativement à T soit R , il faut et il suffit que les deux conditions suivantes soient réalisées.

1°) $\forall\, a , b \in R$, si $a + b$ est une racine de E , alors $a + b \in R$.

2°) $\forall\, a , b \in R$, si $\langle r_a , b\rangle < 0$ et $\langle r_b , a\rangle < 0$, alors $a + b = 0$.

Exemple.- Considérons l'éventail E dans $\mathbb{Z}^2$ correspondant au dessin

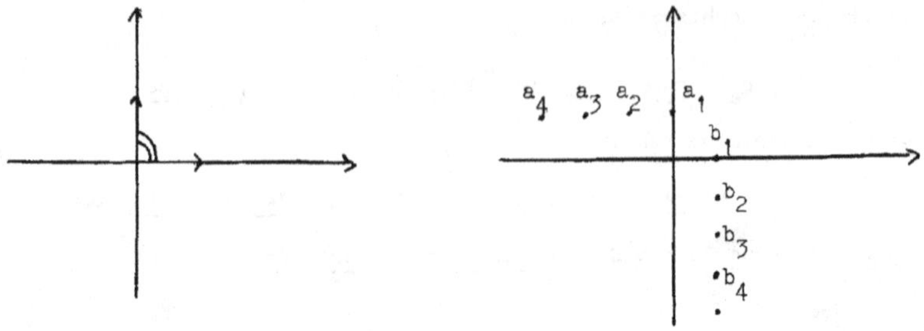

$\hat{E}$ est l'espace affine $\mathbb{G}_a^2$ et l'ensemble des racines de E est réunion de deux suites (a_n) et (b_n).

Les ensembles R décrits dans le théorème sont : les parties finies de (a_n) ou de (b_n), les parties de la forme $(b_1,a_1,a_2,\ldots,a_p)$ ou $(a_1,b_1,b_2,\ldots,b_p)$ et la partie (a_1,a_2,b_1,b_2). On peut vérifier à l'aide du théorème que $x_{a_p}(\ell)$ transforme (t_1,t_2) en $(t_1+\ell t_2^{p-1},t_2)$ et $x_{b_p}(\ell)$ transforme (t_1,t_2) en $(t_1,t_2+\ell t_1^{p-1})$. On remarque en particulier que, pour $p=3$, ces deux sous-groupes à un paramètre ne sont pas contenus dans un même sous-schéma en groupes de $\mathrm{Aut}(\hat{E})$ contenant T.

Signalons enfin que, dans la situation du théorème 11, il existe un sous-éventail E' de E tel que le sous-schéma ouvert $\hat{E}'$ de $\hat{E}$ soit stable et homogène sous G.

3. Le groupe de Cremona et ses tores

Voici la définition que Demazure donne du groupe de Cremona :

Soient S un schéma, X et Y deux S-schémas lisses séparés et de type fini. Un ouvert U de X est S-dense si, pour chaque $s \in S$, U_s est un ouvert dense de la fibre X_s. Un S-pseudo-morphisme est une classe d'équivalence de couples (U,f), où U est un ouvert S-dense de X et f un Smorphisme de U dans Y , deux couples (U,f) et (U',f') étant équivalents si f et f' coïncident sur $U \cap U'$. Les S-pseudo-morphismes se composent sous certaines conditions et on a des notions naturelles de S-pseudo-isomorphisme et de S-pseudo-automorphisme. Si X est un S-schéma lisse séparé de type fini, on note Psaut(X/S) le groupe des S-pseudo-automorphismes de X . Quand S' varie dans la catégorie des S-schémas, les $\mathrm{Psaut}(X_{S'}/S')$ s'organisent en un S-foncteur en groupes noté $\mathrm{Psaut}_S(X)$. Le groupe de Cremona à n-variables sur k est le k-foncteur en groupe $\mathrm{Psaut}_k(\mathbb{P}^n_k)$.

Ce groupe mérite son nom puisque $\mathrm{Cr}_{nk}(k)$ est le groupe opposé au groupe des k-automorphismes de $k(x_1,\ldots,x_n)$. En revanche, si A est une k-algèbre, $\mathrm{Cr}_{nk}(A)$ n'est pas en général anti-isomorphe au groupe des A-automorphismes de $A(x_1,\ldots,x_n)$. Remarquons que $\mathrm{Cr}_{1k}(k)$ est le groupe $\mathbb{P}\mathrm{GL}_{2,k}$. Mais l'algèbre de Lie de $\mathrm{Cr}_{1,k}$ (au sens de la théorie des groupes algébriques [2]) est un k-espace vectoriel de dimension infinie : le groupe $\mathrm{Cr}_{1,k}(k[\varepsilon])$ contient en effet un sous-groupe anti-isomorphe au groupe des $k[\varepsilon]$ automorphismes de $k[\varepsilon,t]$ et ce groupe est décidément trop gros.

On voit sur l'exemple précédent que le foncteur $\mathrm{Psaut}_S(X)$ n'est pas représentable en général.

Rappelons maintenant qu'un k-tore déployé est un k-groupe isomorphe à un groupe G_m^n . On s'intéressera seulement dans la suite aux tores déployés. Voici les observations qu'on peut faire sur les sous-tores déployés de $\mathrm{Cr}_{n,k}$:

PROPOSITION 12.- <u>Les sous-tores de</u> $\mathrm{Cr}_{n,k}$ <u>sont de dimension au plus</u> n . <u>Ceux qui sont déployés de dimension</u> n <u>sont conjugués</u> (<u>et maximaux</u>).

On aimerait bien savoir que tout sous-tore déployé de Cr_{nk} est contenu dans un sous-tore déployé de dimension n . Il reviendrait au même de résoudre le joli problème que voici. Soit L une extension de k telle que L(t) soit pure.

Montrer que L est pure.

Voici un autre aspect des sous-tores de $Cr_{n,k}$.

PROPOSITION 13.- *Soit* T *un sous-tore déployé de dimension* n *de* $Cr_{n,k}$.

. T *est son propre centralisateur, en particulier, c'est un sous-groupe commutatif maximal de* $Cr_{n,k}$.

. *Le normalisateur* N *de* T *est un* k-*schéma en groupes localement algébrique lisse.*

. *Le morphisme canonique* N/T → Aut(T) *est un isomorphisme.*

Les tores déployés de rang n seront, dans la suite, exploités à travers la remarque suivante : les groupes Psaut(T) et $Cr_{n,k}$ sont isomorphes. Ce fait sera utilisé sous la forme plus précise que voici :

PROPOSITION 14.- *Soit* T *un sous-tore déployé de rang* n *de* $Cr_{n,k}$. *Il existe un isomorphisme de* $Cr_{n,k}$ *sur* Psaut(T) *rendant le diagramme*

$$\begin{array}{ccc} Cr_{n,k} & \rightarrow & \mathrm{Psaut}(T) \\ & \nwarrow \quad \nearrow & \\ & T & \end{array}$$

commutatif.

4. Classification des sous-groupes en question

Nous supposons ici que k est de caractéristique 0 mais Demazure traite le cas général.

Soit G un sous-groupe algébrique lisse de $Cr_{n,k}$ contenant un tore déployé T de dimension n . On peut montrer qu'il existe un sous-groupe H tel que G/H soit un k-schéma rationnel et un isomorphisme de Psaut(G/H) dans $Cr_{n,k}$ rendant le diagramme

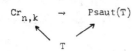

$$\begin{array}{ccc} G & \rightarrow & \mathrm{Aut}(G/H) \\ \downarrow & & \downarrow \\ \mathrm{Cr}_{n,k} & \leftarrow & \mathrm{Psaut}(G/H) \end{array}$$

commutatif.

On utilise plutôt la proposition 14 qui nous ramène à l'étude des diagrammes

$$\begin{array}{ccc} G & \rightarrow & \mathrm{Psaut}(T) \\ & \nwarrow \quad \nearrow & \\ & T & \end{array}$$

commutatifs.

Poursuivons la métamorphose du problème.

DÉFINITION 15.- On appelle pseudo-opération de G sur le k-schéma X tout homomorphisme de G dans Psaut(X) .

A toute opération de G sur X (homomorphisme de G dans Aut(X)) correspond de façon naturelle un morphisme de $G \times_k X$ dans X . On peut, de façon analogue, associer à toute pseudo-opération un pseudo-morphisme de $G \times_k X$ dans X qui la caractérise : A tout h dans $\mathrm{Psaut}(G \times_k X/G)$ correspond un morphisme m(h) entre les k-foncteurs (à valeurs ensembles) G et Psaut(X) . Notons A l'ensemble des h tels que le morphisme m(h) soit un morphisme de groupes. A tout h dans A on peut maintenant associer (par projection sur le second facteur) un pseudo-morphisme p(h) de $G \times_k X$ dans X .

PROPOSITION 16.- L'application m de A dans Hom(G , Psaut(X)) est bijective et l'application p restreinte à A est injective.

Soit alors T → G → Psaut(T) comme ci-dessus et notons $*$ la pseudo-opération correspondante de G sur T .

PROPOSITION 17.- La formule $f(g) = g * 1$ définit un pseudo-morphisme de G dans T qui caractérise le diagramme.

On peut caractériser les pseudo-morphismes de G dans T obtenus de cette façon. On obtient la :

DÉFINITION 18.- Soit G un k-groupe algébrique lisse et soit T un sous-tore déployé de G. Un pseudo-projecteur de G sur T est un pseudo-morphisme f de G dans T vérifiant les axiomes :

P_1 Si S est un k-schéma, si g, g' sont dans $G(S)$ et si $f(g')$ est défini, alors $f(gg')$ est défini si et seulement si $f(gf(g'))$ l'est, on a dans ce cas $f(gg') = f(gf(g'))$.

P_2 f est défini en tout point de T et induit l'identité sur T.

P_3 Si S est un k-schéma, si g et g' sont dans $G(S)$ et si $f(gt) = f(g't)$ pour tout point t de T à valeur dans un S-schéma tel que $f(gt)$ et $f(g't)$ soient définis, alors $g = g'$.

La proposition 14 peut s'exprimer maintenant de la façon suivante :

DÉFINITION 19.- Soient G un sous-groupe algébrique de $Cr_{n,k}$ et f un pseudo-projecteur de G sur T. On dit que f est adapté à l'inclusion de G dans $Cr_{n,k}$ s'il existe un isomorphisme entre $\mathrm{Psaut}(T)$ et $Cr_{n,k}$ rendant le diagramme

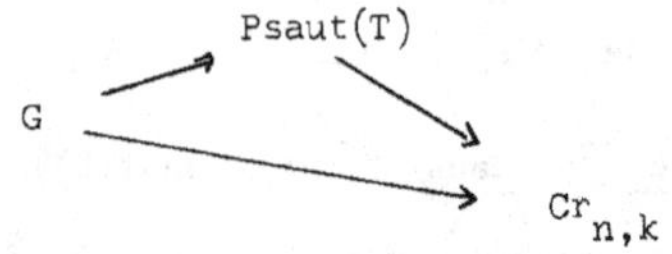

commutatif.

PROPOSITION 20.- Soient G un sous-groupe algébrique lisse de $Cr_{n,k}$ et T un sous-tore de rang n de G. Il existe un pseudo-projecteur f de G sur T adapté à l'inclusion de G dans $Cr_{n,k}$.

Soit maintenant f un pseudo-projecteur d'un groupe algébrique lisse G sur T. Notons M le groupe $Hom(T, \mathbb{G}_m)$ des caractères de T, $M^* = Hom(\mathbb{G}_m, T)$ le groupe abélien dual et $\langle\ ,\ \rangle$ la dualité entre M et M^*. Soit g l'algèbre de Lie de G et, pour tout $m \in M$, soit g^m le sous-espace propre de la représentation adjointe de T dans g correspondant à la valeur propre m. Les racines de G relativement à T sont les $a \in M$ tels que $a \neq 0$ et $g^a \neq \{0\}$. On note R l'ensemble des racines et on sait que $g = g^o \oplus \sum_{a \in R} g^a$. Ce décor permet de décrire le groupe G de la façon suivante :

THÉORÈME 21.- Le groupe G est affine et T y est son propre centralisateur. Si G est connexe, $Cent(G) = \bigcap_{a \in R} \ker a \subset T$.

. Pour tout a dans R, g^a est de dimension un, il existe un sous-groupe fermé U_a de G tel que $Lie(U_a) = g$.

. Il existe un isomorphisme x_a de $\mathbb{G}_a$ dans U_a et un élément s_a de M^*, uniquement déterminés tels que pour tout k-schéma S, pour tout $t \in T(s)$ et tout $\ell \in \mathbb{G}_a(S)$, on ait :

$$t x_a(\ell) t^{-1} = x_a(a(t)\ell)$$

et
$$f(x_a(\ell)) = s_a(1 + \ell) \qquad \text{si } 1 + \ell \text{ est inversible ;}$$

$$\langle s_a , a \rangle = 1 .$$

. G admet un plus grand sous-groupe invariant lisse connexe et unipotent U et un plus grand sous-groupe réductif connexe L contenant T. L est de type A et son centre est un tore.

La composante neutre G^o de G est le produit semi-direct de L par U. Si on pose $R_+ = R \cap (-R)$ et $R_- = R - R_+$, on a

$$(a \in R_+) \Leftrightarrow (U_a \subset L) \quad , \quad (a \in R_-) \Leftrightarrow (U_a \subset U) \quad , \quad Lie(L) = g^o + \sum_{a \in R_+} g^a$$

et $U = \prod_{a \in R_-} U_a$ pour n'importe quel ordre total sur R_- .

Les s_a qui apparaissent dans le théorème conduisent Demazure à une description complète de Lie(G) en termes de générateurs et de relations de commutation. Ils permettent aussi d'immatriculer de façon plus combinatoire les objets que nous étudions :

DÉFINITION 22.- On appelle système d'Enriques tout triplet (M,R,s) où M est un groupe abélien libre de type fini, R une partie finie de M et $s : a \mapsto s_a$ une application de R dans le dual M^* de M vérifiant :

1°) $\forall a \in R$, $\langle s_a , a \rangle = 1$;

2°) $\forall a , b \in R$, $s_a \neq s_b \Rightarrow \langle s_a , b \rangle \leq 0$.

A tout pseudo-projecteur, on associe le système d'Enriques (M,R,s_a) décrit dans le théorème 21.

THÉORÈME 23.- Soit G (resp. G') un sous-groupe algébrique lisse connexe de $Cr_{n,k}$ contenant un tore déployé T (resp. T') de rang n . A tout choix d'un pseudo-projecteur f (resp. f') adapté à l'inclusion de G (resp. G') dans $Cr_{n,k}$, correspond un système d'Enriques S (resp. S'). Pour que G et G' soient conjugués, il faut et il suffit que S et S' soient isomorphes (en un sens évident). Dans ce cas, on peut plus précisément choisir c dans $Cr_{n,k}(k)$ de façon que $int_c(G) = G'$ et $int_c(T) = T'$.

Il reste à voir quels sont les systèmes d'Enriques associés à des pseudo-projecteurs :

DÉFINITION 24.- Le système d'Enriques (M,R,s) est dit saturé si, pour tous a , b dans R vérifiant $\langle s_a , b \rangle < 0$, on a :

$$\langle s_b , a \rangle < 0 \Rightarrow a + b = 0$$

et $$\langle s_b , a \rangle = 0 \Rightarrow a + b \in R .$$

On montre facilement la

PROPOSITION 25.- Le système d'Enriques associé à un pseudo-projecteur est saturé.

Et en associant à tout système d'Enriques saturé un éventail, on montre le

THÉORÈME 26.- La correspondance entre sous-groupes algébriques lisses de rang n de $Cr_{n,k}$ et systèmes d'Enriques définit une bijection entre l'ensemble des classes de conjugaison de sous-groupes algébriques de rang n de $Cr_{n,k}$ et l'ensemble des classes d'isomorphisme de systèmes d'Enriques saturés.

Signalons enfin que l'étude des systèmes d'Enriques "réductifs" permet de montrer que les sous-groupes algébriques lisses semi-simples de rang n de $Cr_{n,k}$ sont des produits de groupes projectifs.

BIBLIOGRAPHIE

[1] M. DEMAZURE - Sous-groupes algébriques de rang maximum du groupe de Cremona, Annales Sc. de l'E.N.S., 4e série, t. 3, fasc. 4, 1970, p. 507-588.

[2] M. DEMAZURE-P. GABRIEL - Groupes algébriques, Tome 1, Masson - North-Holland, 1970.

[3] A. DOUADY - Le shaddok à six becs, à paraître.

[4] ENRIQUES - Sui gruppi continui di transformazioni cremoniani nel piano, Rend. Accad. Lincei, 1er sem., 1893.

[5] L. GODEAUX - Les transformations birationnelles du plan, Mémorial des Sciences Mathématiques, n° 122, Gauthier-Villars, 1953.

[6] S. G. A. III, Chapitre 22.

COURBES ELLIPTIQUES ET SYMBOLES MODULAIRES

par Barry MAZUR

§ 1. Introduction

Eichler et Shimura se sont aperçus de l'importance des courbes algébriques sur $\mathbb{Q}$ uniformisables par des fonctions modulaires de $\Gamma_o(N)$, et ont obtenu de remarquables résultats sur l'arithmétique de ces courbes. Le mémoire de Weil [11] permet d'espérer que l'on obtient ainsi toutes les courbes elliptiques sur $\mathbb{Q}$. La structure "géométrique" qu'une telle uniformisation fournit sur une courbe elliptique est un outil puissant pour l'étude de ses séries L , et de ses points rationnels sur les corps de nombres abéliens et les corps finis.

Cette structure géométrique (en particulier le symbole modulaire du § 3 ci-dessous) mérite d'être examinée systématiquement. Son étude a été commencée par Birch [2] et continuée par Manin [5].

§ 2. Les courbes modulaires

Puisque nous voulons conserver la lettre H pour l'homologie, posons :

U = demi-plan supérieur ;

$\bar{U} = U \cup \mathbb{Q} \cup \{i\infty\}$ ($P = \mathbb{Q} \cup \{i\infty\}$ est l'ensemble des <u>pointes</u>).

On donne à $\bar{U}$ la topologie traditionnelle dans la théorie des formes modulaires : une base de voisinages d'une pointe finie s est donnée par les ensembles $\{s\} \cup D$ où D est un disque ouvert dans U tangent à la droite réelle au point s .

$\Gamma = PSL(2 , \mathbb{Z})$ agit sur $\bar{U}$ par les transformations homographiques :

$$\gamma(z) = \begin{pmatrix} a & b \\ c & d \end{pmatrix}(z) = \frac{az + b}{cz + d} .$$

Par définition, $\Gamma_o(N)$ est le sous-groupe de Γ représenté par les éléments γ tels que $c \equiv 0 \bmod N$. Le groupe $\Gamma_o(N)$ agit sur U de façon proprement discontinue et le quotient $Y = \Gamma_0(N)\backslash\bar{U}$ est muni d'une structure d'une courbe analytique compacte (et alors algébrique). (Voir [9] pour les détails.) D'après Igusa [4], il existe un modèle $X = X_0(N)$ qui est une courbe projective et lisse sur $\mathbb{Q}$ dont le relèvement sur $\mathbb{C}$ s'identifie à Y.

[A vrai dire, Igusa a fait nettement plus que cela. Il décrit un schéma $X_0(N)/\mathbb{Z}$ qui est normal, et propre sur $\mathbb{Z}$, lisse sur $\mathbb{Z}[1/N]$.]

Table :

genre de $X_0(N)$	Valeurs de N
0	$1 \leq N \leq 10$; 12 , 13 , 16 , 18 , 25
1	11 , 14 , 15 , 17 , 19 , 20 , 21 , 24 , 27 , 32 , 36 , 49
2	22 , 23 , 26 , 28 , 29 , 31 , 37 , 50

§ 3. Le Symbole Modulaire

Soient $P = \mathbb{Q} \cup \{i\infty\}$ l'ensemble des pointes, et $P_0 \subset P$ le sous-ensemble des pointes congrues à 0 par rapport à $\Gamma_0(N)$. Il est facile de voir que P_0 est donné par les nombres rationnels à dénominateur premier à N.

Notons $\langle s,r\rangle$ un chemin dans $\bar{U}$ qui commence au point $s \in \bar{U}$ et aboutit à r. Alors $\langle s,r\rangle$ est déterminé à homotopie près, puisque $\bar{U}$ est contractile, et, si r est congrue à s sous l'action de $\Gamma_0(N)$, l'image de $\langle s,r\rangle$ dans Y détermine une classe de lacets dans Y, à homotopie pointée près. Ecrivons

$$\langle r\rangle \in \pi_1(Y, 0)$$

la classe induite par l'image de $\langle 0,r\rangle$ pour $r \in P_0$. Notons par $\{r\}$ l'image de $\langle r\rangle$ dans $H_1(Y, \mathbb{Z})$ et par $\{s,r\}$ l'image de $\langle s,r\rangle$. On a donc l'application $\{\ \} : P_0 \to H_1(Y, \mathbb{Z})$. Cette application s'étend à l'ensemble de toutes les pointes pourvu qu'on prenne l'homologie à coefficients réels :

$$\begin{array}{ccc} \{\ \} : P & \to & H_1(Y, \mathbb{R}) \\ \uparrow & & \uparrow \\ \{\ \} : P_0 & \to & H_1(Y, \mathbb{Z}) \ . \end{array}$$

Pour donner la définition de cette extension de $\{\ \}$, appelée : <u>le symbole modulaire</u>, on se sert de l'identification

$$H_1(Y, \mathbb{R}) \cong \mathrm{Hom}_{\mathbb{C}}(H^0(Y, \Omega^1_{Y/\mathbb{C}}) ; \mathbb{C})$$

$$z \longmapsto \int_z$$ (en tant que fonctionnelle linéaire sur les formes différentielles)

et on pose

$$\{s,r\} = \int_{\langle s,r\rangle} : H^0(Y, \Omega^1_{Y/\mathbb{C}}) \to \mathbb{C} ,$$

et $\{r\} = \{0,r\}$.

<u>Formules</u>

a) $\langle 0\rangle = 1 \in \pi_1(Y,0)$

b) $\langle r_1\rangle^{-1}\langle r_2\rangle = \langle\gamma(r_1)\rangle^{-1}\langle\gamma(r_2)\rangle$ pour tout $\gamma \in \Gamma_0(N)$ et $r_1 , r_2 \in P_0$.

c) $\langle\gamma(r)\rangle = \langle r\rangle$ si $r \in P_0$, et $\gamma \in \Gamma_0(N)$ est parabolique. (Par définition, γ est <u>parabolique</u> s'il laisse fixe une pointe de P .)

<u>Remarques</u>.- On a, par réduction, des versions abéliennes des formules ci-dessus, valables pour le symbole modulaire. Les formules se démontrent facilement par de petits dessins. Prenons (b) par exemple : La classe dans $\pi_1(Y)$ qui apparaît dans le membre de gauche de (b) est représentée par la classe d'homotopie pointée du chemin $\langle r_1 , r_2\rangle$. Mais dans le membre de droite, la classe est donnée par $\gamma\langle r_1 , r_2\rangle$ ce qui est visiblement la même chose dans $\pi_1(Y)$.

Puisque $\gamma = \begin{pmatrix} 1 & 1 \\ 0 & 1 \end{pmatrix}$ laisse la pointe $i\infty$ fixe, c'est un élément parabolique dans $\Gamma_0(N)$. D'après la formule (c) ,

$$\langle r+1\rangle = \langle r\rangle \ .$$

Autrement dit, la fonction $\langle\ \rangle$ (ainsi que le symbole modulaire) est bien défini sur P_o <u>modulo</u> 1 .

En ce qui concerne la non-trivialité de la fonction $\langle\ \rangle$, on a le résultat suivant :

<u>Lemme</u> 1.- <u>Les applications</u>

$$\langle\ \rangle : P_o \bmod 1 \to \pi_1(Y,0)$$
$$\{\ \} : P_o \bmod 1 \to H_1(Y,\mathbb{Z})$$

<u>sont surjectives.</u>

<u>Démonstration.</u>

Soit $\tilde{U} \subset U$ le sous-espace des points u dont le stabilisateur dans $\Gamma_o(N)$ est trivial. $\Gamma_o(N)$ agit librement sur $\tilde{U}$, et le quotient $\tilde{Y}$ est le complément d'un nombre fini de points dans Y (à savoir : les points elliptiques et paraboliques dans Y). On se donne un point $u \in \tilde{U}$, et on désigne par la même lettre son image dans $\tilde{Y}$ et Y . On a un triangle commutatif,

$$\begin{array}{ccc} \pi_1(\tilde{Y},u) & \to & \pi_1(Y,u) \\ & \searrow \quad \nearrow & \\ & \Gamma_o(N) & \end{array}$$

où la flèche ascendante est donnée par la règle $\gamma \mapsto \langle u\,,\gamma(u)\rangle$, et les deux autres flèches sont les morphismes naturels. Par des raisonnements topologiques classiques, ces deux autres flèches sont surjectives. Il s'ensuit que la flèche ascendante l'est aussi. Le lemme est alors démontré, après un changement de point de base (de u jusqu'à 0).

Considérons maintenant les opérateurs de Hecke T_p $(p \nmid N)$ qui agissent sur $H^o(Y\,,\Omega^1)$ par la formule :

$$(\omega|T_p)(z) = \omega(pz) + \sum_{k=0}^{p-1} \omega\left(\frac{z+k}{p}\right) .$$

On en tire facilement les formules donnant l'action de T_p sur $H_1(Y\,,\mathbb{R})$, d'où

(1) $$T_p\{s,r\} = \{ps,pr\} + \sum_{k=0}^{p-1} \{\frac{s+k}{p}, \frac{r+k}{p}\}$$

et pour $\{r\} = \{0,r\}$,

$$T_p\{r\} = \{pr\} + \sum_{k=0}^{p-1} \{\frac{r+k}{p}\} - \sum_{k=0}^{p-1} \{\frac{k}{p}\} .$$

Remarque.- Le symbole modulaire a été introduit par Birch [2] dans ses études sur la conjecture de Birch et Swinnerton-Dyer. Il l'a utilisé afin de calculer la valeur en $s = 1$ de la série L associée à certaines courbes elliptiques. Manin [5] a entrepris une étude systématique des symboles $\{\ \}$, et en a déduit sa formule de réciprocité (7.b ci-dessous) alors que Swinnerton-Dyer et moi-même avons trouvé le symbole modulaire essentiel dans notre théorie des séries L p-adique associées aux courbes de Weil [10].

§ 4. Les courbes de Weil

Soient $E/\mathbb{Q}$ une courbe elliptique (une variété abélienne de dimension 1) sur $\mathbb{Q}$ et ω une différentielle de Néron de E , c'est-à-dire un des deux générateurs de $H^0(E/\mathbb{Z}, \Omega^1_{E/\mathbb{Z}}) \approx \mathbb{Z}$, où $E/\mathbb{Z}$ est le modèle de Néron de E , sur $\mathbb{Z}$. On considère ω comme différentielle de première espèce de $E/\mathbb{Q}$.

Considérons un morphisme non constant défini sur $\mathbb{Q}$,

(*) $$\begin{array}{ccc} X_o(N) & \xrightarrow{\varphi} & E \\ i\infty & \longmapsto & 0 . \end{array}$$

L'image réciproque $\varphi^*\omega$ de ω par φ est une forme différentielle de première espèce sur $X_o(N)$, que l'on peut interpréter comme une forme modulaire parabolique sur U , de poids 2 . Il résulte des "relations de congruence pour les correspondances modulaires" de Eichler-Shimura [9] et Igusa [4] que $\varphi^*\omega$ est vecteur propre des opérateurs de Hecke T_p , où p ne divise pas N ; les valeurs propres λ_p correspondantes sont des entiers, et l'on a

$$N_p = 1 + p - \lambda_p ,$$

où N_p est le nombre de points rationnels de $E/\mathbb{Z}$ définis sur $\mathbb{F}_p$. Remarquons que, d'après la propriété universelle du modèle de Néron, et le fait que $X_o(N)/\mathbb{Z}[\frac{1}{N}]$ est lisse, $E/\mathbb{Z}[\frac{1}{N}]$ est un schéma abélien.

Lorsqu'en outre la forme modulaire $\varphi^*\omega$ est primitive pour $\Gamma_o(N)$ ("new form" d'Atkin-Lehner [1]), nous dirons que φ est une paramétrisation (faible) de Weil de la courbe elliptique E.

Lemme 2.- Soit $q = e^{2\pi i z}$ l'uniformisante standard de $X_o(N)$ au point $i\infty$. Soit φ une paramétrisation faible de Weil. Alors, le développement de Fourier de $\varphi^*\omega$ s'écrit

(2) $$\varphi^*\omega = c. \sum_{n \geq 1}^{\infty} \lambda(n) q^n = c.\Omega , \quad \text{avec } c \in Q^* , \ \lambda(1) = 1 , \ \lambda(p) = \lambda_p$$

pour tout nombre premier $p \nmid N$.

Remarque.- Le fait que $\lambda(1) \neq 0$ implique que φ est étale à $i\infty$.

Si E possède une paramétrisation faible de Weil, on dira que E est une courbe de Weil faible ([1]).

Lemme 3.- Soit $\varphi : X \to E$ une paramétrisation faible de Weil. Les trois conditions suivantes sont équivalentes :

a) Le noyau du morphisme induit sur les jacobiennes

$$\varphi : J_o(N)/\mathbb{Q} \to E/\mathbb{Q}$$

est une variété abélienne (i.e. c'est un groupe algébrique connexe Q).

b) Le morphisme induit sur l'homologie,

([1]) Cette notion est un peu différente de celle de Manin [5]. Pour $N = 11$, il y a 3 courbes de Weil faibles au sens ci-dessus ; 2 d'entre elles sont des courbes de Weil au sens de Manin, et une seule est une courbe de Weil (tout court) au sens donné plus loin.

$$\varphi : H_1(X, \mathbb{Z}) \rightarrow H_1(E, \mathbb{Z})$$

est surjectif.

c) φ est **maximal** au sens suivant : s'il existe un triangle commutatif

$$\begin{array}{ccc} X & \xrightarrow{\varphi'} & E' \\ & {\scriptstyle\varphi}\searrow & \swarrow{\scriptstyle\beta} \\ & E & \end{array}$$

avec φ' une paramétrisation faible de Weil, alors β est un isomorphisme.

DÉFINITION.- Une **paramétrisation** de Weil est une paramétrisation faible de Weil qui jouit des conditions de maximalité du lemme 2. Une courbe de Weil E est une courbe elliptique qui possède une paramétrisation de Weil.

La démonstration du lemme 3 est strictement élémentaire. On voit facilement que n'importe quelle paramétrisation faible de Weil peut être dominée par une paramétrisation de Weil. Soit $A/\mathbb{Q}$ la composante connexe de l'élément neutre dans le noyau de $\mathrm{Jac}(\varphi)$, le morphisme induit par φ sur les jacobiennes. Définissons

$$\begin{array}{ccc} \varphi' : X_0(N) & \rightarrow & E' = J_0(N)/A \\ & {\scriptstyle\varphi}\searrow \quad \swarrow & \\ & E & \end{array}$$

et φ' est visiblement une paramétrisation de Weil. Par conséquent n'importe quelle courbe de Weil faible est isogène à une courbe de Weil.

L'essentiel de ce qu'on connait au sujet des courbes de Weil est rassemblé dans la liste suivante :

A. La théorie d'Atkin-Lehner [1] montre :

Soit E une courbe elliptique sur $\mathbb{Q}$. Une paramétrisation de Weil pour E est unique, au signe près (si elle existe).

B. Un théorème de Serre ([8], p. IV-14) entraîne :

Soit E une courbe elliptique sur $\mathbb{Q}$ d'invariant modulaire non entier. S'il existe une forme parabolique de poids 2 pour $\Gamma_o(N)$ telle que

$$f|T_p = \lambda_p f \qquad (\text{où } \lambda_p = 1 + p - N_p)$$

pour presque tout p , alors E est une courbe de Weil faible.

C. Soit Ω une "new form" de poids 2 sous $\Gamma_o(N)$. Supposons que $\Omega = \Sigma\,\lambda(n)q^n$ telle que $\lambda(1) = 1$, et que les $\lambda(n)$ sont des entiers. Il existe alors une courbe de Weil $\varphi : X \to E_\Omega$ telle que $\varphi^*\omega = c.\Omega$ avec $c \in \mathbb{Q}^*$. (cf. [9]).

D. Théorème de Weil [11]. Grosso modo, ce théorème affirme qu'une courbe elliptique $E/\mathbb{Q}$ est une courbe de Weil faible si et seulement si les séries $L(E, \chi, s)$ satisfont à une équation fonctionnelle d'un type prescrit, pour suffisamment de caractères de Dirichlet χ . C'est ce théorème de Weil qui donne l'espoir que la conjecture suivante est vraie :

CONJECTURE (de Weil).- Toute courbe elliptique $E/\mathbb{Q}$ est une courbe de Weil faible.

Il revient au même de dire : Dans n'importe quelle classe d'isogénie de courbes elliptiques sur $\mathbb{Q}$, il existe une et une seule courbe de Weil et sa paramétrisation de Weil est unique au signe près.

Etant donné une paramétrisation faible $\varphi : X_o(N) \to E$, l'entier N ne dépend que de E , d'après le théorème 1 (b). Appelons-le le conducteur analytique de E . Par contre, le nombre rationnel $c = c(\varphi) \in \mathbb{Q}^*$ défini par $\varphi^*\omega = c.\Omega$ dépend effectivement de la paramétrisation faible.

CONJECTURE.- Soit E une courbe de Weil faible. Alors, son conducteur analytique est donné par la recette suivante :

$$N = \prod_p p^{(\operatorname{ord}_p \Delta - m_p(E) + 1)}$$

où p parcourt les nombres premiers de mauvaise réduction pour $E/\mathbb{Z}$.

Ici, $|\Delta|$ est le minimum des valeurs absolues des discriminants des équations cubiques sur $\mathbf{Z}$ qui donne $E/\mathbf{Q}$, et $m_p(E)$ est le nombre de composantes irréductibles de la fibre du modèle de Néron de E sur $\mathbf{F}_p$. Le membre de droite est appelé <u>le conducteur</u> (tout court) de E. On sait que le nombre premier p apparaît avec l'exposant 1 si et seulement si la fibre du modèle de Néron en p est de type multiplicatif. Si $p \geq 5$, et si la fibre de Néron est de type additif, l'exposant de p est 2. Dans le cas restant ($p = 2, 3$, réduction additive) l'exposant est au moins 2. (Voir la formule de Ogg [6].)

En se servant de la lissité de $X_o(N)/\mathbf{Z}[\frac{1}{N}]$, on voit que, si un nombre premier divise le conducteur de E, il divise aussi son conducteur analytique.

Au sujet du nombre $c(\varphi)$, on ne sait pas grand chose. On ignore s'il y a des paramétrisations de Weil avec $c(\varphi) \neq \pm 1$, mais on a très peu d'exemples. Puisque $c(-\varphi) = -c(\varphi)$, il est convenable de choisir le signe de la paramétrisation de Weil tel que $c(\varphi)$ soit positif. Grâce à des résultats récents de Deligne et Rapoport, on peut montrer que c est presqu'un entier (à savoir : $c \in \mathbf{Z}[1/n]$ où n est le produit de tous les nombres premiers p tels que p^2 divise N).

<u>Exemples</u>.- Maintenant, référons à la Table du § 1.

Pour les valeurs de N telles que le genre de $X_o(N)$ est nul, il n'existe pas de courbes de Weil de conducteur analytique N. Pour les douze valeurs telles que le genre de $X_o(N)$ est égal à 1, $X_o(N)$ est elle-même une courbe de Weil, et la paramétrisation est simplement l'identité. Parmi les valeurs de N telles que le genre de $X_o(N)$ est égal à 2, il n'y a que trois valeurs ($N = 26, 37, 50$) telles que des paramétrisations de Weil $\varphi : X_o(N) \to E$ existent, et pour chacune de celles-ci, il y a précisément deux paramétrisations de Weil. Elles sont données par division par des involutions de $X_o(N)$ [10].

§ 5. Le symbole modulaire pour une paramétrisation de Weil faible

Soit $\varphi : X_0(N) \to E$ une paramétrisation de Weil faible, et désignons par la même lettre le morphisme induit sur l'homologie

$$\varphi : H_1(X_0(N), \mathbb{Z}) \to H_1(E, \mathbb{Z}) .$$

Par composition, on définit le symbole modulaire à valeurs dans l'homologie de E

$$\varphi : P_0 \bmod 1 \to H_1(E, \mathbb{Z})$$
$$\{r\} \to \varphi(r) = \varphi(\{r\}) .$$

Puisque φ est défini sur $\mathbb{R}$, φ commute à la conjugaison complexe, donnée par l'involution $z \mapsto -\bar{z}$ sur $\bar{U}$. Il s'ensuit que la symétrisée et l'anti-symétrisée de φ

$$\varphi^{\pm}(r) = \varphi(r) \pm \varphi(-r) ,$$

prennent leurs valeurs dans $H_1(E, \mathbb{Z})^{\pm} \subset H_1(E, \mathbb{Z})$, les sous-espaces propres pour la conjugaison complexe dont les valeurs propres sont ± 1 respectivement. Or, on a une identification <u>canonique</u> $H_1(E, \mathbb{Z})^{\pm} \simeq \mathbb{Z}$. Cela se voit parce qu'une paramétrisation de Weil donne une orientation du lieu réel de E, par le procédé suivant : soit τ un vecteur tangent réel descendant de $X_0(N)$ au point $i\infty$; puisque φ est étale au point $i\infty$, on a $d\varphi(\tau) \neq 0$, et on utilise $d\varphi(\tau)$ pour orienter $E(\mathbb{R})$.

§ 6. Formules provenant des opérateurs de Hecke

Posons $I = \{0, i\infty\} \subset H_1(X_0(N), \mathbb{R})$. Alors,

(3) $$(1 + p - T_p)I = \sum_{k=0}^{p-1} \{\tfrac{k}{p}\}$$ pour tout nombre premier $p \nmid N$.

(4) $$-(1 + p - T_p)\{\alpha, i\infty\} = \{p\alpha, \alpha\} + \sum_{k=0}^{p-1} \{\tfrac{\alpha + k}{p}, \alpha\}$$ pour tout nombre premier p, et tout $\alpha \in \mathbb{Q}$.

Démonstration. Les deux affirmations proviennent directement de la formule (1).

Etant donnée une paramétrisation de Weil φ , les formules ci-dessus se traduisent ainsi :

(5) $$N_p\varphi(I) = \sum_{k=0}^{p-1} \varphi(\frac{k}{p}) \qquad \text{dans } H_1(E , R)$$

(6) $$- N_p\varphi(\alpha , i\infty) = \varphi(p\alpha , \alpha) + \sum_{k=0}^{p-1} \varphi(\frac{\alpha + k}{p} , \alpha)$$

où $N_p = 1 + p - \lambda_p$.

THÉORÈME 1 (Manin [5]).- Soient $\varphi : X_o(N) \rightarrow E$ une paramétrisation (faible) de Weil, et $\alpha \in X_o(N)$ une pointe. Alors $\varphi(\alpha)$ est d'ordre fini dans E . Le symbole modulaire prend ses valeurs dans $H_1(E , \mathbb{Q})$.

Démonstration.

L'argument de Manin est très beau. Il suffit de montrer que $\varphi(\alpha , i\infty) \in H_1(E , \mathbb{Q}) \subset H_1(E , R)$ pour n'importe quelle pointe $\alpha \in \mathbb{Q}$. Pour cela, on regarde la formule (6). Si l'on peut trouver un nombre premier $p \nmid N$ tel que chaque terme qui apparaît dans le membre de droite de (6) se trouve dans $H_1(E , \mathbb{Z})$, on a gagné, parce que N_p (= nombre de points rationnels de E sur $\mathbb{F}_p$) est un entier positif.

On cherche alors, des nombres premiers p tels que

(7) $$\alpha \underset{\Gamma_o(N)}{\sim} p\alpha , \qquad \alpha \underset{\Gamma_o(N)}{\sim} \frac{\alpha + k}{p} \qquad (k \text{ entier}).$$

Mais les conditions nécessaires et suffisantes pour que α et $\alpha' \in \mathbb{Q}$ soient équivalents sous $\Gamma_o(N)$ sont faciles à décrire ([5] 2.2) :

(i) il y a une factorisation $N = n.m$ telle que α , α' s'expriment en fractions réduites $\alpha = \frac{u}{vn}$ $\alpha' = \frac{u'}{v'n}$ $(vv',N) = 1$,

(ii) $uv \equiv u'v' \mod (n,m)$.

La démonstration se termine en constatant que, lorsque $p \equiv 1 \bmod N$, les conditions (7) sont satisfaites pour α et $\alpha' = p\alpha$, $\frac{\alpha+k}{p}$.

<u>Remarques</u>.- Dans certains cas particuliers, on a des renseignements plus précis sur l'ordre de $\varphi(\alpha)$. Par exemple, un calcul récent de Ogg [7] montre que, lorsque N est un nombre premier, le diviseur $(0) - (i\infty)$ est d'ordre :

$$\text{numérateur } [(N-1)/12]$$

dans la jacobienne $J_o(N)$.

§ 7. L'arithmétique Modulo p d'une courbe de Weil

Considérons la courbe complexe $X(N) = \Gamma(N)\backslash\bar{U}$ qui est un revêtement fini de $X_o(N)$. Le groupe $PSL(2, \mathbb{Z}/N)$ agit de façon naturelle sur $X(N)$. Posons

$$I = \{0, i\infty\} \in H_1(X(N), \mathbb{R})$$

et

$$I^\tau = \tau(\{0, i\infty\}) = \{\tau(0), \tau(i\infty)\} = \{\tfrac{b}{d}, \tfrac{a}{c}\} \in H_1(X(N), \mathbb{R}),$$

pour

$$\tau = \begin{pmatrix} a & b \\ c & d \end{pmatrix} \in PSL(2, \mathbb{Z}/N).$$

En projetant dans l'homologie de $X_o(N)$, on obtient une application

$$\Gamma_o(N)\backslash PSL(2, \mathbb{Z}/N) = \mathbb{P}^1(\mathbb{Z}/N) \to H_1(X_o(N), \mathbb{Q})$$

$$\tau \mapsto I^\tau = \{\tau(0), \tau(i\infty)\} = \{\tfrac{b}{d}, \tfrac{a}{c}\}.$$

Les relations satisfaites par cette application peuvent être décrites agréablement au moyen des matrices

$$s = \begin{pmatrix} 0 & -1 \\ 1 & 0 \end{pmatrix}, \quad t = \begin{pmatrix} 1 & -1 \\ 1 & 0 \end{pmatrix}$$

d'ordre 2 et 3 respectivement. On a

$$I^\tau + I^{\tau s} = 0$$

$$I^\tau + I^{\tau t} + I^{\tau t^2} = 0$$

(a) <u>Matrices de Heilbronn de niveau ℓ</u>

Par une "matrice de Heilbronn de niveau ℓ " on entend une expression en entiers

$$\sigma : \ell = xx' + yy' \quad ; \quad (x,y) = (x',y') = 1 \quad ; \quad x > y > 0 \quad ; \quad x' > y' \geq 0 .$$

Si $y' = 0$, on exige que $x = \ell$, $x' = 1$, et que $1 \leq y \leq \ell/2$.

A une telle expression σ on associe la matrice dans $SL(2\,,\mathbb{Z}[\frac{1}{\ell}])$ désignée par la même lettre

$$\sigma = \begin{pmatrix} y'/\ell & -x'/\ell \\ x & y \end{pmatrix} .$$

Lorsque ℓ est premier à N , on définit

$$I^{\sigma} = I^{\bar{\sigma}} \in H_1(X_o(N)\,,\mathbb{Q})$$

où $\bar{\sigma}$ est l'image de la matrice σ dans $PSL(2\,,\mathbb{Z}/N)$.

(b) Formule de Réciprocité de Manin

Si p est un nombre premier qui ne divise pas $2N$, alors

$$\left(\sum_{\sigma} I^{\sigma}\right)^{+} = (1 + p - T_p)I \in H_1(X_o(N)\,,\mathbb{Q})^{+}$$

où σ parcourt les matrices de Heilbronn de niveau p , et $+$ signifie la symétrisation par la conjugaison complexe.

Remarque.- Soit $\varphi : X_o(N) \to E$ une paramétrisation faible de Weil. Considérons la fonction

$$y : \Gamma_o(N)\backslash PSL(2\,,Z/N) = \mathbb{P}^1(Z/N) \to \mathbb{Z}$$

qui est définie par la règle $y(\tau) = \varphi^{+}(I^{\tau})$.

En appliquant la fonction φ^{+} à la formule ci-dessus on en tire

COROLLAIRE.-

$$\sum_{\sigma} y(\sigma) = N_p \cdot \varphi(I) \qquad \text{pour n'importe quel nombre premier } p \nmid N .$$

(La sommation porte sur toutes les matrices de Heilbronn de niveau p .)

Notons que le corollaire nous donne un moyen de calculer les N_p dans le cas où $\varphi(I) \neq 0$. La formule est assez efficace en pratique parce que la fonction y associée à la courbe de Weil faible E est très facile à trouver pour les petites valeurs de N.

D'après les conjectures de Birch et Swinnerton-Dyer, $\varphi(I)$ n'est pas nul si et seulement si E ne possède qu'un nombre fini de points rationnels sur $\mathbb{Q}$.

(c) Démonstration de la Formule de Réciprocité

Définissons les polynômes $[C_1,C_2,\dots,C_n] \in \mathbb{Z}[C_1,C_2,\dots,C_n]$ par :

$$[\ ] = 1 \quad , \quad [C_1] = C_1 \quad , \quad [C_1,C_2] = C_2C_1 + 1$$

$$[C_1,\dots,C_n] = C_n[C_1,\dots,C_{n-1}] + [C_1,\dots,C_{n-2}] \qquad \text{pour } n \geq 3 .$$

Heilbronn [3] démontre par récurrence la formule

$$(8) \qquad [C_1,\dots,C_n] = [C_1,\dots,C_m][C_{m+1},\dots,C_n] + [C_1,\dots,C_{m-1}][C_{m+2},\dots,C_n]$$

pour $1 \leq m < n$.

La relation entre ces polynômes et les fractions continues est la suivante :

Ecrivons

$$a/\ell = \cfrac{1}{c_1 + \cfrac{1}{c_2 + \cfrac{1}{\ddots + \cfrac{1}{c_n}}}} \qquad c_n \geq 2$$

où $(a, \ell) = 1$, $0 < a < \ell/2$. On a $c_1 \geq 2$. Afin d'indiquer sa dépendance de a/ℓ, écrivons $n = n(a/\ell)$.

On trouve facilement

$$a = [c_2,\dots,c_n] \quad ; \quad \ell = [c_1,\dots,c_n] .$$

Si $0 < a < \ell/2$, $(a, \ell) = 1$, et si $0 \leq j < n(a/\ell)$, on peut associer au couple $(a/\ell, j)$ une matrice de Heilbronn $\sigma_{(a/\ell, j)}$ de niveau ℓ par la règle

$$x = [c_1,\dots,c_{n-j}] \qquad\qquad y = [c_1,\dots,c_{n-j-1}]$$

$$x' = [c_n,\dots,c_{n-j+1}] \qquad\qquad y' = [c_n,\dots,c_{n-j+2}]$$

(où, par convention, $y' = 0$ si $j = 0$).

Il est facile de voir que cette règle établit une correspondance biunivoque entre de tels couples et les matrices de Heilbronn de niveau ℓ :

$$(a/\ell\,,\,j) \mapsto \sigma_{(a/\ell\,,\,j)}\ .$$

On a alors, pour ℓ premier et impair :

$$\sum_{0<a<\ell} \{a/\ell\} = \sum_{0<a<\ell/2} \{a/\ell\}^{+} = \Big(\sum_{0<a<\ell/2} \sum_{j=0}^{n(a/\ell)-1} I^{\sigma(a/\ell\,,\,j)} \Big)^{+}$$

$$= \big(\sum_{\sigma} I^{\sigma} \big)^{+}$$

où, dans la dernière sommation, σ parcourt les matrices de Heilbronn de niveau ℓ. La formule de réciprocité provient de là et de la formule (5).

§ 8. Le Symbole modulaire et l'arithmétique globale d'une courbe de Weil

Soit $\varphi : X_0(N) \to E$ une paramétrisation de Weil. La première motivation pour la construction du symbole modulaire était de trouver une façon finie d'exprimer les valeurs $L(E\,,\chi\,,1)$ pour les caractères de Dirichlet χ.

On choisit la définition suivante de la série L de E, tordue par χ :

$$L(E\,,\chi\,,s) = \sum_{n=1}^{\infty} \chi(n)\lambda(n)\cdot n^{-s}$$

où les $\lambda(n)$ sont les coefficients de la "new form" Ω (§ 5, Lemme 2) telle que $\varphi^{*}\omega = c\cdot\Omega$.

Voici l'énoncé :

Pour un caractère de Dirichlet non trivial χ de conducteur m premier à N, posons $G(\chi) = \sum_{a \bmod m} \bar{\chi}(a)\varphi(a/m) \in H_1(E\,,\mathbb{Z})$. On peut plonger $H_1(E\,,\mathbb{Z})$ dans $\mathbb{C}$ par intégration de la différentielle de Néron, et :

THÉORÈME 2 ([2], [5]).- Si χ est non trivial,

$$c\cdot L(E\,,\chi\,,1) = \chi(-1)g(\chi)\cdot\frac{G(\chi)}{m}$$

où $g(\chi)$ est la somme de Gauss, $g(\chi) = \sum_{b \bmod m} \chi(b)e^{2\pi i\frac{b}{m}}$.

Pour le caractère trivial, on a :

THÉORÈME 3.- $c \cdot L(E, 1) = \varphi(I)$.

Il est instructif de réécrire la conjecture de Birch et Swinnerton-Dyer pour les courbes de Weil en termes de la fonction φ . Pour cela, nous prenons un point de vue géométrique qui sera développé dans un article (en préparation) de Swinnerton-Dyer et moi-même [10].

Considérons $I = \{iy \mid 0 \leq y \leq \infty\}$ comme intervalle orienté de $i\infty$ à 0 , qui est contenu dans le lieu réel de la courbe $X_o(N)$. L'arc $I \subset X_o(N)$ est appelé le chemin fondamental.

Puisque la paramétrisation de Weil $\varphi : X_o(N) \to E$ est définie sur $\mathbb{R}$, φ envoie le chemin fondamental dans la composante neutre du lieu réel de E qui est un cercle orienté. Par définition, $\varphi(i\infty) = 0 \in E$, et d'après le théorème 1, $\varphi(0)$ est d'ordre fini dans E . Si l'on écrit $\varphi(I) = M \cdot \int_{E(\mathbb{R})} \omega$, alors M est un nombre rationnel qui s'interprète comme le "nombre d'enroulements" du chemin fondamental autour de $E(\mathbb{R})$ par l'application φ .

On appelle M le nombre d'enroulements de la courbe de Weil E .

Conjecture (faible) de Birch et Swinnerton-Dyer

1) $M = 0$ si et seulement si $E(\mathbb{Q})$ est infini.

2) Si $M \neq 0$, on a la formule

$$M = \pm c \prod_p n_p \cdot [\text{Ш}]/\eta^2$$

où $[\text{Ш}]$ est l'ordre du groupe de Shafarévitch-Tate de E , $\eta = [E(\mathbb{Q})]$, et n_p est le nombre de composantes rationnelles de la fibre de Néron de E sur $\mathbb{F}_p$.

Observons que, si le nombre d'enroulements de $\varphi : I \to E(\mathbb{R})$ est nul, il est nécessaire que φ possède au moins un point critique sur I . Appelons ces points les points critiques fondamentaux de E . Le résultat suivant n'est pas difficile à démontrer :

THÉORÈME 4.- L'ordre de zéro de $L(E, s)$ au point $s = 1$ est inférieur ou égal au nombre de points critiques fondamentaux de E .

(A paraître dans [10].)

En supposant la vérité de la conjecture de Birch et Swinnerton-Dyer, on obtient que le rang de $E(\mathbb{Q})$ est inférieur ou égal au nombre de points critiques fondamentaux de E .

Pour chaque point critique $P \in I^{\cdot}$, considérons $\varphi(P) \in E$ qui est évidemment rationnel sur un corps algébrique. Posons $Tr(P) =$ somme des $\mathbb{Q}$-conjugués de $\varphi(P)$ dans E ; c'est un point de $E(\mathbb{Q})$. Soit $E^*(\mathbb{Q}) \subset E(\mathbb{Q})$ le sous-groupe engendré par les $Tr(P)$ où P parcourt les points critiques fondamentaux. Il serait intéressant de déterminer la structure du sous-groupe $E^*(\mathbb{Q})$.

Exemple.- Parmi les 18 courbes de Weil provenant de la table du § 1, il n'y en a qu'une qui possède un nombre infini de points rationnels. Elle est de conducteur analytique 37 , et d'équation

$$E : y^2 + y = x^3 - x , \qquad \text{cf. [10].}$$

Elle ne possède qu'un point critique fondamental qui est rationnel sur $\mathbb{Q}(\sqrt{37})$.

D'après le théorème 4, la vérité de la conjecture de Birch et Swinnerton-Dyer entraîne que $E(\mathbb{Q})$ est de rang 1 . On peut vérifier que $E(\mathbb{Q})$ ne possède pas de torsion. On montre [10] que $E^*(\mathbb{Q})$ est engendré par le point $(6, -15)$ qui est divisible par 6 dans $E(\mathbb{Q})$.

Pour la jolie histoire des douze courbes de Weil de la forme $X_0(N)$ (où genre $\{X_0(N)\} = 1$) , le lecteur doit se reporter à l'article de G. Ligozat (Courbes Modulaires de genre 1) à paraître.

BIBLIOGRAPHIE

[1] A. ATKIN, J. LEHNER - Hecke Operators on $\Gamma_0(N)$, Math. Annalen, Bd. 185, n° 2 (1970), 134-160.

[2] B. BIRCH - Elliptic Curves : A Progress report, Summer conference on number theory sponsored by the Amer. Math. Soc. at Stony Brook (1971).

[3] H. HEILBRONN - Average Length of a class of Continued Fractions, Abh. aus Zahlentheorie und Anal., London, Plenum.

[4] J. IGUSA - Kroneckerian Models of fields of elliptic modular functions, Amer. J. of Math., 81 (1959), p. 561-577.

[5] Y. MANIN - Points paraboliques et fonctions zêta des courbes modulaires [en russe], Izv. Akad. Nauk, 36 (1972), p. 19-66.

[6] A. OGG - Elliptic Curves and Wild Ramification, Amer. J. of Math, 89 (1967), p. 1-21.

[7] A. OGG - Rational Points on certain elliptic modular curves, (à paraître).

[8] J.-P. SERRE - Abelian ℓ-adic representations and elliptic curves, New York, Benjamin, 1968.

[9] G. SHIMURA - Introduction to the Arithmetic Theory of Automorphic Functions, Math. Soc. Japan, 11 (1971), Princeton Univ. Press.

[10] B. MAZUR and H.P.F. SWINNERTON-DYER - The p-adic L-series of elliptic curves, (en préparation).

[11] A. WEIL - Über die Bestimmung Dirichletscher Reihe durch Funktionalgleichungen, Math. Ann., 168 (1967), p. 149-156.

Séminaire BOURBAKI
24e année, 1971/72, n° 415

FORMES AUTOMORPHES SUR GL_2

(Travaux de H.Jacquet et R.P.Langlands)

par Alain ROBERT

Le problème étudié par Jacquet et Langlands dans [J-L], se rattache de très près au suivant. Soit G le groupe unimodulaire réel $SL_2(\mathbb{R})$ et Γ son sous-groupe discret $SL_2(\mathbb{Z})$ formé des matrices à coefficients entiers. La représentation régulière gauche de G dans l'espace $L^2(G/\Gamma)$ des fonctions (complexes) de carré sommable sur le quotient G/Γ pour une mesure invariante sur cet espace homogène (déduite d'une mesure de Haar de G) est unitaire et se décompose comme suit. Puisque G/Γ est de volume fini, la représentation unité de G intervient une fois (dans le sous-espace formé par les fonctions constantes sur G/Γ) et

$$L^2(G/\Gamma) = \mathbb{C} \oplus \int_{Re(s)=\frac{1}{2}} H_s \, ds \oplus {}^{o}L^2(G/\Gamma) \quad ,$$

avec une partie continue isomorphe à l'intégrale hilbertienne sur la série principale de G (pour la mesure de Lebesgue), et une partie discrète avec multiplicités finies dans le sous-espace invariant fermé des formes paraboliques ${}^{o}L^2(G/\Gamma)$ défini par les "équations intégrales"

$$\int_{\mathbb{R}/\mathbb{Z}} f(g\begin{pmatrix}1 & u\\ o & 1\end{pmatrix}) \, du = 0 \quad \text{pour tout } g \in G \quad .$$

La question est de savoir quelles représentations unitaires irréductibles de G (on les connaît toutes) interviennent effectivement dans cette partie discrète (et quelles sont les multiplicités ?). Ce problème se pose naturellement aussi si l'on remplace Γ par un sous-groupe de congruence principal Γ_N, correspondant à un revêtement $G/\Gamma_N \to G/\Gamma$ et donc à une inclusion $L^2(G/\Gamma) \to L^2(G/\Gamma_N)$ préservant les sous-espaces de formes paraboliques. Pour traiter simultanément tous ces groupes, il convient de passer à la limite $N \to \infty$. Or $\varprojlim G/\Gamma_N = SL_2(\mathbb{A})/SL_2(\mathbb{Q})$, où $\mathbb{A}$ désigne l'anneau localement compact des adèles de $\mathbb{Q}$; par conséquent le complété de l'espace de préhilbert réunion des $L^2(G/\Gamma_N)$ s'identifie à l'espace $L^2(SL_2(\mathbb{A})/SL_2(\mathbb{Q}))$. Il s'impose alors de décomposer la représentation régulière de $SL_2(\mathbb{A}) \supset G$ dans cet espace, et particulièrement dans le sous-espace ${}^oL^2$ formé des formes paraboliques définies par

$$\int_{\mathbb{A}/\mathbb{Q}} F(g\begin{pmatrix}1 & u\\ 0 & 1\end{pmatrix})\, du = 0 \quad \text{pour tout } g \in SL_2(\mathbb{A}) \quad ,$$

qui se décompose à nouveau discrètement avec multiplicités finies (sous $SL_2(\mathbb{A})$).

Pour des raisons techniques, Jacquet et Langlands considèrent GL_2 au lieu de SL_2 et nous adopterons leur point de vue, de sorte que désormais l'abbréviation G désignera GL_2 (au lieu de $SL_2(\mathbb{R})$ comme ci-dessus). Il est guère plus difficile de traiter le cas plus général d'un corps de nombres k ou d'un corps de fonctions d'une variable sur un corps fini (corps globaux) au lieu du corps des rationnels $\mathbb{Q}$. Nous nous placerons ainsi comme [J-L] dans le cas d'un corps global qui a un anneau d'adèles $\mathbb{A} = \mathbb{A}_k$ et on examine la représentation régulière droite (sic) de $G_{\mathbb{A}} = GL_2(\mathbb{A})$ dans ${}^oL^2(G_k\backslash G_{\mathbb{A}}, \omega)$ (avec un caractère fixé ω sur le centre, trivial sur $k^\times$). Dans ce cas, [J-L] prouve que <u>les multiplicités des représentations unitaires irréductibles de $G_{\mathbb{A}}$ qui interviennent effectivement dans la décomposition de cet espace de formes paraboliques sont toute égales à 1</u>. Un résultat principal dudit article étant <u>un critère</u>, à l'aide de fonctions zêta (et L) <u>pour qu'une représentation donnée de $G_{\mathbb{A}}$ apparaisse dans la décomposition</u> de ${}^oL^2(G_k\backslash G_{\mathbb{A}}, \omega)$. Nous énoncerons ce critère après l'introduction des facteurs locaux associés aux représentations irréductibles des groupes p-adiques $G_{\mathfrak{p}} = GL_2(k_{\mathfrak{p}})$. Les sections suivantes donnent des applications. Etant donné l'ampleur du mémoire [J-L], le lecteur ne sera pas étonné de ne pas trouver de démonstrations dans le résumé de résultats qui suit !

1. Représentations admissibles de GL_2 sur un corps p-adique.

Soit G un groupe localement compact totalement discontinu, V un espace vectoriel sur un corps k. Une représentation π de G dans V est dite admissible lorsque l'action $\pi: G \times V \to V$ qu'elle définit est continue pour la topologie discrète sur V, et que pour tout sous-groupe ouvert (donc fermé) $H \subset G$, le sous-espace V_H de V formé des vecteurs laissés fixes par tous les opérateurs $\pi(h)$ $(h \in H)$ est de dimension finie : $V = \bigcup V_H$. Un opérateur qui commute à tous les opérateurs d'une représentation admissible irréductible doit laisser les sous-espaces V_H invariants, donc avoir une valeur propre, et être une homothétie si k est algébriquement clos (lemme de Schur). En particulier, dans une représentation admissible irréductible (sur un corps k algébriquement clos), les opérateurs $\pi(c)$ correspondant à des éléments du centre C de G doivent être scalaires, et π induit un homomorphisme $C \to k^\times$. Un exemple de représentation admissible est fourni par la représentation naturelle de $G = Gal(\bar{k}_{sep}/k)$ dans l'espace vectoriel $V = \bar{k}_{sep}$ (clôture séparable de k) sur k. Par la suite, nous ne considérerons que le cas $k = \mathbb{C}$ (et omettrons en conséquence de préciser chaque fois qu'il s'agit de représentations complexes).

Soit K un corps local de caractéristique résiduelle p. C'est un corps localement compact dont la topologie peut être définie à l'aide d'une valeur absolue, le module d'un élément $a \in K^\times$ étant défini à l'aide d'une mesure de Haar quelconque dx sur le groupe abélien localement compact K par $d(ax) = |a|dx$. Comme on sait, l'anneau R des entiers de K, défini par $|a| \leqslant 1$, est local, d'idéal maximal P, défini par $|a| < 1$ (c'est un idéal principal). Le quotient R/P est un corps de caractéristique p, donc ayant pour nombre d'éléments q une puissance de p. On suppose fixé un caractère additif de base $\psi \neq 1$ de K de sorte qu'on peut identifier K à son dual de Pontryagin à l'aide de ψ. L'orthogonal de R dans cette identification (relativement à ψ) est un sous-groupe ouvert compact de la forme P^{-d}, et nous supposerons le caractère de base choisi de façon que son ordre, l'entier $d = d(\psi)$ soit positif : $d \geqslant 0$. Ce choix étant fait, il convient de normaliser la mesure de Haar additive sur K de façon que la transformation de Fourier soit une opération unitaire (mesure autoduale pour ψ). Cette normalisation est donnée par le volume $q^{-d/2} = \int_R dx$ pour le sous groupe ouvert compact R.

Un premier résultat de [J-L] consiste en une classification complète de toutes les représentations admissibles irréductibles de $GL_2(K)$. D'abord, il est facile de voir qu'une telle représentation, si de dimension finie, est de dimension un et de la forme $g \longmapsto \chi(\det g)$ avec un quasi-caractère (ou caractère généralisé) $\chi : K^\times \longrightarrow \mathbb{C}^\times$. Il s'agit donc de considérer les représentations de dimension infinie. Pour cela, introduisons l'espace $\underline{W}_\psi$ de toutes les fonctions sur le groupe $G = GL_2(K)$ ayant la propriété de transformation

(1) $$W\left(\begin{pmatrix}1 & u\\ o & 1\end{pmatrix}g\right) = \psi(u)W(g) \qquad (u \in K\ ,\ g \in G)\quad ,$$

espace qu'on considère comme espace de représentation de G à l'aide des translations à droite (représentation non admissible).

Théorème 1. Toute représentation admissible irréductible de dimension infinie π de G est équivalente à une sous-représentation unique $\underline{W}_\psi(\pi)$ de $\underline{W}_\psi$ induite sur un sous-espace invariant irréductible formé de fonctions localement constantes sur G.

Le sous-espace $\underline{W}_\psi(\pi)$ muni de la représentation définie par les translations à droite sera appelé modèle de Whittaker de π. Si pour $W \in \underline{W}_\psi(\pi)$ on pose $f_W(a) = W\begin{pmatrix}a & o\\ o & 1\end{pmatrix}$, on obtient un espace de fonctions sur le groupe multiplicatif $K^\times$ du corps, appelé modèle de Kirillov de π. Il a les propriétés caractéristiques données par le théorème suivant.

Théorème 2. Toute représentation admissible irréductible de dimension infinie π de G est équivalente à une représentation (unique) agissant dans un espace de fonctions localement constantes sur $K^\times$ nulles en dehors d'un compact de K et

<u>satisfaisant</u>

(2) $$\pi\begin{pmatrix} a & b \\ 0 & 1 \end{pmatrix} f(x) = \psi(bx)\, f(ax) \qquad (a \in K^\times,\ b \in K)\ .$$

<u>De plus cet espace $\mathcal{K}_\psi(\pi)$ contient le sous-espace $C_c^\infty(K^\times)$ des fonctions localement constantes à support compact dans $K^\times$ avec une codimension inférieure ou égale à 2</u> .

Inversément, on passe du modèle de Kirillov au modèle de Whittaker en posant $W_f(g) = \pi(g)\, f(1)$. La classification des représentations admissibles irréductibles de dimension infinie s'effectue alors comme suit. La représentation π est dite

a) <u>supercuspidale</u> lorsque $\mathcal{K}_\psi(\pi) = C_c^\infty(K^\times)$ (codimension nulle) ,

b) <u>spéciale</u> lorsque la codimension vaut 1 ,

c) dans la <u>série principale</u> lorsque la codimension vaut 2 .

On remarquera que dans cette terminologie, il n'y a pas lieu de distinguer entre représentations de la série principale et supplémentaire (à ce niveau elles jouent toutes le même rôle puisqu'on admet des représentations non unitaires) . De plus la relation (2) montre que si l'on connaît le quasi-caractère donné par π sur le centre et l'espace $\mathcal{K}_\psi(\pi)$, la représentation sera complètement déterminée par la connaissance du seul opérateur $\pi\begin{pmatrix} 0 & 1 \\ -1 & 0 \end{pmatrix}$ (en effet G est engendré par les matrices triangulaires supérieures et cette matrice $w = \begin{pmatrix} 0 & 1 \\ -1 & 0 \end{pmatrix}$ dite de Weyl) .

Chaque représentation admissible π a une <u>contragrédiente</u> $\check{\pi}$ admissible définie par $\check{\pi}(g) = {}^t\pi(g^{-1})$ dans l'espace $V(\check{\pi})$ formé des vecteurs $\check{v} \in V(\pi)^*$ (formes linéaires sur $V(\pi)$) stabilisés par un sous-groupe ouvert de G. En d'autres termes, $V(\check{\pi})$ est l'espace somme (non directe) des duals des V_H :

$$V(\pi) = \bigcup V_H = \sum V_H \quad \text{et} \quad V(\check{\pi}) = \sum V_H^* \qquad (\dim(V_H) = \dim(V_H^*) < \infty)\ .$$

On dit qu'une représentation admissible irréductible π de G est dans la <u>série discrète</u> (ou est de carré intégrable) lorsque les intégrales

$$\int \langle \pi(g)v, \check{v}\rangle \langle v, \check{\pi}(g)\check{v}\rangle\, dg \qquad (v \in V(\pi)\ ,\ \check{v} \in V(\check{\pi})\ )$$

sont absolument convergentes sur G modulo son centre. Pour une représentation π de la série discrète, il existe une constante d_π (dépendant de la mesure dg sur G) appelée dimension formelle de π, telle que

$$\int \langle\pi(g)v,\check{v}\rangle\langle v,\check{\pi}(g)\check{v}\rangle\, dg = \langle v,\check{v}\rangle^2/d_\pi \qquad (v \in V\ ,\ \check{v} \in \check{V})\ .$$

Théorème 3. Les représentations de la série discrète de G sont les représentations supercuspidales et les représentations spéciales. Pour toute représentation admissible π, sa contragrédiente $\check{\pi}$ est équivalente à $\pi \otimes \omega_\pi^{-1}$ où ω_π est le quasi-caractère induit par π sur le centre, considéré comme représentation $g \longmapsto \omega_\pi(\det g)$ de G .

La série discrète de G peut se construire à partir des représentations irréductibles du groupe multiplicatif $D^\times$ de l'algèbre à division D de dimension 4 sur K (cette algèbre de quaternions sur K est déterminée à un isomorphisme près). Notons simplement N et T les norme et trace réduites de D sur K, $x \longmapsto \bar{x}$ l'anti-automorphisme involutif de D sur K et $F \longmapsto \hat{F}$ la transformation de Fourier

$$\hat{F}(y) = \int_D F(x)\,\overline{\psi_D(yx)}\, dx \qquad (y \in D)\ ,$$

en prenant $\psi_D = \psi \circ T$ pour caractère de base , et pour dx, la mesure autoduale relativement à ce caractère : $F(0) = \int_D \hat{F}(y)\, dy$. Le module $|a|_D$ d'un élément $a \in D^\times$ est défini de la façon usuelle par $d(ax) = |a|_D dx$. Il existe alors une représentation π de $SL_2(K)$ dans l'espace $C_c^\infty(D)$ des fonctions (complexes) localement constantes et à support compact sur D avec

a) $\pi\begin{pmatrix} a & 0 \\ 0 & a^{-1}\end{pmatrix} F(x) = |a|_D^{1/2} F(ax) \qquad , \quad (a \in K^\times)\ ,$

b) $\pi\begin{pmatrix} 1 & b \\ 0 & 1\end{pmatrix} F(x) = \psi(b\,N(x))\, F(x) \qquad , \quad (u \in K)\ ,$

c) $\pi\begin{pmatrix} 0 & 1 \\ -1 & 0\end{pmatrix} F(x) = F'(x) = -\hat{F}(-\bar{x}) \qquad .$

Cette représentation est réductible, mais soit $\underline{d}$ une représentation irréductible de $D^\times$ dans un espace $V = V(\underline{d})$ (nécessairement de dimension finie car $D^\times$ modulo son centre $K^\times$ est compact), et étendons la représentation précédente aux fonctions vectorielles $C_c^\infty(D,V) = C_c^\infty(D) \otimes V$ trivialement sur le second facteur. Notons $\underline{d}^1$ la restriction de $\underline{d}$ au sous-groupe compact $D^1 = \{k \in D\ :\ k\bar{k} = N(k) = 1\}$ et regardons le sous-espace invariant (de π)

$$C_c^\infty(D,\underline{d}^1) = \{F \in C_c^\infty(D,V) : F(xk) = \underline{d}(k)^{-1}F(x) \ , \ k \in D^1\} \ .$$

Dans ce sous-espace invariant, la représentation π de $SL_2(K)$ se prolonge en une représentation $\pi_{\underline{d}}$ de $GL_2(K)$ à l'aide de la formule

$$\text{d)} \quad \pi_{\underline{d}}\begin{pmatrix} y\bar{y} & 0 \\ 0 & 1 \end{pmatrix} F(x) = |y|_D^{1/2}\, \underline{d}(y) F(xy) \qquad , \quad (y \in D^\times) \ .$$

Puisque D contient toute extension quadratique séparable de K (à isomorphisme près) tout élément $a \in K^\times$ est norme d'un élément y de $D^\times$, défini à un élément de D^1 près, de sorte que $\pi_{\underline{d}}$ est bien définie ($GL_2(K)$ est engendré par des matrices des formes ci-dessus, et il s'agit de voir que les opérateurs que nous venons de définir satisfont bien aux relations de définition liant ces matrices entre elles).

Théorème 4. La représentation $\pi_{\underline{d}}$ ainsi construite est admissible et se décompose en somme directe de $d = \dim(\underline{d})$ représentations irréductibles équivalentes $\pi(\underline{d})$ de G. Lorsque $d = 1$ la représentation obtenue est spéciale, tandis que si $d > 1$, $\pi(\underline{d})$ est supercuspidale. On obtient de cette manière toutes les représentations de la série discrète de G (types a) et b) ci-dessus).

Les représentations admissibles de G fournissent naturellement des représentations de l'algèbre de Hecke $C_c^\infty(G)$ (pour le produit de convolution) si l'on pose

$$\pi(f) = \int_G \pi(g) f(g)\, dg \qquad (\text{intégrale faible, } f \in C_c^\infty(G)) \ .$$

Il résulte même de la définition d'admissibilité que les opérateurs ainsi définis sont de rang fini, et ont donc une trace. Le caractère de π est par définition la distribution χ_π sur G définie par $\langle \chi_\pi, f \rangle = \operatorname{Tr} \pi(f)$. On dénotera alors par G' la partie ouverte dense des éléments réguliers de G (ceux qui ont des valeurs propres distinctes). Un élément régulier $g \in G'$ engendre dans $M = M_2(K)$, soit l'anneau des matrices diagonales, soit une extension quadratique séparable L de K dont le groupe multiplicatif $L^\times \subset G$ peut être considéré comme sous-groupe de Cartan elliptique (ou anisotrope) de G. On notera encore $L' = L \cap G'$ l'ensemble des éléments réguliers de L , et pour toute extension quadratique séparable L de K on choisit des isomorphismes de L dans M et D . D'après le théorème de Skolem-Noether, ces plongements sont définis à des automorphismes intérieurs près.

Théorème 5. Si π est une représentation de la série discrète de G , son caractère distribution est donné par une fonction centrale localement constante sur l'ensemble des éléments réguliers G' de G , et localement intégrable sur G :

$$\langle \chi_\pi , f \rangle = \mathrm{Tr}\ \pi(f) = \int_G \chi_\pi(g) f(g)\, dg \quad .$$

De plus, si $\pi = \pi(\underline{d})$ est construite par le procédé précédent à partir d'une représentation irréductible $\underline{d}$ de $D^\times$, la valeur de χ_π sur les éléments réguliers des sous-groupes de Cartan elliptiques est opposée de la valeur du caractère $\chi_{\underline{d}}$ de la représentation $\underline{d}$ sur les éléments correspondants :

$$\chi_\pi(b) = -\chi_{\underline{d}}(b) \quad \text{si } b \in L' \quad , L/K \text{ quadratique séparable} \quad .$$

Comme les deux caractères sont des fonctions centrales, leurs valeurs $\chi_\pi(b)$ et $\chi_{\underline{d}}(b)$ sont bien définies, indépendamment des isomorphismes de L dans M et D choisis. Les caractères de la série discrète vérifient encore des relations d'orthonormalité que nous ne détaillons pas faute de place, et pour lesquelles nous renvoyons au texte de Jacquet et Langlands. Normalisons néanmoins simultanément les mesures additives de D et M en requiérant qu'elles soient autoduales par rapport aux caractères respectifs $\psi_D = \psi \circ T$ et $\psi_M = \psi \circ \det$. Choisissons à partir de là les mesures $|N(x)|_K^{-2}\, dx$ sur $D^\times$ et $|\det(x)|_K^{-2}\, dx$ sur G . Alors les dimensions formelles de $\underline{d}$ et $\pi(\underline{d})$ sont égales pour ces choix de mesures : $d_{\underline{d}} = d_{\pi(\underline{d})}$, donc égales à $\dim(\underline{d})$ si le caractère de base ψ est choisi judicieusement. (Plus précisément, [J-L] ne démontre l'égalité précédente que lorsque $\pi(\underline{d})$ est supercuspidale, soit lorsque $\dim(\underline{d}) > 1$, en constatant qu'il serait tout de même surprenant que cette égalité ne soit pas valable pour les représentations spéciales aussi ; ce dernier cas doit résulter des travaux récents de A.Borel sur les représentations spéciales des groupes de Chevalley.)

La série principale (ainsi que les représentations spéciales) peut s'obtenir par le procédé d'induction à partir d'un quasi-caractère du groupe triangulaire supérieur. Soient donc μ et ν deux quasi-caractères de $K^\times$ et $\pi_{\mu,\nu}$ la représentation (admissible) régulière droite de G dans l'espace des fonctions localement constantes sur G satisfaisant la loi de transformation

$$(3) \qquad f(\begin{pmatrix} a & x \\ o & b \end{pmatrix} g) = \mu(a)\nu(b)|a/b|^{\frac{1}{2}} f(g) \qquad (a,b \in K^\times \ , \ x \in K \ , \ g \in G) \ .$$

Alors $\pi_{\mu,\nu}$ est irréductible lorsque $\mu/\nu \neq |\ldots|^{\pm 1}$ et fournit une représentation aussi notée $\pi(\mu,\nu)$, de la série principale de G . Lorsqu'au contraire $\mu/\nu = |\ldots|$, elle admet un sous-espace invariant irréductible de codimension un sur lequel la représentation $\pi_{\mu,\nu}$ induit une représentation $\pi(\mu,\nu)$ spéciale. Finalement, si $\mu/\nu = |\ldots|^{-1}$, elle admet un sous-espace invariant de dimension un, et la représentation $\pi(\mu,\nu)$ induite sur le quotient est irréductible et spéciale.

Théorème 6. Les représentations $\pi(\mu,\nu)$ de G construites de cette manière fournissent toutes les représentations spéciales et de la série principale (lorsque μ et ν parcourent l'ensemble des quasi-caractères de $K^\times$) de G. On a les équivalences (et les seules) $\pi(\mu,\nu) \cong \pi(\nu,\mu)$, tandis que la contragrédiente de $\pi(\mu,\nu)$ est équivalente à $\pi(\mu^{-1},\nu^{-1})$.

Indiquons peut-être que dans l'espace défini par (3), et si $\mu/\nu = |\ldots|$, le sous-espace de codimension un sur lequel la représentation spéciale $\pi(\mu,\nu)$ agit est défini par

$$\int_K f(w^{-1}\begin{pmatrix} 1 & x \\ o & 1 \end{pmatrix}) \, dx = 0 \qquad ,$$

tandis que si $\mu/\nu = |\ldots|^{-1}$, le sous-espace de dimension un engendré par la fonction $g \longmapsto \mu(\det g)|\det g|^{\frac{1}{2}}$ est invariant pour les translations à droite.

2. Facteurs locaux associés aux représentations de GL_2 .

Rappelons d'abord brièvement les définitions et propriétés des facteurs locaux associés aux quasi-caractères de $GL_1(K) = K^\times$ (Thèse de Tate [C-F] ou [S.L]). Si ω est un quasi-caractère $K^\times \longrightarrow \mathbb{C}^\times$ de la forme $\chi|\ldots|^s$ (décomposition non univoque avec χ unitaire et s complexe), on définit pour toute $f \in C_c^\infty(K)$ la fonction zêta (ou L)

$$L_f(\omega) = L_f(\chi,s) = \int_{K^\times} f(a)\omega(a)d^\times a = \int_{K^\times} f(a)\chi(a)|a|^s d^\times a \ .$$

Cette intégrale converge absolument dans le demi-plan $Re(s) > 0$, se prolonge en une fonction méromorphe de s avec l'équation fonctionnelle

$$L_{\hat{f}}(\hat{\omega}) = \gamma(\omega)L_f(\omega) \quad \text{où} \quad \hat{\omega}(a) = \bar{\chi}(a)|a|^{1-s} = |a|\omega(a)^{-1}$$

($\hat{f}$ dénote bien entendu la transformée de Fourier de f) avec une fonction méromorphe $\gamma(\omega) = \gamma(\chi,s)$ indépendante de f ($\gamma = \rho^{-1}$ avec les notations de Tate ou Lang, tandis que Godement utilise dans [G] un facteur γ qui serait notre $\chi(-1)\gamma$). On introduit alors le facteur eulérien

$$L(\omega) = \begin{cases} 1 \text{ si } \omega \text{ est ramifié (i.e. } \chi \text{ ramifié)} \\ (1-\omega(\pi))^{-1} = (1-\chi(\pi)q^{-s})^{-1} \text{ sinon (où } P = \pi R) \ . \end{cases}$$

Il existe pour chaque χ une fonction $f_o \in C_c^\infty(K)$ avec $L_{f_o}(\chi,s) = L(\chi,s)$ et ce facteur contient tous les pôles de $L_f(\chi,s)$:

$$L_f(\chi,s)/L(\chi,s) \text{ est entière en s pour toute } f \in C_c^\infty(K) \ .$$

De plus, on a les équations fonctionnelles

$$L_{\hat{f}}(\hat{\omega})/L(\hat{\omega}) = \varepsilon(\omega)L_f(\omega)/L(\omega) \quad \text{avec} \quad \varepsilon(\omega) = \varepsilon(\chi,s) = \gamma(\omega)L(\omega)/L(\hat{\omega}) \ .$$

Ce facteur ε est une fonction entière sans zéro (= γ si ω est ramifié). Plus précisément, cette fonction est une exponentielle de la forme

$$(4) \qquad \varepsilon(\chi,s) = \varepsilon(\chi)\cdot q^{(d+f)(\frac{1}{2}-s)} \ ,$$

où $d = d(\psi) \geq 0$ est l'ordre du caractère additif ψ fixé, $f = f(\chi) \geq 0$ est l'exposant du conducteur de χ (égal au plus petit entier $f \geq 1$ tel que χ est trivial sur $1+P^f$ si χ est ramifié) et $\varepsilon(\chi)$ est une racine de l'unité, = 1 si χ est non ramifié et donnée par une somme de Gauss si χ est ramifié. En particulier, on voit que ε dépend de ψ et vaut identiquement 1 lorsque χ est non ramifié (f = 0) et lorsque ψ est d'ordre nul (d = 0).

On peut alors passer au cas de GL_2. Nous désignerons toujours par π une représentation admissible irréductible de $G = GL_2(K)$ où K est un corps local p-adique (et les normalisations de la section 1 sont encore en vigueur en ce qui concerne la transformée de Fourier pour la mesure autoduale relativement à ψ sur K). De façon générale, si $\chi : K^\times \longrightarrow \mathbb{C}^\times$ est un quasi-caractère, on l'identifie à la représentation (admissible) $g \longmapsto \chi(\det g)$ de dimension un de G, et on note par conséquent $\pi \otimes \chi$ la représentation $g \longmapsto \chi(\det g)\pi(g)$ de G dans $V(\pi)$. On définit alors les fonctions zêta (légèrement décalées)

(5) $$L'_f(\chi,s) = \int_{K^\times} f(a)\chi(a)|a|^{s-\frac{1}{2}}d^\times a = \int_{K^\times} W\begin{pmatrix} a & 0 \\ 0 & 1\end{pmatrix}\chi(a)|a|^{s-\frac{1}{2}}d^\times a = L''_W(\chi,s)$$

pour chaque $f \in \mathcal{K}(\pi)$ et $W = W_f \in \underline{W}(\pi)$ (noter que f n'est plus nécessairement localement constante sur K de sorte que ces fonctions ne coïncident pas avec celles définies sur GL_1). Ces intégrales convergent dans un demi-plan $Re(s) > s_0$ et se prolongent en fonctions méromorphes avec des équations fonctionnelles. Il suffirait d'ailleurs de considérer le cas $\chi = 1$ car $W \in \underline{W}(\pi)$ implique $W\cdot\chi \in \underline{W}(\pi\otimes\chi)$ (et il s'agirait de remplacer π par $\pi\otimes\chi^{-1}$), et par abus, nous omettrons les ' et " pour simplifier les notations. Appelons de façon générale <u>facteur eulérien</u> (local) une fonction de s de la forme $1/P(q^{-s})$ avec un polynôme P de terme constant normalisé $P(0) = 1$ (dont le degré est appelé <u>degré du facteur eulérien</u>). Alors, il existe un facteur eulérien unique $L_\pi(\chi,s) = 1/P_\chi(q^{-s})$ de degré dépendant de χ plus petit ou égal à la codimension de $C_c^\infty(K^\times)$ dans $\mathcal{K}(\pi)$ avec les <u>propriétés caractéristiques</u>

a) $L_W(\chi,s)/L_\pi(\chi,s)$ <u>est entière en</u> s <u>pour toute</u> $W \in \underline{W}(\pi)$ <u>et tout</u> χ,

b) <u>Pour chaque caractère</u> χ <u>il existe une</u> $W^0 \in \underline{W}(\pi)$ <u>avec</u> $L_{W^0}(\chi,s) = L_\pi(\chi,s)$.

De plus, si W' dénote la translatée à droite de W par $w = \begin{pmatrix} 0 & 1 \\ -1 & 0\end{pmatrix}$ (correspondant à $f' = \pi(w)f \in \mathcal{K}(\pi)$, et si ω_π dénote le quasi-caractère induit par π sur le centre de G , on a <u>les équations fonctionnelles</u>

c) $L_{W'}(\bar{\chi}/\omega_\pi, 1-s)/L_{\check{\pi}}(\bar{\chi}/\omega_\pi, 1-s) = \varepsilon_\pi(\chi,s)\cdot L_W(\chi,s)/L_\pi(\chi,s)$

avec un facteur local $\varepsilon_\pi(\chi,s)$ qui est une fonction entière de s (prendre $W = W^o$ comme ci-dessus) de type exponentiel. Ce facteur local dépend de ψ (bien que les facteurs eulériens L_π n'en dépendent pas) et nous devrions le noter $\varepsilon_\pi^\psi(\chi,s)$; cependant, cette dépendance ne joue pas de rôle ici. On remarquera qu'il résulte aisément des définitions que $L_\pi(\chi,s) = L_{\pi\otimes\chi}(1,s) = L_{\pi\otimes\chi\otimes|\ldots|^s}(1,0)$ et de même $\varepsilon_\pi(\chi,s) = \varepsilon_{\pi\otimes\chi}(1,s) = \varepsilon_{\pi\otimes\chi\otimes|\ldots|^s}(1,0)$ que nous pourrions donc noter resp. $L(\pi\otimes\chi\otimes|\ldots|^s)$, $\varepsilon(\pi\otimes\chi\otimes|\ldots|^s)$. Pour rendre l'analogie avec le cas GL_1 encore plus frappante, il est mieux d'utiliser une notation intermédiaire, à savoir $L(\pi\otimes\chi, s)$ et $\varepsilon(\pi\otimes\chi, s)$ où on peut d'ailleurs se limiter au cas $\chi = 1$ (en remplaçant π par $\pi\otimes\bar{\chi}$). Nous noterons aussi $L(W,s)$ au lieu de $L_W(1,s)$. L'équation fonctionnelle ci-dessus pour $\chi = 1$ s'écrit alors, compte tenu de l'équivalence $\check{\pi} \cong \pi\otimes\omega_\pi^{-1}$

(6) $$L(W'\omega_\pi^{-1}, 1-s)/L(\check{\pi}, 1-s) = \varepsilon(\pi,s)\cdot L(W,s)/L(\pi,s)$$

(noter que $W \in \underline{W}(\pi)$ implique bien $W'\omega_\pi^{-1} \in \underline{W}(\check{\pi})$). On peut alors énoncer un résultat.

<u>Théorème 7</u>. <u>Deux représentations (admissibles irréductibles)</u> π_1 <u>et</u> π_2 <u>induisant le même quasi-caractère</u> ω <u>sur le centre</u> $K^\times$ <u>de</u> G <u>sont équivalentes exactement lorsque les fonctions</u> $\varepsilon_{\pi_i}(\chi,s)\cdot L_{\check{\pi}_i}(\bar{\chi},1-s)/L_{\pi_i}(\chi,s)$ <u>de</u> s <u>coïncident pour</u> $i = 1,2$ <u>(pour tout caractère</u> χ <u>de</u> $K^\times$) .

En particulier, les facteurs $L_\pi(\chi,s)$ et $\varepsilon_\pi(\chi,s)$ <u>caractérisent</u> π univoquement parmi les représentations induisant le quasi-caractère ω sur le centre (se rappeler de l'équivalence $\check{\pi} \cong \pi\otimes\omega_\pi^{-1}$). Ces facteurs locaux sont donnés comme suit pour les représentations non supercuspidales.

Théorème 8. Si $\pi = \pi(\mu,\nu)$ est dans la série principale, on a

$$L(\pi,s) = L(\mu,s)L(\nu,s) \text{ (facteur eulérien de degré } \leqslant 2), \quad \varepsilon(\pi,s) = \varepsilon(\mu,s)\varepsilon(\nu,s)$$

avec dans les second membres, les facteurs locaux de Tate pour GL_1 ; en particulier $\varepsilon(\pi,s) = 1$ lorsque μ et ν sont non ramifiés et $d = d(\psi) = 0$. Lorsque $\pi = \pi(\mu,\nu)$ est spéciale avec $\mu = \chi|..|^{\frac{1}{2}}$ et $\nu = \chi|..|^{-\frac{1}{2}}$ on a

$$L(\pi,s) = L(\mu,s) \text{ (de degré } \leqslant 1), \quad \varepsilon(\pi,s) = \varepsilon(\mu,s)\varepsilon(\nu,s)E(\mu,\nu,s) ,$$

avec

$$E(\mu,\nu,s) = L(\mu^{-1},1-s)/L(\nu,s) = \begin{cases} 1 \text{ si } \chi \text{ est ramifié} , \\ -\nu(\pi)q^{-s} = -\chi(\pi)q^{\frac{1}{2}-s} \text{ sinon} . \end{cases}$$

(Le lecteur ne confondra probablement pas la représentation π avec le générateur aussi noté π de $P \subset R \subset K$ ... ni d'ailleurs avec le nombre $\pi = 3,14...$!)

Appelons sphérique une représentation (admissible irréductible) qui possède un vecteur fixé par le sous-groupe (ouvert) compact maximal $GL_2(R)$ de G. Dans une représentation sphérique, l'espace des vecteurs fixés par $GL_2(R)$ est toujours de dimension 1 .

Théorème 9. Les représentations sphériques de G sont les représentations $\pi(\mu,\nu)$ de la série principale avec deux caractères μ et ν non ramifiés. Si π est sphérique, et si le caractère de base ψ est d'ordre nul, $d(\psi) = 0$, alors il existe une seule fonction W^o dans le modèle de Whittaker $\underline{W}_\psi(\pi)$ invariante à droite par $GL_2(R)$ et telle que $W^o(e) = 1$. Pour cette fonction on a

$$L(W^o,s) = L(\pi,s) \text{ et } \varepsilon(\pi,s) \equiv 1 .$$

Comme les représentations supercuspidales se construisent à l'aide de représentations associées à l'algèbre de quaternions D sur K, on peut comparer leurs facteurs locaux. Plus précisément, si $\underline{d}$ est une représentation irréductible de $D^\times$ dans un espace $V(\underline{d})$ (de dimension finie), on considère les fonctions zêta à valeurs opérateurs

$$(7) \qquad Z_f(\underline{d},s) = Z_f(\underline{d}\otimes|..|_K^{s+\frac{1}{2}}) = \int_{D^\times} f(a)\underline{d}(a)|N(a)|_K^{s+\frac{1}{2}}d^\times a \quad \text{(intégrale faible)}$$

pour chaque $f \in C_c^\infty(D)$. Ces intégrales convergent pour Re(s) suffisamment grand, se prolongent en fonctions méromorphes de s, et il existe des facteurs eulériens $L(\underline{d},s)$ de degré $\leqslant 1$ univoquement déterminés par les propriétés correspondantes à celles indiquées ci-dessus pour GL_2 , et un facteur scalaire $\varepsilon(\underline{d},s) = \varepsilon^\psi(\underline{d},s)$ de type exponentiel donnant des équations fonctionnelles

(8) $$Z_{f'}(\check{\underline{d}},1-s)/L(\check{\underline{d}},1-s) = -\,\varepsilon(\underline{d},s)\cdot Z_f(\underline{d},s)/L(\underline{d},s)$$

avec la transformée de Fourier $f'(y) = \hat{f}(-y) = \int_D f(x)\psi_D(xy)dx$ de f . Lorsque $\underline{d}$ est de dimension > 1 , le facteur eulérien $L(\underline{d},s) \equiv 1$ est de degré 0 .

Théorème 10. Soit $\underline{d}$ une représentation irréductible du groupe multiplicatif $D^\times$ de l'algèbre de quaternions D sur K dans l'espace $V(\underline{d})$ et $\pi(\underline{d})$ la représentation de la série discrète de G qui lui correspond. On a

$$L(\pi(\underline{d}),s) = L(\underline{d},s) \;,\; L(\check{\pi(\underline{d})},s) = L(\check{\underline{d}},s) \text{ et } \varepsilon(\pi(\underline{d}),s) = \varepsilon(\underline{d},s) \;.$$

On en tire $\pi(\check{\underline{d}}) = \check{\pi(\underline{d})}$ et $\pi(\underline{d}\otimes\chi) = \pi(\underline{d})\otimes\chi$ où le quasi-caractère $\chi : K^\times \longrightarrow \mathbb{C}^\times$ est identifié à la représentation $\chi\circ N$ de $D^\times$ dans la notation $\underline{d}\otimes\chi$. (Notons explicitement que ce résultat est encore valable pour les représentations spéciales $\pi(\underline{d})$ associées aux quasi-caractères $\underline{d}$ de $D^\times$.)

Mentionnons sans entrer dans le détail, que des facteurs analogues $L(\pi,s)$ et $\varepsilon(\pi,s)$ peuvent être définis similairement sur les corps archimédiens $\mathbb{R}$ et $\mathbb{C}$. Dans ces cas, les facteurs L sont des produits de fonctions gamma et d'exponentielles tandis que les facteurs ε sont indépendants de s (le lecteur est renvoyé à [J-L] ou à [G], ce dernier contenant une expression un peu plus explicite p 2.29).

3. Théorie globale.

L'idée de base exploitée par Jacquet et Langlands consiste à remarquer que la transformée de Mellin

$$M_f(s) = \Gamma(s)^{-1}\int_0^{\infty} f(iy)(2\pi y)^s d^{\times}y = \sum_{n\geq 1} a_n n^{-s}$$

d'une forme automorphe holomorphe parabolique (donc périodique de période 1 tendant vers 0 à l'infini sur les bandes verticales)

$$f(z) = \sum_{n\geq 1} a_n e^{2\pi i n z}$$

est une fonction ayant un comportement semblable aux fonctions zeta sous la transformation $s \longmapsto 1 - s$ ou $k - s$ qui correspond à l'inversion $w(z) = \begin{pmatrix} 0 & 1 \\ -1 & 0 \end{pmatrix}(z) = -1/z$ du demi-plan de Poincaré (cette idée avait déjà été systématiquement étudiée pas Hecke). Si on désire que cette fonction zêta $M_f(s)$ puisse s'exprimer sous forme de produit infini (eulérien), on sait qu'il faut supposer que f est fonction propre des opérateurs de Hecke. En sortant du cadre holomorphe, et dans le formalisme adélique, on est conduit à faire les calculs (semi formels) suivants.

Soit k un corps global (un corps de nombres ou un corps de fonctions d'une variable sur un corps fini) $\mathbb{A} = \mathbb{A}_k$ son anneau d'adèles (c'est un anneau localement compact dans lequel k se plonge discrètement avec quotient $\mathbb{A}/k$ compact). On regarde la représentation régulière droite de $G_{\mathbb{A}} = GL_2(\mathbb{A})$ dans l'espace $L^2(G_k\backslash G_{\mathbb{A}})$ des fonctions de carré sommable sur le quotient de $G_{\mathbb{A}}$ par le sous-groupe discret $G_k = GL_2(k)$. Cette représentation se décompose d'abord en somme hilbertienne "continue" $\int^{\oplus} L^2(G_k\backslash G_{\mathbb{A}}, \omega)d\omega$ selon les caractères ω du centre $\mathbb{A}^{\times}$ de $G_{\mathbb{A}}$ (triviaux sur $k^{\times}$). Le sous-espace des formes paraboliques $^{o}L^2(G_k\backslash G_{\mathbb{A}}, \omega)$ défini par

$$\int_{k\backslash\mathbb{A}} f(\begin{pmatrix} 1 & u \\ 0 & 1 \end{pmatrix}g)du = 0 \qquad (g \in G_{\mathbb{A}}) \quad ,$$

est invariant par la représentation régulière droite de $G_{\mathbb{A}}$ et se décompose en somme de représentations irréductibles (inéquivalentes d'après ce qui suit) de la forme $\pi = \widehat{\otimes}\, \pi_{v}$ induisant sur le centre $\mathbb{A}^{\times}$ précisément le caractère $\omega = \widehat{\otimes}\, \omega_{v}$ trivial sur $k^{\times}$, avec des représentations admissibles irréductibles π_{v} des groupes $G_{v} = GL_2(k_{v})$. Pour qu'un tel produit tensoriel infini puisse être défini, il faut que toutes les π_{v} sauf un nombre fini (au plus) soient sphériques (le lecteur intéressé par le détail de ces notions pourra se reporter à [J-L], [G] ou [S-T]). Donc presque toutes les π_{v} sont dans la série principale $\pi(\mu_{v}, \nu_{v})$ avec deux caractères μ_{v} et ν_{v} non ramifiés. Pour simplifier (et éviter la discussion des places archimédiennes) nous supposerons maintenant que k est un corps de fonctions (de caractéristique $p \neq 0$). Prenons une fonction $F \in {}^{o}L^{2}(G_k \backslash G_{\mathbb{A}}, \omega)$ dans la composante irréductible équivalente à π et invariante par un sous-groupe ouvert de $G_{\mathbb{A}}$ (pour les translations à droite). Ces fonctions engendrent (vectoriel-topologiquement) l'espace en question. Plus brièvement, nous dirons que F est une forme parabolique (de type π). Puisque le terme "constant" de la série de Fourier de $u \longmapsto F(\begin{pmatrix}1 & u\\ 0 & 1\end{pmatrix} g)$ s'annule par définition, il s'impose de calculer les autres coefficients. Fixons un caractère additif ψ non trivial de $\mathbb{A}/k$: tout autre caractère est donc de la forme $x \longmapsto \psi(\gamma x)$ avec $\gamma \in k$. Alors

$$F_{\gamma}(g) = \int_{k\backslash\mathbb{A}} F(\begin{pmatrix}1 & u\\ 0 & 1\end{pmatrix} g)\overline{\psi(\gamma u)}\,du = \int_{k\backslash\mathbb{A}} F(\begin{pmatrix}1 & \gamma^{-1}u\\ 0 & 1\end{pmatrix} g)\overline{\psi(u)}\,du \quad .$$

Mais $\begin{pmatrix}1 & \gamma^{-1}u\\ 0 & 1\end{pmatrix} = \begin{pmatrix}\gamma^{-1} & 0\\ 0 & 1\end{pmatrix}\begin{pmatrix}1 & u\\ 0 & 1\end{pmatrix}\begin{pmatrix}\gamma & 0\\ 0 & 1\end{pmatrix}$, de sorte que $F_{\gamma}(g) = F_1(\begin{pmatrix}\gamma & 0\\ 0 & 1\end{pmatrix} g)$, et tous les coefficients de Fourier se calculent à partir du premier F_1. La série de Fourier en question s'écrit ainsi

$$F(\begin{pmatrix}1 & u\\ 0 & 1\end{pmatrix} g) = \sum_{k^{\times}} F_1(\begin{pmatrix}\gamma & 0\\ 0 & 1\end{pmatrix} g)\psi(\gamma u) \tag{9}$$

(convergence vers F car cette fonction est localement constante). En particulier, pour u = e, on obtient

$$F(g) = \sum_{\gamma \in k^{\times}} F_1(\begin{pmatrix}\gamma & 0\\ 0 & 1\end{pmatrix} g) \tag{10}$$

qui montre que F est déterminée par F_1. Cette fonction F_1 sur le groupe est dans une composante algébriquement irréductible $\underline{W}_\psi(\pi)$ équivalente à π pour la représentation régulière droite de $G_{\mathbb{A}}$ dans l'espace $\underline{W}_\psi$ des fonctions W sur le groupe se transformant selon

$$W(\begin{pmatrix} 1 & u \\ 0 & 1 \end{pmatrix} g) = \psi(u)W(g) \qquad (u \in \mathbb{A} \ , \ g \in G_{\mathbb{A}}) \ .$$

On a donc $F_1 \in \underline{W}_\psi(\pi) \subset \underline{W}_\psi$ et les notations sont judicieuses car l'unicité des modèles de Whittaker locaux montre que <u>le sous-espace $\underline{W}_\psi(\pi)$ est lui aussi déterminé univoquement par</u> π. D'ailleurs cet espace est isomorphe à $\bigotimes_{\wp} \underline{W}_{\psi_\wp}(\pi_\wp)$ en tant que $G_{\mathbb{A}}$-module : c'est de ce résultat que provient la multiplicité 1 de π dans l'espace ${}^oL^2$ des formes paraboliques. Le théorème de Riemann-Roch pour k permet de voir sur la formule (10) que F est nulle en dehors d'une partie compacte de $G_k\backslash G_{\mathbb{A}}/\mathbb{A}^\times$ et que cette série n'a - sur tout ouvert suffisamment petit de $G_{\mathbb{A}}$ - qu'un nombre fini de termes non nuls. (Si k était un corps de nombres, la situation serait plus délicate : F serait seulement à décroissance rapide sur le quotient $G_k\backslash G_{\mathbb{A}}/\mathbb{A}^\times$.)

Inversément, prenons une fonction $W \in \underline{W}_\psi(\pi)$ où $\pi \cong \otimes \pi_\wp$ est une représentation (admissible irréductible) de $G_{\mathbb{A}}$ induisant le caractère ω sur le centre $\mathbb{A}^\times$ et trivial sur $k^\times$. Supposons que la série $\sum_{\gamma\in k^\times} W(\begin{pmatrix} \gamma & 0 \\ 0 & 1 \end{pmatrix} g)$ converge (nous procédons à des calculs formels). Sa somme $F_W = F_W(g)$ sera invariante à gauche par le groupe triangulaire (supérieur) rationnel P_k ; seule vérification :

$$F_W(\begin{pmatrix} 1 & \xi \\ 0 & 1 \end{pmatrix} g) = \sum W(\begin{pmatrix} \gamma & 0 \\ 0 & 1 \end{pmatrix}\begin{pmatrix} 1 & \xi \\ 0 & 1 \end{pmatrix}\begin{pmatrix} \gamma^{-1} & 0 \\ 0 & 1 \end{pmatrix}\begin{pmatrix} \gamma & 0 \\ 0 & 1 \end{pmatrix} g) =$$

$$= \sum \psi(\gamma\xi) W(\begin{pmatrix} \gamma & 0 \\ 0 & 1 \end{pmatrix} g) = F_W(g) \qquad (\xi \in k) \ ,$$

car P_k est engendré par les matrices de la forme

$$\begin{pmatrix} \alpha & 0 \\ 0 & 1 \end{pmatrix} , \begin{pmatrix} \alpha & 0 \\ 0 & \alpha \end{pmatrix} , \begin{pmatrix} 1 & \xi \\ 0 & 1 \end{pmatrix} \qquad (\alpha \in k^\times, \ \xi \in k) \ .$$

La décomposition de Bruhat $G_k = P_k \cup P_k w P_k$ avec $w = \begin{pmatrix} 0 & 1 \\ -1 & 0 \end{pmatrix}$ montre que F_W sera invariante (à gauche) par G_k dès que

(11) $$F_W(wg) = F_W(g) \quad (g \in G_{\mathbb{A}})$$

(oui, tout est là...). Nous désirons exprimer cette condition sur W. Pour cela, effectuons une transformation de Laplace-Mellin le long du tore déployé

(12) $$\int_{k^\times\backslash\mathbb{A}^\times} F_W(w\begin{pmatrix}a & 0\\ 0 & 1\end{pmatrix}g)\chi(a)d^\times a = \int_{k^\times\backslash\mathbb{A}^\times} F_W(\begin{pmatrix}a & 0\\ 0 & 1\end{pmatrix}g)\chi(a)d^\times a$$

(où χ parcourt l'ensemble des quasi-caractères de $\mathbb{A}^\times$ triviaux sur $k^\times$). Dans le membre de gauche, on utilise

$$w\begin{pmatrix}a & 0\\ 0 & 1\end{pmatrix} = w\begin{pmatrix}a & 0\\ 0 & 1\end{pmatrix}w^{-1}w = \begin{pmatrix}1 & 0\\ 0 & a\end{pmatrix}w = \begin{pmatrix}a & 0\\ 0 & a\end{pmatrix}\begin{pmatrix}a^{-1} & 0\\ 0 & 1\end{pmatrix}w \quad ,$$

et on trouve l'intégrale

$$\int F_W(\begin{pmatrix}a^{-1} & 0\\ 0 & 1\end{pmatrix}wg)\omega(a)\chi(a)d^\times a = \int F_W(\begin{pmatrix}a & 0\\ 0 & 1\end{pmatrix}wg)(\omega\chi)^{-1}(a)d^\times a \quad .$$

Revenant à la définition de F_W par sa série de Fourier (10) à l'aide de $F_1 = W$, et utilisant $\int_{k^\times\backslash\mathbb{A}^\times}\sum_{k^\times}\ldots = \int_{\mathbb{A}^\times}\ldots$, on trouve que la condition (11) est équivalente à

(13) $$\int_{\mathbb{A}^\times} W(\begin{pmatrix}a & 0\\ 0 & 1\end{pmatrix}wg)\bar{\chi}/\omega\,(a)|a|_{\mathbb{A}}^{-s}d^\times a = \int_{\mathbb{A}^\times} W(\begin{pmatrix}a & 0\\ 0 & 1\end{pmatrix}g)\chi(a)|a|_{\mathbb{A}}^{s}d^\times a$$

pour tout quasi-caractère de la forme $\chi|\ldots|^s$ (avec χ unitaire et s complexe). Comme des relations analogues doivent être valables pour toutes les $W \in \underline{W}_\psi(\pi)$ et que cet espace est stable par les translations à droite, il suffit de considérer le cas g = e (remplacer W par la translatée par g^{-1} à droite). Remplaçons encore $W\cdot\chi$ par W (ce qui revient encore à changer π en $\pi\otimes\bar{\chi}$ qui apparaît aussi dans ${}^0L^2$), et notant $W'(g) = W(gw)$, on obtient

(14) $$L(W'\omega^{-1},1-s) = L(W,s) \text{ pour toute } W \in \underline{W}_\psi(\pi) \quad (s \in \mathbb{C}) \;,$$

avec la définition

(15) $$L(W,s) = \int_{\mathbb{A}^\times} W\begin{pmatrix}a & 0\\ 0 & 1\end{pmatrix}|a|_{\mathbb{A}}^{s-\frac{1}{2}}d^\times a = \int_{k^\times\backslash\mathbb{A}^\times}\sum_{k^\times}\ldots = \int_{k^\times\backslash\mathbb{A}^\times} F_W\begin{pmatrix}a & 0\\ 0 & 1\end{pmatrix}|a|_{\mathbb{A}}^{s-\frac{1}{2}}d^\times a \quad .$$

Puisque F_W est à support compact (mod G_k à gauche, et le centre), on voit que cette fonction est <u>entière</u> en s . Finalement, on peut prendre W de la forme $\bigotimes_{\mathfrak{y}} W_{\mathfrak{y}}$ avec $W_{\mathfrak{y}} \in \underline{W}_{\psi_{\mathfrak{y}}}(\pi_{\mathfrak{y}})$ et $W_{\mathfrak{y}} = W_{\mathfrak{y}}^0$ pour presque toute place $\mathfrak{y}$, de façon à obtenir un produit eulérien pour la transformée de Mellin L(W,s) :

(16) $$L(W,s) = \int_{\mathbb{A}^\times}\ldots = \prod_{\mathfrak{y}}\int_{k_{\mathfrak{y}}^\times} W_{\mathfrak{y}}\begin{pmatrix}a_{\mathfrak{y}} & 0\\ 0 & 1\end{pmatrix}|a_{\mathfrak{y}}|_{\mathfrak{y}}^{s-\frac{1}{2}}d^\times a_{\mathfrak{y}} = \prod_{\mathfrak{y}} L(W_{\mathfrak{y}}, s) \;.$$

En utilisant les équations fonctionnelles locales satisfaites par les $L(W_{\mathfrak{p}}, s)$ (section 2) et nous souvenant que $L(W_{\mathfrak{p}}^{o}, s) = L(\pi_{\mathfrak{p}}, s)$, $\varepsilon^{\psi_{\mathfrak{p}}}(\pi_{\mathfrak{p}}, s) = 1$ pour presque toute place $\mathfrak{p}$, on trouve alors la condition unique

(17) $$\prod_{\mathfrak{p}} L(\pi_{\mathfrak{p}}, s) = \varepsilon(\pi,s) \prod_{\mathfrak{p}} L(\check{\pi}_{\mathfrak{p}}, 1-s) \quad ,$$

avec un facteur $\varepsilon(\pi,s)$ défini par un produit <u>fini</u> $\varepsilon(\pi,s) = \prod \varepsilon^{\psi_{\mathfrak{p}}}(\pi_{\mathfrak{p}}, s)$ qui se révèle être indépendant du caractère additif de base ψ choisi sur $\mathbb{A}/k$ (c'est bien entendu la formule du produit $|\gamma|_{\mathbb{A}} = 1$ pour $\gamma \in k^{\times}$ qui donne cette indépendance).

<u>Théorème 11</u>. <u>Soit</u> $(\pi_{\mathfrak{p}})_{\mathfrak{p}}$ <u>une famille de représentations admissibles irréductibles unitaires</u> (i.e. <u>agissant de façon unitaire dans des espaces préhilbertiens</u>), <u>presque toutes sphériques</u>. <u>Alors on peut définir le facteur global</u> $L(\pi,s)$ <u>par un produit infini</u> $L(\pi,s) = \prod L(\pi_{\mathfrak{p}}, s)$ <u>convergeant dans un demi-plan</u> $Re(s) > s_o$, <u>et le facteur</u> $\varepsilon(\pi,s) = \prod \varepsilon^{\psi_{\mathfrak{p}}}(\pi_{\mathfrak{p}}, s)$ <u>est en fait un produit fini</u> <u>(presque tous ses facteurs sont identiquement</u> 1).

Les calculs qui précèdent visent à montrer que si π intervient dans la décomposition de ${}^{o}L^{2}$, son facteur $L(\pi,s)$ se prolonge en <u>fonction entière</u> de s avec une équation fonctionnelle $L(\pi,s) = \varepsilon(\pi,s)L(\check{\pi},1-s)$. Remplaçant π par $\pi\otimes\chi$ où χ est un caractère de $\mathbb{A}^{\times}$ trivial sur $k^{\times}$, on obtient aussi

(18) $$L_{\pi}(\chi,s) = \varepsilon_{\pi}(\chi,s)\cdot L_{\pi}(\bar{\chi}/\omega , 1-s)$$

pour ces représentations. Ces conditions sont suffisantes. De façon plus précise, on a le théorème suivant.

<u>Théorème 12</u>. <u>Supposons que</u> $\pi \cong \hat{\bigotimes}_{\mathfrak{p}} \pi_{\mathfrak{p}}$ <u>est une représentation unitaire irréductible (décomposable) de</u> $G_{\mathbb{A}}$, <u>avec des représentations</u> $\pi_{\mathfrak{p}}$ <u>admissibles de dimension infinie de</u> $G_{\mathfrak{p}}$. <u>Si</u> π <u>induit un caractère</u> ω <u>sur le centre</u> $\mathbb{A}^{\times}$, <u>qui est trivial sur</u> $k^{\times}$, <u>alors, pour que</u> π <u>soit équivalente à une sous-représentation (unique) de</u> ${}^{o}L^{2}(G_k\backslash G_{\mathbb{A}}, \omega)$, <u>il faut et il suffit que</u>

a) $L_{\pi}(\chi,s) = \prod_{\mathfrak{p}} L_{\pi_{\mathfrak{p}}}(\chi_{\mathfrak{p}}, s)$ <u>se prolonge en fonction entière de</u> s, <u>bornée dans les bandes verticales si</u> $p=0$, <u>pour tout</u>

caractère χ de $\mathbb{A}^\times/k^\times$, (rationnelle en q^{-s} si $\mathbb{F}_q \subset k$),

b) les équations fonctionnelles $L_\pi(\chi,s) = \varepsilon_\pi(\chi,s)\cdot L_\pi(\bar{\chi}/\omega\ ,1-s)$ aient lieu pour tout caractère χ de $\mathbb{A}^\times/k^\times$.

Dans ces deux théorèmes, le corps de base peut être aussi bien un corps de nombres qu'un corps de fonctions, à condition d'utiliser les valeurs des facteurs locaux pour les places archimédiennes (que nous n'avons pas données).

4. Applications.

Comme dans le numéro précédent, k est un corps global et $\mathbb{A}$ son anneau d'adèles. Supposons donnée tout d'abord une algèbre de quaternions D sur k (corps gauche de dimension 4 sur k). Alors $D_{\mathbb{A}} = D \otimes_k \mathbb{A}$ ($\cong \prod'_{\mathfrak{y}} D_{\mathfrak{y}}$ produit restreint des $D_{\mathfrak{y}} = D \otimes_k k_{\mathfrak{y}}$) est une algèbre dont le groupe d'unités $D_{\mathbb{A}}^\times$ est de façon naturelle un groupe localement compact contenant $D^\times$ comme sous-groupe discret, avec quotient $D^\times \backslash D_{\mathbb{A}}^\times$ compact modulo le centre $\mathbb{A}^\times$. La représentation régulière droite de $D_{\mathbb{A}}^\times$ dans $L^2(D^\times\backslash D_{\mathbb{A}}^\times)$ se décompose selon les caractères ω du centre $\mathbb{A}^\times$ (triviaux sur $k^\times$)

$$L^2(D^\times\backslash D_{\mathbb{A}}^\times) = \int^{\oplus} L^2(D^\times\backslash D_{\mathbb{A}}^\times, \omega)\,d\omega \quad .$$

Chaque espace $L^2(D^\times\backslash D_{\mathbb{A}}^\times, \omega)$ est maintenant somme directe hilbertienne de sous-espaces invariants fermés minimaux sur lesquels les translations à droite fournissent des représentations unitaires (topologiquement) irréductibles δ décomposables sous la forme $\widehat{\bigotimes}_{\mathfrak{y}} \delta_{\mathfrak{y}}$ avec des représentations admissibles irréductibles $\delta_{\mathfrak{y}}$ des $D_{\mathfrak{y}}^\times$. Or par définition du discriminant Δ de D sur k , on peut fixer des isomorphismes

$$\theta_{\mathfrak{y}} : G_{\mathfrak{y}} = GL_2(k_{\mathfrak{y}}) \xrightarrow{\sim} D_{\mathfrak{y}}^\times \quad \text{si } \mathfrak{y} \text{ ne divise pas } \Delta \quad .$$

Pour ces places $\mathfrak{y}$, on peut transporter les représentations $\delta_{\mathfrak{y}}$ à l'aide des $\theta_{\mathfrak{y}}$ et obtenir des représentations $\pi_{\mathfrak{y}} = \delta_{\mathfrak{y}}\cdot\theta_{\mathfrak{y}}$ de $G_{\mathfrak{y}}$. Puisque tout automorphisme de $G_{\mathfrak{y}}$ est intérieur, $\pi_{\mathfrak{y}} = \pi_{\mathfrak{y}}(\delta_{\mathfrak{y}})$ est bien définie à équivalence près. Au contraire, lorsque $\mathfrak{p}$ divise le discriminant Δ, considérons la représentation irréductible $\pi_{\mathfrak{p}} = \pi_{\mathfrak{p}}(\delta_{\mathfrak{p}})$ construite dans la section 1 (à partir de la représentation irréductible de dimension finie $\delta_{\mathfrak{p}}$ de $D_{\mathfrak{p}}^{\times}$). (Il est vrai que nous n'avons pas expliqué cette correspondance pour les places archimédiennes, mais elle subsiste de façon essentiellement analogue.)

Théorème 13. Avec les notations ci-dessus, et si aucune des représentations $\delta_{\mathfrak{p}}$ pour $\mathfrak{p} \mid \Delta$ n'est de dimension 1, $\pi = \pi(\delta) = \widehat{\otimes} \pi_{\mathfrak{p}}(\delta_{\mathfrak{p}})$ apparaît dans la décomposition de l'espace ${}^{0}L^{2}(G_k \backslash G_{\mathbb{A}}, \omega)$ des formes paraboliques sur $G_k \backslash G_{\mathbb{A}}$.

Cela résulte du critère global (Th.12) après identification des facteurs locaux $L(\pi_{\mathfrak{p}}, s) = L(\delta_{\mathfrak{p}}, s)$ car la formule de Poisson montre que les fonctions zêta globales d'une algèbre de quaternions D (associées aux représentations de $D_{\mathbb{A}}^{\times}$) satisfont des équations fonctionnelles du bon type. Noter que par la loi de produit d'Artin, D est ramifiée en un nombre pair de places, de sorte que les signes des équations fonctionnelles locales (8) (section 2) se compensent dans le produit global ! L'hypothèse signifie que les $\pi_{\mathfrak{p}} = \pi_{\mathfrak{p}}(\delta_{\mathfrak{p}})$ sont toutes de dimension infinie (et il semble qu'elle est satisfaite dès que δ n'est pas de la forme $x \longmapsto \chi(N(x))$ avec un caractère χ de $\mathbb{A}^{\times}/k^{\times}$).

Comme deuxième application, considérons une extension séparable L du corps global k et soit W(L/k) Le groupe de Weil correspondant. On a donc une suite exacte

$$(1) \longrightarrow L_{\mathbb{A}}^{\times}/L^{\times} \longrightarrow W(L/k) \longrightarrow \mathrm{Gal}(L/k) \longrightarrow (1) \quad .$$

Pour toute représentation complexe semi-simple σ de dimension 2 de W(L/k), $\sigma : W(L/k) \longrightarrow GL_2(\mathbb{C})$, on essaie de définir une représentation admissible irréductible décomposable $\pi = \pi(\sigma) = \underset{\mathfrak{p}}{\otimes} \pi_{\mathfrak{p}}(\sigma_{\mathfrak{p}})$ de G_A. Dans ce but, prenons les localisées $\sigma_{\mathfrak{p}}$ de σ. Ce sont des représentations complexes des groupes de Weil locaux $W_{\mathfrak{p}}$,

$$(1) \longrightarrow L_{\mathfrak{q}} \longrightarrow W_{\mathfrak{p}} = W(L_{\mathfrak{q}}/k_{\mathfrak{p}}) \longrightarrow \mathrm{Gal}(L_{\mathfrak{q}}/k_{\mathfrak{p}}) \longrightarrow (1)$$

(où $\mathfrak{q}$ divise $\mathfrak{p}$), auxquelles on sait associer des facteurs locaux L et ε (ces derniers étant presque tous égaux à 1) avec une équation fonctionnelle

$$L(\sigma_{\mathfrak{P}},s) = \varepsilon^{\psi_{\mathfrak{P}}}(\sigma_{\mathfrak{P}},s)L(\check{\sigma}_{\mathfrak{P}},1-s)$$

($\check{\sigma}_{\mathfrak{P}}$ est la contragrédiente de $\sigma_{\mathfrak{P}}$ et ψ est un caractère non trivial de $\mathbb{A}/k$).
Lorsque $\mathfrak{P}|\mathfrak{p}$ est non ramifié, $L(\sigma_{\mathfrak{p}},s)$ est de la forme $\det(1-\sigma_{\mathfrak{p}}(\varphi_{\mathfrak{P}})q_{\mathfrak{p}}^{-s})^{-1}$ où $q_{\mathfrak{p}} = N(\mathfrak{p})$ est la norme de $\mathfrak{p}$ et $\varphi_{\mathfrak{P}}$ est un relèvement du Frobenius $(\frac{L/k}{\mathfrak{P}})$ de L/k en $\mathfrak{P}$.
Le produit infini $\prod_{\mathfrak{p}} L(\sigma_{\mathfrak{p}},s)$ converge dans un demi-plan $Re(s) > s_0$, se prolonge en fonction méromorphe $L(\sigma,s)$ de s et on a une équation fonctionnelle

$$L(\sigma,s) = \varepsilon(\sigma,s)\, L(\check{\sigma},1-s) \quad ,$$

avec un facteur ε défini par un produit fini $\varepsilon(\sigma,s) = \prod_{\mathfrak{p}} \varepsilon^{\psi_{\mathfrak{p}}}(\sigma_{\mathfrak{p}},s)$ (indépendant du choix de ψ). La représentation $\pi_{\mathfrak{p}} = \pi_{\mathfrak{p}}(\sigma_{\mathfrak{p}})$, si elle existe, sera complètement déterminée par les conditions

$$\pi_{\mathfrak{p}} \text{ induit sur le centre } k_{\mathfrak{p}}^{\times} \text{ le caractère } \det \sigma_{\mathfrak{p}} \quad ,$$

$$L(\pi_{\mathfrak{p}}\otimes\chi_{\mathfrak{p}},s) = L(\sigma_{\mathfrak{p}}\otimes\chi_{\mathfrak{p}},s) \quad , \quad L(\check{\pi}_{\mathfrak{p}}\otimes\bar{\chi}_{\mathfrak{p}},s) = L(\check{\sigma}_{\mathfrak{p}}\otimes\chi_{\mathfrak{p}},s) \quad ,$$

et $\quad \varepsilon^{\psi_{\mathfrak{p}}}(\pi_{\mathfrak{p}}\otimes\chi_{\mathfrak{p}},s) = \varepsilon^{\psi_{\mathfrak{p}}}(\sigma_{\mathfrak{p}}\otimes\chi_{\mathfrak{p}},s)$ pour tout caractère $\chi_{\mathfrak{p}}$ de $k_{\mathfrak{p}}^{\times}$ ($s \in \mathbb{C}$).

Théorème 14. Avec les notations ci-dessus, si $L(\pi\otimes\chi,s)$ et $L(\check{\pi}\otimes\bar{\chi},s)$ sont des fonctions entières, bornées dans les bandes verticales lorsque $p = 0$, pour tout caractère χ de $\mathbb{A}^{\times}$ trivial sur $k^{\times}$, alors $\pi_{\mathfrak{p}}(\sigma_{\mathfrak{p}})$ existe pour toute place $\mathfrak{p}$ de k et $\pi = \pi(\sigma) = \widehat{\bigotimes}\, \pi_{\mathfrak{p}}(\sigma_{\mathfrak{p}})$ apparaît dans la décomposition de l'espace ${}^{0}L^{2}(G_k\backslash G_{\mathbb{A}},\det\sigma)$ des formes paraboliques sur $G_k\backslash G_{\mathbb{A}}$.

Ce théorème résulte d'un raffinement du critère global (Th.12 avec des produits partiels $\prod_{\mathfrak{p}\notin S} \ldots$, S étant une partie finie de l'ensemble des places de k) conjugué avec une comparaison locale (Langlands : On the functional equation of the Artin L-functions, en préparation).

Finalement, soit E une courbe elliptique sur le corps global k de caractéristique $p \neq 0$ (on suppose que E n'est pas déduite par extension des scalaires à partir d'une courbe elliptique sur un corps fini). La fonction zêta de Hasse-Weil de E est définie par un produit infini $Z_E(s) = \prod_{\wp} Z_{\wp}(s)$, avec des facteurs locaux eulériens $Z_{\wp}(s)$ de degré $\leqslant 2$ obtenus en considérant les courbes $\widetilde{E}_{\wp}$ réduites de E mod $\wp$ définies sur les corps résiduels finis $k(\wp) = \mathbb{F}_q$ (avec $q = q_{\wp} = N(\wp) = \mathrm{Card}(R/P)$). Lorsque E a bonne réduction en $\wp$, i.e. lorsque $\widetilde{E}_{\wp}$ est encore une courbe elliptique sur $\mathbb{F}_q$, sa fonction zêta usuelle est de la forme

$$(1 - a_{\wp}q_{\wp}^{-s} + q_{\wp}^{1-2s})(1 - q_{\wp}^{-s})^{-1}(1 - q_{\wp}^{1-s})^{-1} .$$

Dans ce cas, par définition, $Z_{\wp}(s) = (1 - a_{\wp}q_{\wp}^{-s} + q_{\wp}^{1-2s})^{-1}$ (lorsque E a mauvaise réduction mod $\wp$, il faut considérer "le" modèle minimal de Néron de E pour définir le facteur $Z_{\wp}$ qui est eulérien de degré <2). Posons $L(E,s) = Z_E(s + \frac{1}{2})$. Alors <u>il existe une représentation</u> (<u>admissible irréductible</u>) $\pi = \otimes \pi_{\wp}$ <u>de</u> $GL_2(\mathbb{A})$ <u>agissant dans l'espace des formes paraboliques</u> ${}^{0}L^2(G_k \backslash G_{\mathbb{A}} / \mathbb{A}^{\times})$ <u>avec</u>

$$L(\pi_{\wp}, s) = Z_{\wp}(s + \tfrac{1}{2}) \quad \text{pour toute place } \wp ,$$

<u>et donc telle que</u> $L(\pi,s) = Z_E(s + \frac{1}{2}) = L(E,s)$ (Deligne-Langlands, cf. [W]). En particulier $\pi_{\wp} = \pi_{\wp}(\mu_{\wp}, \nu_{\wp})$ est dans la série principale lorsque E a bonne réduction mod $\wp$ avec des caractères $\mu_{\wp}$ et $\nu_{\wp}$ non ramifiés déterminés par

$$\nu_{\wp} = 1/\mu_{\wp} , \quad \mu_{\wp}(\pi_{\wp}) + 1/\mu_{\wp}(\pi_{\wp}) = a_{\wp}q_{\wp}^{-\frac{1}{2}} \quad (P = \pi_{\wp}R \subset k_{\wp})$$

(les deux racines de cette equation quadratique permutent μ et ν donc conduisent à des représentations équivalentes). On peut rappeler que $a_{\wp}$ lui-même est déterminé par $1 - a_{\wp} + q_{\wp}$ = nombre de points rationnels sur $\mathbb{F}_{q_{\wp}}$ de la courbe projective $\widetilde{E}_{\wp}$. Weil (loc.cit.) conjecture, après l'avoir vérifié sur les courbes à multiplications complexes, $\widehat{H/\Gamma_0(11)}$, ... , que cette construction est encore possible lorsque k est un corps de nombres.

RÉFÉRENCES

[C-F] Cassels J.W.S., Fröhlich A. éd.: Algebraic Number Theory , Thompson Book Co., Inc. (Washington D.C.) 1967, 366p.

[G] Godement R. : Notes on Jacquet-Langlands' theory , The Institute for Advanced Study (Princeton N.J. 08540) 1970, 67 + 29 + 37 p . = 133 p.

[J-L] Jacquet H., Langlands R.P. : Automorphic forms on GL(2), Springer 1970, Lecture Notes 114, 2 lb. 3 oz., 548 p.

[L] Langlands R.P. : Euler Products, Yale University (Lux et Veritas) 1967 , 54 p.

[S-D] Serre J.-P., Deligne P. : Facteurs locaux des fonctions zêta des variétés algébriques (définitions et conjectures), Sém. Delange-Pisot-Poitou, 1969-70, 19-19 bis , 28 p .

[S.L] Lang S. : Algebraic Number Theory, Addison-Wesley Publ. Co., Inc. 1970, 354 p.

[S-T] Shalika J.A., Tanaka S. : On an explicit construction of a certain class of automorphic forms, Amer. J. Math. 91 (1969), 1049-1076 .

[W] Weil A. : Dirichlet Series and Automorphic Forms, Springer 1971, Lecture Notes 189, 164 p.

CONGRUENCES ET FORMES MODULAIRES
[d'après H. P. F. SWINNERTON-DYER]

par Jean-Pierre SERRE

Diverses fonctions arithmétiques sont définies comme coefficients de fonctions modulaires. Citons notamment :

$\tau(n)$, coef. de q^n dans $\Delta = q\prod_{n=1}^{\infty}(1-q^n)^{24}$ (fonction de Ramanujan) ,

$c(n)$, coef. de q^n dans l'invariant modulaire $j = q^{-1} + 744 + \dots$,

$p(n)$, coef. de q^n dans $1/\prod_{n=1}^{\infty}(1-q^n)$ (fonction de partition),

$\sigma_h(n) = \sum_{d|n} d^h$, coef. de q^n dans la série d'Eisenstein G_{h+1} ,

$\zeta(-h)$, terme constant de $2\,G_{h+1}$ (h impair ≥ 1).

Ces fonctions sont liées entre elles par de nombreuses congruences, qu'il n'est guère possible de résumer en un exposé ; on en trouvera des échantillons dans [1], [9], [10], [11], [15]. Je me bornerai à un théorème de structure (§ 1) et à deux applications : l'une aux valeurs des fonctions zêta aux entiers négatifs (§ 2), l'autre aux représentations ℓ-adiques attachées aux formes modulaires (§ 3). La méthode suivie est due à Swinnerton-Dyer [18].

§ 1. Réduction mod. p des formes modulaires

1.1. Rappel sur les formes modulaires

(On se borne aux formes modulaires relativement au groupe $SL_2(\mathbf{Z})$ tout entier ; le cas d'un groupe de congruence n'est pas encore au point.)

Soit k un entier. Une forme modulaire de poids k est une fonction holomorphe f sur le demi-plan de Poincaré H , vérifiant les deux conditions suivantes :

1) $f(-1/z) = z^k f(z)$ pour tout $z \in H$,

2) Il existe des $a_n \in \mathbf{C}$ tels que, si l'on pose $q = e^{2\pi i z}$, on ait

$$f(z) = a_0 + a_1 q + \dots + a_n q^n + \dots ,$$

la série étant absolument convergente pour $z \in H$, i.e. pour $|q| < 1$. Si $f \not\equiv 0$, k est nécessairement <u>pair</u>, et ≥ 0 .

Lorsque k est pair ≥ 4 , un exemple de telle fonction est donné par la <u>série d'Eisenstein</u> de poids k , que nous écrirons :

$$G_k = \tfrac{1}{2}\,\zeta(1-k) + \sum_{n=1}^{\infty} \sigma_{k-1}(n) q^n ,$$

où ζ est la fonction zêta de Riemann, et $\sigma_{k-1}(n)$ est la somme des puissances $(k-1)$-èmes des diviseurs de n . On sait que $\zeta(1-k) = -b_k/k$, où b_k est le k-ième nombre de Bernoulli ; la série G_k est donc une série à coefficients rationnels (et même entiers, mis à part le terme constant).

Il est souvent commode de normaliser les G_k de telle sorte que leur terme constant soit 1 ; cela conduit aux fonctions :

$$E_k = -\frac{2k}{b_k} G_k = 1 - \frac{2k}{b_k} \sum \sigma_{k-1}(n) q^n .$$

En particulier :

$$E_4 = 240\, G_4 = 1 + 240 \sum_{n=1}^{\infty} \sigma_3(n) q^n \qquad (b_4 = -1/30)$$

$$E_6 = -504\, G_6 = 1 - 504 \sum_{n=1}^{\infty} \sigma_5(n) q^n \qquad (b_6 = 1/42) .$$

Posons $E_4 = Q$ et $E_6 = R$, cf. Ramanujan [12]. Ces fonctions sont algébriquement indépendantes, et engendrent l'algèbre (graduée) des formes modulaires : toute forme modulaire de poids k s'écrit de façon unique comme combinaison linéaire des monômes $Q^a R^b$ tels que $4a + 6b = k$. On a, par exemple :

$$E_8 = Q^2 , \quad E_{10} = QR , \quad E_{12} = \frac{441\, Q^3 + 250\, R^2}{691} , \quad E_{14} = Q^2 R ,$$

et

$$\frac{Q^3 - R^2}{1728} = \Delta = q \prod_{n=1}^{\infty} (1 - q^n)^{24} = \sum_{n=1}^{\infty} \tau(n) q^n .$$

1.2. <u>Réduction modulo</u> p <u>de l'algèbre des formes modulaires</u>

Soient p un nombre premier, et v_p la valuation correspondante du corps $\mathbf{Q}$. Une série formelle

$$f = \sum_{n \geq 0} a_n q^n , \qquad a_n \in \mathbf{Q} ,$$

est dite <u>p-entière</u> si $v_p(a_n) \geq 0$ pour tout n ; sa réduction (mod.p) est la série formelle

$$\tilde{f} = \Sigma \tilde{a}_n q^n \in \mathbb{F}_p[[q]] ,$$

où $\tilde{a}_n$ désigne l'image de a_n dans $\mathbb{F}_p$. Nous écrirons indifféremment $\tilde{f} = \tilde{f}'$ ou $f \equiv f'$ (mod.p) .

Notons $\tilde{M}_k$ l'ensemble des $\tilde{f}$, où f parcourt les formes modulaires de poids k, à coefficients rationnels, qui sont p-entières. La somme $\tilde{M}$ des $\tilde{M}_k$ est une sous-algèbre de $\mathbb{F}_p[[q]]$; c'est l'algèbre des formes modulaires (mod.p) . Nous allons déterminer sa structure.

Lorsque $p = 2$ ou 3, on a $\tilde{Q} = \tilde{R} = 1$, et on en déduit que $\tilde{M}$ est l'algèbre de polynômes $\mathbb{F}_p[\tilde{\Delta}]$.

Supposons désormais $p \geq 5$. Soit

$$f = \Sigma c_{a,b} Q^a R^b$$

une forme modulaire de poids k, écrite comme polynôme isobare en Q et R. Pour que f soit p-entière, il faut et il suffit que les $c_{a,b}$ soient rationnels et p-entiers ; cela se vérifie par récurrence sur k, en utilisant le fait que Δ est combinaison linéaire à coefficients p-entiers de Q^3 et de R^2. Il en résulte que $\tilde{M}_k$ admet pour base la famille des monômes $\tilde{Q}^a\tilde{R}^b$, où $4a+6b=k$ et l'algèbre $\tilde{M}$ est engendrée par $\tilde{Q}$ et $\tilde{R}$; tout revient donc à déterminer l'idéal $\mathfrak{a} \subset \mathbb{F}_p[X,Y]$ des relations entre $\tilde{Q}$ et $\tilde{R}$, i.e. l'idéal des polynômes f tels que $f(\tilde{Q},\tilde{R}) = 0$.

THÉORÈME 1 ([18]).- L'idéal $\mathfrak{a}$ est l'idéal principal engendré par $A - 1$, où $A \in \mathbb{F}_p[X,Y]$ est le polynôme isobare de poids $p - 1$ tel que $A(\tilde{Q},\tilde{R}) = \tilde{E}_{p-1}$.

(On rappelle que E_{p-1} est la série d'Eisenstein de poids $p-1$, normalisée de telle sorte que son terme constant soit 1 .)

Exemples

$p = 5$. On a $E_{p-1} = E_4 = Q$, d'où $A = X$; l'idéal des relations entre $\tilde{Q}$ et $\tilde{R}$ est engendré par la relation $\tilde{Q} = 1$; l'algèbre $\tilde{M}$ est isomorphe à $\mathbb{F}_5[\tilde{R}]$.

$p = 7$. On a $E_{p-1} = E_6 = R$; la relation fondamentale est $\tilde{R} = 1$; on a $\tilde{M} = \mathbb{F}_7[\tilde{Q}]$.

$p = 11$. On a $E_{10} = QR$; la relation fondamentale est $\tilde{Q}\tilde{R} = 1$.

$p = 13$. On a $E_{12} \equiv 6Q^3 - 5R^2 \pmod{13}$; la relation fondamentale est $6\tilde{Q}^3 - 5\tilde{R}^2 = 1$.

Démonstration du théorème 1

On sait que $v_p(b_{p-1}) = -1$, cf. par exemple [2], p. 431. La formule $E_{p-1} \equiv 1 \pmod{p}$ en résulte. L'idéal $\mathfrak{a}$ contient donc $A - 1$. De plus, A est sans facteurs multiples (voir ci-après) ; cela entraîne que $A - 1$ est irréductible (et même absolument irréductible), et l'idéal $\mathfrak{a}'$ engendré par $A - 1$ est premier. D'autre part, $\mathfrak{a}$ est premier (puisque $\tilde{M}$ est intègre) et n'est pas un idéal maximal (sinon, $\tilde{M}$ serait fini, ce qui n'est pas le cas puisque les monômes $\tilde{Q}^a\tilde{R}^b$ d'un poids donné sont linéairement indépendants). Soit $\mathfrak{m}$ un idéal maximal de $\mathbb{F}_p[X,Y]$ contenant $\mathfrak{a}$. Si l'on avait $\mathfrak{a}' \neq \mathfrak{a}$, la chaîne d'idéaux premiers

$$0 \subset \mathfrak{a}' \subset \mathfrak{a} \subset \mathfrak{m}$$

serait de longueur 3 , contrairement au fait que la dimension de $\mathbb{F}_p[X,Y]$ est 2 . On a donc $\mathfrak{a}' = \mathfrak{a}$, d'où le théorème

Remarque.- Munissons $\mathbb{F}_p[X,Y]$ de la graduation à valeurs dans $\mathbb{Z}/(p-1)\mathbb{Z}$ déduite par passage au quotient de la graduation où X est de poids 4 et Y de poids 6 . L'élément $A - 1$ est alors de poids 0 ; l'idéal qu'il engendre est donc gradué ; vu le th. 1, cela entraîne que l'algèbre quotient $\tilde{M} = \mathbb{F}_p[X,Y]/\mathfrak{a}$ est graduée, le groupe des degrés étant $\mathbb{Z}/(p-1)\mathbb{Z}$. Ainsi, $\tilde{M}$ est somme directe des $\tilde{M}^{\alpha}$ $(\alpha \in \mathbb{Z}/(p-1)\mathbb{Z})$ où $\tilde{M}^{\alpha}$ est réunion croissante des $\tilde{M}_k$, pour $k \equiv \alpha \pmod{(p-1)}$. En particulier :

THÉORÈME 2.- *Soient* f *et* f' *des formes modulaires* p*-entières de poids* k *et* k' . *Si* $f \equiv f' \pmod{p}$, *et si* $f \not\equiv 0 \pmod{p}$, *on a* $k \equiv k' \pmod{(p-1)}$.

Une forme modulaire (mod.p) a donc un "poids" modulo $(p-1)$.

Remarque.- Sous les hypothèses du th. 2, si $f \equiv f' \pmod{p^n}$, on peut montrer que $k \equiv k' \pmod{p^{n-1}(p-1)}$.

1.3. Interprétation elliptique

Soit E une courbe elliptique, définie par une équation

$$y^2 + a_1xy + a_3y = x^3 + a_2x^2 + a_4x + a_6 .$$

Notons c_4 et c_6 les covariants correspondants (les notations étant celles de Tate, cf. [16], n° 5.1), et ω la forme différentielle de 1ère espèce $dx/(2y + a_1 y + a_3)$. Si f est un polynôme isobare de poids k en Q, R (i.e. une forme modulaire), la forme différentielle

$$\omega_f = f(c_4, -c_6)\omega^k \qquad \text{(forme " de poids } k \text{ ")}$$

ne dépend que de E, et pas de sa réalisation comme cubique plane.

Ceci s'applique notamment, en caractéristique p, au polynôme A correspondant à la forme modulaire $\tilde{E}_{p-1}$, cf. th. 1. On a :

THÉORÈME 3 (Deligne).- *La forme* ω_A *est l'invariant de Hasse de* E.

(Pour tout ce qui concerne l'invariant de Hasse, voir par exemple Deuring [4].)

L'invariant de Hasse est de la forme $\omega_{A'}$, où A' est un certain polynôme isobare de poids $p-1$, et il s'agit de prouver que $A' = A$. Cela peut se faire par calcul direct, en explicitant la multiplication par p dans le groupe formel attaché à E. Deligne procède autrement ; il commence par le cas de la *courbe de Tate* sur le corps $\mathbf{F}_p((q))$ des séries formelles en q (cf. [13]), et observe que son invariant de Hasse est $(du/u)^{p-1}$; il en déduit que $A'(\tilde{Q}, \tilde{R})$, considérée comme série formelle en q, est égale à 1, d'où aussitôt $A' = A$.

COROLLAIRE 1.- *Le polynôme* A *est sans facteurs multiples.*

En effet, c'est là un résultat bien connu pour l'invariant de Hasse ([4],[6]).

COROLLAIRE 2.- *L'algèbre* $\tilde{M}^0$ *des formes modulaires* (mod.p) *de poids nul modulo* $(p-1)$ *est isomorphe à l'algèbre affine sur* $\mathbf{F}_p$ *de la courbe* X *obtenue en retirant de la droite projective les valeurs de* j *correspondant aux courbes d'invariant de Hasse nul.*

Si $f \in \tilde{M}_k$, avec $k = h(p-1)$, on lui associe $f/\tilde{E}_{p-1}^h$, qui est une fonction rationnelle de $j = \tilde{Q}^3/\tilde{\Delta}$, régulière sur X. On vérifie sans peine que l'on obtient ainsi un isomorphisme de $\tilde{M}^0$ sur l'algèbre affine de X.

Signalons aussi une interprétation "elliptique" de l'algèbre $\tilde{M}$ tout entière : elle correspond à un certain revêtement galoisien de X, de groupe de Galois $\mathbf{F}_p^*/\{\pm 1\}$, cf. Igusa [7].

1.4. Dérivation des formes modulaires

a) Le cas complexe

Posons

$$P = E_2 = 1 - 24 \sum_{n=1}^{\infty} \sigma_1(n) q^n , \qquad \text{où} \quad q = e^{2\pi i z} .$$

La fonction $P(z)$ est "presque" modulaire de poids 2 ; elle vérifie, non l'identité $f(-1/z) = z^2 f(z)$, mais :

$$(*) \qquad P(-1/z) = z^2 P(z) + \frac{12\, z}{2 i \pi} .$$

D'autre part, si $f = \Sigma a_n q^n$, posons $\theta f = \frac{1}{2i\pi} df/dz = q\, df/dq = \Sigma n a_n q^n$.

L'application θ ainsi définie est une dérivation.

THÉORÈME 4 (Ramanujan [12]).- (i) *Si* f *est une forme modulaire de poids* k , $\theta f - \frac{k}{12} Pf$ *est une forme modulaire de poids* $k + 2$.

(ii) *On a* $\theta P = \frac{1}{12}(P^2 - Q)$, $\theta Q = \frac{1}{3}(PQ - R)$, $\theta R = \frac{1}{2}(PR - Q^2)$.

L'assertion (i) se démontre en dérivant par rapport à z la formule $f(-1/z) = z^k f(z)$, et en utilisant $(*)$. On en déduit que $\theta Q - PQ/3$ est une forme modulaire de poids $4 + 2 = 6$; comme son terme constant est $-1/3$, c'est nécessairement $-R/3$. On démontre de la même manière la formule donnant θR . Celle donnant θP s'obtient en dérivant $(*)$, et en montrant que $\theta P - P^2/12$ est une forme modulaire de poids 4 .

Exemple.- On a $\partial \Delta = 0$ et $\theta \Delta = P \Delta$; P est la "dérivée logarithmique" de Δ .

COROLLAIRE 1.- *Soit* ∂ *la dérivation de l'algèbre des formes modulaires telle que* $\partial Q = -4R$ *et* $\partial R = -6Q^2$. *Si* f *est une forme modulaire de poids* k , ∂f *est de poids* $k+2$, *et l'on a*

$$12\, \theta f = k P f + \partial f .$$

Cela résulte de (i) et (ii).

COROLLAIRE 2.- *L'algèbre engendrée par* P , Q , R *est stable par* θ .

Cela résulte de (ii).

b) Passage à la caractéristique p (*)

La dérivation θ, la série P gardent un sens évident en caractéristique p ; il en est de même de ∂, considérée comme dérivation de l'algèbre $\mathbb{F}_p[X,Y]$ des polynômes en deux variables. Si $F \in \mathbb{F}_p[X,Y]$ est isobare de poids k, et si $f = F(\tilde{Q},\tilde{R})$ est l'élément correspondant de $\tilde{M}_k$, on a encore

$$12\,\theta f = k\,Pf + \partial F(\tilde{Q},\tilde{R}) ,$$

formule que l'on se permettra aussi d'écrire $12\,\theta f = k\,Pf + \partial f$.

La différence essentielle (et agréable) avec le cas complexe est que P devient une "vraie" forme modulaire (mod.p), de poids $p+1$:

THÉORÈME 5 ([18]).- (i) On a $P \equiv E_{p+1}$ (mod.p).

(ii) Si B désigne le polynôme isobare de poids $p+1$ tel que $\tilde{E}_{p+1} = B(\tilde{Q},\tilde{R})$, on a $\partial A = B$ et $\partial B = -\tilde{Q}A$.

(A partir de maintenant, on se permet de noter $\tilde{Q}$, $\tilde{R}$ les variables X, Y des polynômes A, B, ... considérés.)

Exemple.- Pour $p = 5$, on a $B = \tilde{E}_6 = \tilde{R}$, d'où $\partial A = \partial\tilde{Q} = -4\tilde{R} = \tilde{R} = B$, et $\partial B = -6\tilde{Q}^2 = -\tilde{Q}^2 = -\tilde{Q}A$.

Démonstration du théorème 5

L'assertion (i) résulte des deux congruences :

$$\sigma_p(n) = \sum_{d|n} d^p \equiv \sum_{d|n} d = \sigma_1(n) \qquad (\text{mod.}p) ,$$

$$b_{p+1}/(p+1) \equiv b_2/2 = -1/12 \qquad (\text{mod.}p) , \quad \text{cf. [2], p. 433.}$$

D'autre part, puisque $E_{p-1} \equiv 1$ (mod.p), on a $\theta E_{p-1} \equiv 0$ (mod.p), d'où $(p-1)\tilde{P}.\tilde{E}_{p-1} + \partial A(\tilde{Q},\tilde{R}) = 0$, i.e. $\partial A(\tilde{Q},\tilde{R}) = \tilde{P} = \tilde{E}_{p+1} = B(\tilde{Q},\tilde{R})$, ce qui démontre la formule $\partial A = B$. Celle donnant ∂B se démontre par un argument analogue, en dérivant une nouvelle fois.

COROLLAIRE 1.- Les polynômes A et B sont étrangers entre eux. Le polynôme A est sans facteurs multiples.

Cela résulte des formules $\partial A = B$ et $\partial B = -\tilde{Q}A$ par un argument standard

(*) Ici encore, on suppose $p \geq 5$.

(tout polynôme vérifiant une équation différentielle du second ordre est premier à sa dérivée, cf. Igusa [6]).

COROLLAIRE 2.- L'algèbre $\widetilde{M}$ des formes modulaires (mod.p) est stable par θ .

En effet, si $f \in \widetilde{M}_k$, on a

$$12\,\theta f = k\,Pf + \partial f = k\,Bf + A\partial f ,$$

et Bf et $A\partial f$ appartiennent à $\widetilde{M}_{k+p-1}$.

L'argument ci-dessus conduit en fait à un résultat plus précis. Si $f \in \widetilde{M}$, appelons filtration de f , et notons $w(f)$, le plus petit entier k tel que f appartienne à $\widetilde{M}_k$; si $f = 0$, on convient que $w(f) = -\infty$. Dire que f est de filtration k équivaut à dire que f est de la forme $F(\widetilde{Q},\widetilde{R})$, où F est un polynôme isobare de degré k , à coefficients dans $\mathbb{F}_p$, non divisible par A .

COROLLAIRE 3.- On a $w(\theta f) \leq w(f) + p + 1$, et il y a égalité si et seulement si $w(f) \not\equiv 0 \pmod{p}$.

Posons $k = w(f)$. L'inégalité $w(\theta f) \leq w(f) + p + 1$ résulte de la formule $12\,\theta f = k\,Bf + A\partial f$. Si k est divisible par p , cette formule montre que $12\,\theta f = \partial f$ est de filtration $\leq k + 2$. Si $k \not\equiv 0 \pmod{p}$, et si $f = F(\widetilde{Q},\widetilde{R})$ comme ci-dessus, le polynôme $k\,B.F$ n'est pas divisible par A (en effet, B est étranger à A , et F n'est pas divisible par A) ; il en résulte que la filtration de θf est bien $k + p + 1$.

Exemples

Prenons $p = 5$, et $f = \widetilde{G}_6 = -\widetilde{R}$. Le cor. 3 montre que θf est modulaire (mod.5) , de poids $6 + p + 1 = 12$. Comme θf commence par q , on a donc $\theta f = \widetilde{\Delta}$, d'où la congruence

$$n\,\sigma_5(n) \equiv \tau(n) \pmod{5} .$$

Pour $p = 7$, le même argument montre que $\theta\widetilde{G}_4 = \widetilde{\Delta}$, d'où :

$$n\,\sigma_3(n) \equiv \tau(n) \pmod{7} .$$

§ 2. Valeurs des fonctions zêta aux entiers négatifs

2.1. Résultats

Soient K un corps de nombres algébriques totalement réel de degré r, et ζ_K sa fonction zêta. Si m est un entier pair > 0, on sait, d'après Siegel, que $\zeta_K(1-m)$ est un nombre rationnel non nul. On va donner une estimation du dénominateur de ce nombre rationnel, ainsi que des congruences reliant les $\zeta_K(1-m)$ entre eux.

La méthode utilisée est celle de Klingen [8] et Siegel [17]. Elle consiste à associer à m la série

$$f_m = 2^{-r}\,\zeta_K(1-m) + \sum_{\mathfrak{a}} \sum_{\substack{\nu \gg 0 \\ \nu \in \mathfrak{d}^{-1}\mathfrak{a}}} (N\mathfrak{a})^{m-1}\, q^{\mathrm{Tr}(\nu)} .$$

(Dans cette formule, $\mathfrak{d}$ désigne la différente de K ; la sommation porte sur les idéaux entiers $\mathfrak{a}$ de K, et sur les éléments ν totalement positifs et non nuls de $\mathfrak{d}^{-1}\mathfrak{a}$; pour un tel ν, $\mathrm{Tr}(\nu)$ est un entier ≥ 1.)

On démontre (loc. cit.) que f_m est une forme modulaire de poids $k = rm$ (mis à part le cas $r = 1$, $m = 2$, que nous excluons dans ce qui suit) ; c'est l'image réciproque par le plongement diagonal de H dans $H^r = H \times \ldots \times H$ d'une série d'Eisenstein du corps K, au sens de Hecke ([5], n° 20).

Si l'on écrit f_m sous la forme

$$f_m = a_m(0) + \sum_{n=1}^{\infty} a_m(n)\, q^n ,$$

les coefficients $a_m(n)$ ont les propriétés que voici :

a) $2^r a_m(0)$ est le nombre $\zeta_K(1-m)$ qui nous intéresse,

b) $a_m(n)$ est entier pour tout $n \geq 1$,

c) $a_m(n) \equiv a_{m'}(n) \pmod{p}$ si $n \geq 1$ et $m' \equiv m \pmod{p-1}$.

Nous allons voir que ces renseignements suffisent à entraîner les résultats suivants :

THÉORÈME 6.- Soit p un nombre premier ≥ 3.

(i) Si $rm \not\equiv 0 \pmod{p-1}$, $\zeta_K(1-m)$ est p-entier.

(ii) Si $rm \equiv 0 \pmod{p-1}$, on a $v_p(\zeta_K(1-m)) \geq -1 - v_p(rm)$.

THÉORÈME 6'.- On a $v_2(\zeta_K(1-m)) \geq r-2-v_p(rm)$.

Ces deux théorèmes donnent une estimation du dénominateur de $\zeta_K(1-m)$. Cette estimation, bien que meilleure que celle de Siegel [17], n'est pas comlètement satisfaisante ; par exemple, dans le th. 6 (i), il devrait être possible de remplacer rm par $r'm$, où r' est le degré de l'intersection de K avec le p-ième corps cyclotomique.

THÉORÈME 7.- Si $m' \equiv m \pmod{p-1}$, et si $rm \not\equiv 0 \pmod{p-1}$, on a

$$\zeta_K(1-m) \equiv \zeta_K(1-m') \quad (\text{mod.} p) .$$

(Pour $K = \mathbf{Q}$, on retrouve la congruence de Kummer, cf. [2], p. 433.)

Il est facile d'obtenir par la même méthode des congruences plus générales. Il est même probablement possible d'obtenir une "fonction zêta p-adique" à la Kubota-Leopoldt, mais cela exige des calculs que je n'ai pas encore menés à bien. De toutes façons, pour obtenir des résultats vraiment satisfaisants, il sera sans doute nécessaire de se placer sur H^r et non plus sur H , i.e. d'utiliser des formes modulaires à r variables.

2.2. Démonstration du théorème 6

(On se borne au cas $p \geq 5$.)

Vu ce qui précède, il suffit de prouver :

THÉORÈME 8.- Soit $f = a_o + a_1 q + \dots + a_n q^n + \dots$ une forme modulaire de poids k dont les coefficients a_n , $n \geq 1$, sont p-entiers. Alors :

(i) Si $k \not\equiv 0 \pmod{p-1}$, a_o est p-entier.

(ii) Si $k \equiv 0 \pmod{p-1}$, on a $v_p(a_o) \geq -v_p(k) - 1$.

Supposons que a_o ne soit pas p-entier, et posons $v_p(a_o) = -s$, avec $s \geq 1$. La forme modulaire $p^s f$ a tous ses coefficients p-entiers, et sa réduction (mod.p) est une constante $\neq 0$. La fonction 1 est donc une forme modulaire (mod.p) de poids k ; comme elle est aussi de poids 0 , le th. 2 du n° 1.2 montre que k est divisible par $(p-1)$, d'où (i).

Supposons maintenant que s soit strictement plus grand que $s' = v_p(k) + 1$. Ecrivons la série d'Eisenstein G_k sous la forme

$$G_k = c + \sum_{n=1}^{\infty} \sigma_{k-1}(n)\, q^n .$$

Le théorème de von Staudt ([2], p. 431) montre que $v_p(c) = -s'$. On a donc $v_p(\frac{c}{a_o}) \geq 1$. Posons

$$g = G_k - \frac{c}{a_o} f .$$

Le terme constant de g est nul ; les autres coefficients sont p-entiers, et l'on a

$$g \equiv \sum_{n=1}^{\infty} \sigma_{k-1}(n)\, q^n \qquad (\text{mod.}\, p) .$$

Pour tirer de là une contradiction, il suffit donc de prouver :

LEMME.- _Si_ k _est divisible par_ $p-1$, _la série formelle à coefficients dans_ $\mathbf{F}_p$:

$$\varphi = \sum_{n=1}^{\infty} \sigma_{k-1}(n)\, q^n ,$$

n'est pas une forme modulaire de poids k, _i.e. n'appartient pas à_ $\widetilde{M}_k$ (cf. n° 1.2).

Puisque k est divisible par $p-1$, on a

$$\sigma_{k-1}(n) \equiv \sigma_{p-2}(n) \qquad (\text{mod.}\, p) .$$

Or, on vérifie facilement la congruence

$$\sigma_{p-2}(n) - \sigma_{p-2}(n/p) \equiv n^{p-2}\, \sigma_1(n) \qquad (\text{mod.}\, p) ,$$

où le terme $\sigma_{p-2}(n/p)$ doit être remplacé par 0 si p ne divise pas n. Cette congruence équivaut à

$$\varphi - \varphi^p \equiv \theta^{p-2}\Big(\sum_{n=1}^{\infty} \sigma_1(n)\, q^n \Big) \qquad (\text{mod.}\, p) ,$$

d'où finalement

$$(**) \qquad \varphi - \varphi^p = \psi , \quad \text{où} \quad \psi = -\frac{1}{24}\, \theta^{p-2}(\widetilde{P}) = -\frac{1}{24}\, \theta^{p-2}(\widetilde{E}_{p+1}) .$$

Supposons maintenant que φ soit modulaire de poids divisible par $p-1$, et notons h sa _filtration_, au sens du n° 1.4 ; cela signifie que φ est de la forme $\Phi(\widetilde{Q},\widetilde{R})$, où Φ est un polynôme isobare de poids h, non divisible par A. On a alors $\varphi^p = \Phi^p(\widetilde{Q},\widetilde{R})$, et, puisque A est sans facteurs multiples, A ne divise pas Φ^p. La filtration de φ^p est donc ph, et, puisque $ph > h$, la filtration de $\varphi - \varphi^p$ est aussi ph. D'autre part, $\widetilde{E}_{p+1} = B(\widetilde{Q},\widetilde{R})$ est de filtration $p+1$, puisque B n'est pas divisible par A

(ou bien parce que $M_2 = 0$ ...), et le cor. 3 au th. 5 montre que la filtration de $\theta^{p-2}(\tilde{E}_{p+1})$ est $p+1+(p-2)(p+1) = p^2-1$. On devrait donc avoir $ph = p^2-1$, ce qui est absurde, et achève la démonstration.

(En termes "géométriques", l'équation (**) définit un revêtement cyclique de degré p de la droite projective, et le raisonnement ci-dessus revient à montrer que ce revêtement est irréductible à cause de sa ramification aux points d'invariant de Hasse nul.)

2.3. Démonstration du théorème 7

Le th. 7 résulte de :

THÉORÈME 9.- *Soient*

$$f = a_o + a_1 q + \ldots + a_n q^n + \ldots$$

$$f' = a'_o + a'_1 q + \ldots + a'_n q^n + \ldots$$

deux formes modulaires de poids k *et* k' *respectivement. On suppose que* $k' \equiv k \not\equiv 0 \pmod{p-1}$, *que les* a_n *et* a'_n *sont p-entiers pour tout* $n \geq 0$, *et que* $a_n \equiv a'_n \pmod{p}$ *pour tout* $n \geq 1$.

On a alors $a_o \equiv a'_o \pmod{p}$.

Supposons d'abord que $k' = k$. Soit $g = (f - f')/p$. Par hypothèse, les coefficients de g d'indice ≥ 1 sont p-entiers. D'après le th. 8, (i), il en est de même du terme constant de g , ce qui prouve bien que $a'_o \equiv a_o \pmod{p}$.

Passons au cas général. On peut supposer que $k' = k + s(p-1)$, avec $s \geq 0$. Soit $f'' = f.E_{p-1}^s$; comme $E_{p-1} \equiv 1 \pmod{p}$, on a $f'' \equiv f \pmod{p}$; de plus, f' et f'' ont même poids. On est donc ramené au cas traité au début.

§ 3. Représentations ℓ-adiques attachées aux formes modulaires

Notations

La lettre ℓ désigne un nombre premier, qui joue le rôle du " p " des §§ 1, 2 ; la lettre p est réservée aux nombres premiers $\neq \ell$.

On choisit une clôture algébrique $\bar{\mathbb{Q}}$ de $\mathbb{Q}$, et on note G le groupe de Galois de $\bar{\mathbb{Q}}$ sur $\mathbb{Q}$.

3.1. Résultats

Soit $f = \sum a_n q^n$ une forme modulaire de poids k ; on suppose que

(1) f est parabolique, et normalisée : on a $a_0 = 0$, $a_1 = 1$;

(2) f est fonction propre des opérateurs de Hecke T_p (cf. [5], n° 35) : on a $T_p f = a_p f$ pour tout nombre premier p.

Ces propriétés entraînent (Hecke, loc. cit.) que la série de Dirichlet $\Phi_f(s) = \sum a_n/n^s$ possède le développement eulérien

$$\Phi_f(s) = \prod_p 1/(1 - a_p p^{-s} + p^{k-1-2s}) .$$

Pour simplifier l'exposé, nous ferons en outre l'hypothèse (très restrictive) suivante :

(3) les coefficients a_p sont entiers (auquel cas tous les a_n le sont aussi, vu la formule donnant Φ_f).

On connait 6 exemples de telles formes modulaires, correspondant aux 6 valeurs de k pour lesquelles la dimension de l'espace des formes paraboliques de poids k est 1 : k = 12, 16, 18, 20, 22 et 26. Nous noterons

$$\Delta_k = \sum_{n=1}^{\infty} t_k(n)\, q^n$$

la forme parabolique correspondante. On a

$$\Delta_{12} = \Delta , \quad \Delta_{16} = Q\Delta , \quad \Delta_{18} = R\Delta , \quad \Delta_{20} = Q^2\Delta , \quad \Delta_{22} = QR\Delta , \text{ et } \Delta_{26} = Q^2R\Delta .$$

En particulier $t_{12}(n)$ est égal à $\tau(n)$, fonction de Ramanujan.

D'après un théorème de Deligne [3], on peut attacher à f un système de représentations ℓ-adiques (ρ_ℓ) du groupe de Galois G, au sens de [14], chap. I, § 2 :

ρ_ℓ est un homomorphisme continu de G dans $GL_2(\mathbf{Z}_\ell)$ non ramifié en dehors de $\{\ell\}$, et, si $p \neq \ell$ la trace (resp. le déterminant) de l'élément de Frobenius $F_{p,\rho}$ de $GL_2(\mathbf{Z}_\ell)$ défini par ρ_ℓ est égale à a_p (resp. à p^{k-1}).

Il revient au même de dire que la fonction L d'Artin associée à ρ_ℓ est égale à la série Φ_f débarrassée de son ℓ-ième facteur.

Soit $\chi_\ell : G \to \mathbf{Z}_\ell^*$ le <u>caractère fondamental</u> de G , donnant l'action de G sur les racines ℓ^n-ièmes de l'unité ([14], p. I-3). Le couple

$$\sigma_\ell = (\rho_\ell, \chi_\ell)$$

définit un homomorphisme continu de G dans le sous-groupe H_ℓ de $GL_2(\mathbf{Z}_\ell) \times \mathbf{Z}_\ell^*$ formé des couples (s,u) tels que $\det(s) = u^{k-1}$.

LEMME.- <u>L'image de</u> σ_ℓ <u>est un sous-groupe ouvert de</u> H_ℓ .

En effet, cela équivaut à dire que $\mathrm{Im}(\rho_\ell)$ est ouvert dans $GL_2(\mathbf{Z}_\ell)$, résultat démontré dans [15], n° 5.1.

Disons que ℓ est <u>exceptionnel</u> (pour f) si l'image de σ_ℓ est distincte de H_ℓ .

THÉORÈME 10.- <u>L'ensemble des nombres premiers exceptionnels est fini.</u>

La démonstration sera donnée au n° 3.2. On verra qu'elle est "effective", i.e. qu'elle fournit une majoration explicite des ℓ exceptionnels.

La famille des σ_ℓ définit un homomorphisme continu

$$\sigma : G \to H = \prod_\ell H_\ell .$$

Un argument de ramification sans difficulté montre que l'image de σ est le <u>produit</u> des images des σ_ℓ . Vu le lemme et le th. 10, on en déduit :

COROLLAIRE.- <u>Le groupe</u> $\sigma(G)$ <u>est ouvert dans</u> H .

(Noter l'analogie avec le résultat principal de [16].)

En utilisant le théorème de densité de Čebotarev, on obtient :

THÉORÈME 11.- <u>Soient</u> m_1 <u>et</u> m_2 <u>des entiers</u> ≥ 1 , <u>et soient</u> $t \in \mathbf{Z}/m_1\mathbf{Z}$ <u>et</u> $d \in (\mathbf{Z}/m_2\mathbf{Z})^*$. <u>Supposons qu'aucun diviseur premier de</u> m_1 <u>ne soit exceptionnel pour</u> f . <u>L'ensemble des nombres premiers</u> p <u>tels que</u>

$$a_p \equiv t \pmod{m_1} \quad \underline{\text{et}} \quad p \equiv d \pmod{m_2}$$

a une densité > 0 ; en particulier, cet ensemble est infini.

Ce résultat s'applique notamment à la fonction de Ramanujan $a_p = \tau(p)$, les nombres premiers exceptionnels étant $2, 3, 5, 7, 23$ et 691, cf. n° 3.3 ; ainsi, si $\ell \neq 2, 3, 5, 7, 23, 691$, la valeur de $\tau(p) \pmod{\ell}$ ne peut pas se déduire d'une congruence sur p.

3.2. Démonstration du théorème 10

Soit ℓ un nombre premier ≥ 5. Supposons que ℓ soit exceptionnel. Notons $\tilde{\rho}_\ell : G \to GL_2(\mathbf{F}_\ell)$ la réduction de ρ_ℓ modulo ℓ, et soit $X_\ell = \mathrm{Im}(\tilde{\rho}_\ell)$. D'après le lemme 3 de [14], p. IV-23, X_ℓ ne contient pas $SL_2(\mathbf{F}_\ell)$. En utilisant la liste des sous-groupes de $GL_2(\mathbf{F}_\ell)$ (cf. [16], § 2), ainsi que quelques arguments élémentaires de ramification, on en déduit que X_ℓ a l'une des propriétés suivantes :

(i) X_ℓ est contenu dans un sous-groupe triangulaire de $GL_2(\mathbf{F}_\ell)$; la représentation ρ_ℓ est extension de deux représentations irréductibles de degré 1, données par des puissances $\tilde{\chi}_\ell^m$ et $\tilde{\chi}_\ell^{m'}$ de la réduction mod. ℓ de χ_ℓ ; on a

$$m + m' \equiv k - 1 \pmod{\ell - 1} \quad \text{et} \quad a_p \equiv p^m + p^{m'} \pmod{\ell} \quad \text{si } p \neq \ell .$$

(ii) X_ℓ est contenu dans le normalisateur d'un sous-groupe de Cartan C de $GL_2(\mathbf{F}_\ell)$, et n'est pas contenu dans C ; on a

$$a_p \equiv 0 \pmod{\ell} \quad \text{si } \left(\frac{p}{\ell}\right) = -1 .$$

(iii) L'image de X_ℓ dans $PGL_2(\mathbf{F}_\ell) = GL_2(\mathbf{F}_\ell)/\mathbf{F}_\ell^*$ est isomorphe au groupe symétrique $\mathfrak{S}_4$; on a

$$a_p^2/p^{k-1} \equiv 0, 1, 2 \text{ ou } 4 \pmod{\ell} \quad \text{pour tout } p \neq \ell .$$

(Si ce cas se produit, on peut montrer que $\ell \equiv \pm 5 \pmod{8}$, et que le nombre de classes du corps quadratique de discriminant $\pm \ell$ est divisible par 3.)

Nous allons, dans chaque cas, obtenir une majoration de ℓ ; cela démontrera le th. 10.

Majoration dans le cas (i)

C'est le cas crucial, traité par Swinnerton-Dyer [18]. On va voir que, dans ce cas, on a $\ell \leq k + 1$, ou bien ℓ divise le numérateur de $b_k/2k$.

En effet, supposons que (i) se produise et que $\ell > k+1$. On a $a_p \equiv p^m + p^{m'}$ (mod. ℓ) si $p \neq \ell$, et m et m' ne sont définis que modulo ($\ell - 1$); on peut donc supposer que

$$0 \leq m < m' < \ell - 1 \qquad \text{et} \qquad m + m' \equiv k - 1 \quad (\text{mod.}(\ell - 1)).$$

La congruence $a_p \equiv p^m + p^{m'}$ (mod. ℓ) entraîne :

$$a_n \equiv n^m \sigma_{m'-m}(n) \quad (\text{mod. } \ell) \quad \text{pour tout } n \text{ premier à } \ell, \quad \text{ou encore :}$$

$$\theta_f \equiv \theta^{m+1} G_{m'-m+1} \quad (\text{mod. } \ell),$$

où θ est l'opérateur de dérivation du n°1.4. Comme $\ell > k+1$, la filtration de θf(mod. ℓ) est $k + \ell + 1$, cf. th. 5, cor. 3. D'autre part, celle de $\widetilde{G}_{m'-m+1}$ est $m'-m+1$ si $m'-m > 1$, et $\ell + 1$ si $m'-m = 1$; il en résulte que celle de $\theta^{m+1}\widetilde{G}_{m'-m+1}$ est $m'-m+1+(\ell+1)(m+1)$, augmenté de $\ell - 1$ si $m'-m = 1$. On doit donc avoir

$$k + \ell + 1 = \begin{cases} m' - m + 1 + (\ell + 1)(m + 1) & \text{si } m' - m > 1 \\ \ell + 1 + (\ell + 1)(m + 1) & \text{si } m' - m = 1 . \end{cases}$$

Comme $k < \ell - 1$, ceci n'est possible que si $m = 0$, auquel cas on a $\theta f \equiv \theta G_k$ (mod. ℓ), i.e. $\theta(f - G_k) \equiv 0$ (mod. ℓ). Comme k n'est pas divisible par ℓ, le cor. 3 au th. 5, appliqué à $f - G_k$, montre que $f - G_k \equiv 0$ (mod. ℓ), et, comme f est parabolique, cela entraîne que le terme constant de G_k est divisible par ℓ, i.e. que ℓ divise le numérateur de $b_k/2k$.

Majoration dans le cas (ii)

S'il se produit, on a $\ell < 2k$. En effet, la relation

$$a_p \equiv 0 \quad (\text{mod. } \ell) \qquad \text{pour tout } p \text{ tel que } \left(\tfrac{p}{\ell}\right) = -1 ,$$

entraîne la suivante :

$$\theta f \equiv \theta^{(\ell+1)/2} f \quad (\text{mod. } \ell).$$

Si l'on suppose $\ell \geq 2k$, le cor. 3 au th. 5 permet de calculer les filtrations des deux membres; on trouve pour θf la filtration $k + \ell + 1$, et pour $\theta^{(\ell+1)/2} f$ la filtrati k + $(\ell+1)^2/2$; il y a contradiction.

Majoration dans le cas (iii)

On commence par remarquer que l'image de G par

$$G \to GL_2(\mathbf{Z}_\ell) \to PGL_2(\mathbf{Z}_\ell)$$

est ouverte, donc n'est pas isomorphe à $\mathfrak{S}_4$. Il en résulte qu'il existe p tel que a_p^2/p^{k-1} soit distinct de 0, 1, 2 et 4. On en conclut que, si le cas (iii) se produit pour un nombre premier ℓ, ℓ divise nécessairement l'un des entiers non nuls

$$a_p\ ,\ a_p^2 - p^{k-1}\ ,\ a_p^2 - 2p^{k-1}\ ,\ a_p^2 - 4p^{k-1}\ ,$$

ou est égal à p ; cela fournit une majoration de ℓ.

(On devrait pouvoir montrer que (iii) entraîne $\ell < 4k$; la question est liée à celle de l'action de "l'inertie modérée" dans $\tilde{\rho}_\ell$, cf. [16], n° 1.13.)

3.3. Exemple : $f = \Delta$

Le cas (i) est impossible pour $\ell > 13$, mis à part 691 qui est le numérateur de b_{12} ; on constate que (i) se produit pour $\ell = 2, 3, 5, 7$ (cf. n° 1.4), mais pas pour $\ell = 11, 13$.

Le cas (ii) se produit pour $\ell = 2k - 1 = 23$, cf. [15], n° 3.4, le groupe X_ℓ correspondant étant isomorphe à $\mathfrak{S}_3$. Vu ce qui précède, ce cas ne se produit pas pour $\ell > 23$; on vérifie par calcul direct qu'il ne se produit pas non plus pour $\ell = 11, 13, 17$ et 19.

Enfin, si (iii) se produisait, on aurait $\tau(2) \equiv 0, \pm 2^6 \pmod{\ell}$, et comme $\tau(2) = -24$, ce n'est possible que si $\ell = 2, 3, 5, 11$, et on constate que ce n'est pas le cas.

Finalement, les nombres premiers exceptionnels pour Δ sont 2, 3, 5, 7, 23 et 691.

3.4. Exemple : $f = \Delta_{16} = Q\Delta$

On trouve que le cas (i) se produit seulement pour $\ell \leq 11$ et pour $\ell = 3617$, numérateur de b_{16}. Le cas (ii) se produit pour $\ell = 2k - 1 = 31$, le groupe X_ℓ correspondant étant isomorphe à $\mathfrak{S}_3$. Le cas (iii) ne se produit pas si $\ell \neq 59$; par contre, il paraît très probable qu'il se produit effectivement pour $\ell = 59$; on aurait

$$p^7 t_{16}(p) \equiv 0,\ \pm 1\ ,\ \pm 2 \text{ ou } \pm 36 \pmod{59}$$

pour tout p , mais ce n'est pas encore démontré.

Les nombres premiers exceptionnels pour Δ_{16} sont donc $2 , 3 , 5 , 7 , 11 , 31 , 3617$ et sans doute 59 .

3.5. Autres exemples

Pour Δ_{18} , Δ_{20} , Δ_{22} et Δ_{26} , on trouve que les nombres premiers exceptionnels sont tous de type (i). Ce sont :

pour Δ_{18} : $2 , 3 , 5 , 7 , 11 , 13 , 43867$;

pour Δ_{20} : $2 , 3 , 5 , 7 , 11 , 13 , 283 , 617$;

pour Δ_{22} : $2 , 3 , 5 , 7 , 13 , 17 , 131 , 593$;

pour Δ_{26} : $2 , 3 , 5 , 7 , 11 , 17 , 19 , 657931$.

BIBLIOGRAPHIE

[1] A. O. L. ATKIN - Congruences for modular forms, Computers in mathematical research (ed. by R. F. Churchhouse and J-C. Herz), p. 8-19, North-Holland, Amsterdam, 1968.

[2] Z. I. BOREVIČ et I. R. ŠAFAREVIČ - Théorie des nombres (traduit du russe par M. et J-L. Verley), Gauthier-Villars, Paris, 1967.

[3] P. DELIGNE - Formes modulaires et représentations ℓ-adiques, Séminaire Bourbaki, exposé 355 (février 1969), Lecture Notes n° 179, Springer-Verlag, 1971.

[4] M. DEURING - Die Typen der Multiplikatorenringe elliptischer Funktionenkörper, Abh. Math. Sem. Hamburg, 14, 1941, p. 197-272.

[5] E. HECKE - Mathematische Werke, Vandenhoeck und Ruprecht, Göttingen, 1959.

[6] J. IGUSA - Class number of a definite quaternion with prime discriminant, Proc. Nat. Acad. Sci. USA, 44, 1958, p. 312-314.

[7] J. IGUSA - On the algebraic theory of elliptic modular functions, J. Math. Soc. Japan, 20, 1968, p. 96-106.

[8] H. KLINGEN - Über die Werte der Dedekindschen Zetafunktionen, Math. Ann., 145, 1962, p. 265-272.

[9] O. KOLBERG - Note on Ramanujan's function $\tau(n)$, Math. Scand. 10, 1962, p. 171-172.

[10] O. KOLBERG - Congruences for the coefficients of the modular invariant $j(\tau)$, Math. Scand. 10, 1962, p. 173-181.

[11] J. LEHNER - Lectures on modular forms, Nat. Bureau of Standards, Appl. Math. Ser. 61, Washington, 1969.

[12] S. RAMANUJAN - On certain arithmetical functions, Trans. Cambridge phil. Soc., 22, 1916, p. 159-184 (Collected Papers, n° 18, p. 136-162).

[13] P. ROQUETTE - Analytic theory of elliptic functions over local fields, Vandenhoeck und Ruprecht, Göttingen, 1970.

[14] J.-P. SERRE - Abelian ℓ-adic representations and elliptic curves, Benjamin, New York, 1968.

[15] J.-P. SERRE - Une interprétation des congruences relatives à la fonction τ de Ramanujan, Séminaire Delange-Pisot-Poitou, 1967/1968, exposé 14.

[16] J.-P. SERRE - Propriétés galoisiennes des points d'ordre fini des courbes elliptiques, Invent. math., 15, 1972, p. 259-331.

[17] C. L. SIEGEL - Berechnung von Zetafunktionen an ganzzahligen Stellen, Gött. Nach. 1969, n° 10, p. 87-102.

[18] H. P. F. SWINNERTON-DYER - Some implications of Ramanujan's methods of proving congruences for $\tau(n)$ (1971, non publié).

TRAVAUX DE KEMPF, KLEIMAN, LAKSOV SUR LES DIVISEURS EXCEPTIONNELS

par Lucien SZPIRO

1. Enoncer le théorème de Kempf

Soit C une courbe réduite, irréductible, de type fini et propre sur un corps algébriquement clos k. Pour tout entier d, soit $\mathbb{P}_d$ le schéma de Picard de C qui "paramétrise" les $\mathcal{O}_C$ faisceaux inversibles de degré d. $\mathbb{P}_d$ est, non canoniquement, isomorphe à la jacobienne $\mathbb{P}_o$ de C. Soient L_d le faisceau de Poincaré sur $C \times \mathbb{P}_d$, $r : C \times \mathbb{P}_d \to C$ et $\rho : C \times \mathbb{P}_d \to \mathbb{P}_d$ les projections. Soit g le genre arithmétique de C. Pour tout point rationnel sur k, x dans $\mathbb{P}_d(k)$, on note $L_d(x) = r_*(L_d \otimes \rho^*(k(x)))$. La correspondance $x \mapsto L_d(x)$ de $\mathbb{P}_d(k)$ dans l'ensemble des $\mathcal{O}_C$ faisceaux inversibles de degré d est une bijection.

Si r et d sont deux entiers, on note G_d^r l'ensemble des $\mathcal{O}_C$ modules inversibles $\mathcal{L}$, de degré d tels que $\dim_k H^o(C, \mathcal{L}) \geq r+1$; G_d^r est formé de diviseurs exceptionnels si $d - r < g$, i.e. si $H^1(C, \mathcal{L}) \neq 0$.

1.1. Construction des schémas $\mathbb{G}_d^r$

Avec Kleiman et Laksov [7], on va construire un schéma $\mathbb{G}_d^r$, fermé dans $\mathbb{P}_d$, tel que l'ensemble $\mathbb{G}_d^r(k)$ de ses points rationnels sur k soit égal à G_d^r.

Lemme 1.- Il existe deux $\mathcal{O}_{\mathbb{P}_d}$ faisceaux localement libres F et G, de rang constant égal respectivement à $d+1$ et g, et un $\mathcal{O}_{\mathbb{P}_d}$ homomorphisme $m : G \to F$, tels que, pour tout $\mathcal{O}_{\mathbb{P}_d}$ faisceau cohérent Q, on ait des isomorphismes, fonctoriels en Q :

$$\rho_*(L_d \otimes \rho^* Q) \simeq \mathrm{Ker}(m^\vee \otimes Q)$$
$$R^1 \rho_*(L_d \otimes \rho^* Q) \simeq \mathrm{Coker}(m^\vee \otimes Q) .$$

Fixons 2g points lisses, rationnels sur k, distincts $M_1, \ldots, M_{2g-1}, M$. Posons $E = M_1 + \ldots + M_d$, $D = E + M$, et, pour tout diviseur K sur C :

$$L(K) = L_d \otimes r^* \mathcal{O}_C(K - E)$$

$$L_K = L_d \otimes r^* \mathcal{O}_{E+K} \qquad \text{si } E + K \text{ est effectif.}$$

De la suite exacte fondamentale

$$0 \to \mathcal{O}_C(D) \to \mathcal{O}_C \to \mathcal{O}_D \to 0,$$

on déduit la suite exacte

$$0 \to L(-M) \to L_d \to L_M \to 0,$$

et donc la suite exacte

$$\rho_*(L(-M)) \to \rho_*(L_d) \to \rho_* L_M \xrightarrow{\delta} R^1\rho_*(L(-M)) \to R^1\rho_*(L_d) \to R^1\rho_*(L_M).$$

Du théorème de Riemann-Roch et du fait que ρ est propre et plat, on déduit (EGA_2 7) :

- $\rho_*(L(-M) \otimes \rho^* Q) = 0$ pour tout $\mathcal{O}_{\mathbb{P}_d}$ faisceau cohérent Q.
- $R^1\rho_*(L_M \otimes \rho^* Q) = 0$ pour tout $\mathcal{O}_{\mathbb{P}_d}$ faisceau cohérent Q.
- $\rho_*(L_M)$ est un faisceau localement libre sur $\mathcal{O}_{\mathbb{P}_d}$ de rang $d+1$, constant.
- $R^1\rho_*(L(-M))$ est un faisceau localement libre sur $\mathcal{O}_{\mathbb{P}_d}$ de rang constant égal à g.
- La suite suivante est exacte, pour tout Q faisceau cohérent sur $\mathcal{O}_{\mathbb{P}_d}$:

$$(*) \qquad 0 \to \rho_*(L_d \otimes \rho^* Q) \to \rho_* L_M \otimes Q \xrightarrow{\delta \otimes Q} R^1\rho_*(L(-M)) \otimes Q \to R^1\rho_*(L_d \otimes \rho^* Q) \to 0.$$

Prenant $G^\vee = R^1\rho_*(L(-M))$, $F^\vee = \rho_* L_M$ et $m^\vee = \delta$, on obtient le lemme.

Notons maintenant $E' = M_{d+1} + \ldots + M_{2g-1}$, $D' = D + E'$, $M' = E' + M$; on obtient le diagramme commutatif suivant, dont les lignes sont exactes :

$$\begin{array}{ccccccccc} 0 & \to & \mathcal{O}_C(-D) & \to & \mathcal{O}_C & \to & \mathcal{O}_D & \to & 0 \\ & & \| & & \downarrow & & \downarrow & & \\ 0 & \to & \mathcal{O}_C(-D) & \to & \mathcal{O}_C(E') & \to & \mathcal{O}_{D'} & \to & 0 . \end{array}$$

On en déduit un autre diagramme commutatif dont les lignes sont exactes en appliquant le foncteur $L_d \otimes r^*$. Donc un troisième diagramme commutatif de la même espèce

$$\begin{array}{ccccccccc} 0 & \to & \rho_* L_d & \to & \rho_* L_M & \xrightarrow{\delta} & R^1 \rho_*(L(-M)) & \to & R^1 \rho_* L_d & \to & 0 \\ & & \downarrow & & \downarrow & & \| & & \downarrow & & \\ 0 & \to & \rho_* L'_d & \to & \rho_* L_{M'} & \xrightarrow{\varepsilon} & R^1 \rho_*(L(-M)) & \to & R^1 \rho_* L'_d & \to & 0 \end{array}$$

où $L'_d = L(E' + E)$.

On a les propriétés suivantes :

- $\rho_* L_M \to \rho_* L_{M'}$ est scindée ;
- $\rho_* L_{M'} = H$ est un faisceau localement libre de rang constant égal à $2g$ sur $\mathcal{O}_{\mathbb{P}_d}$;
- $R^1 \rho_* L'_d = 0$.

Du morphisme surjectif $\varepsilon : H \to G^\vee$, on déduit une section α de $B = \mathrm{Grass}_g(H)$ sur $\mathbb{P}_d$, i.e. $\alpha : \mathbb{P}_d \to B$. On a donc un diagramme commutatif

$$\begin{array}{ccc} F^\vee & \xrightarrow{m^\vee} & G^\vee \\ & \searrow \quad \nearrow_{\varepsilon} & \\ & H & \end{array}$$

et $x \in \mathbb{P}_d(k)$, $x \in G_d^r$ si et seulement si $\overset{d+1-r}{\wedge} m^\vee(x) = 0$. Soit $\sigma_{r+1}(F^\vee)$ le schéma spécial de Schubert définit dans B par $F^\vee$ et r.

DÉFINITION.- $\quad G_d^r = \alpha^{-1}(\sigma_{r+1}(F^\vee))$.

1.2 <u>Propriétés de</u> G_d^o

G_d^o est donc le sous-schéma fermé de $\mathbb{P}_d$ définit par l'annulation de $\overset{d+1}{\wedge} F^\vee \to \overset{d+1}{\wedge} G^\vee$. Soient $Q = \mathrm{Coker}(m)$ et $\mathbb{D}_d = \mathbb{P}_{\mathbb{P}_d}(Q)$. Soit q la projection naturelle de $\mathbb{D}_d$ sur $\mathbb{P}_d$. Elle se factorise à travers l'immersion de G_d^o

dans $\mathbb{P}_d$ par un morphisme que nous noterons s ; $\mathbb{D}_d$ "paramétrise" les diviseurs effectifs sur C de degré d ; $\mathbb{D}_d$ est lisse et connexe.

THÉORÈME 1 (Kempf).- Soit d un entier naturel tel que $0 \leq d \leq g-1$. Le morphisme $s : \mathbb{D}_d \to \mathbb{G}_d^o$ est birationnel ; $\mathbb{G}_d^o$ est un schéma irréductible, lisse en codimension 1 , de Cohen-Macaulay, en particulier normal, de dimension d . Si d est non nul, le cycle de $\mathbb{G}_d^o$ dans l'anneau de Chow de $\mathbb{P}_d$ représente la $(g-d)$-ième classe de Chern de $R^1 p_*(L_d)$. De plus, si x est un point rationnel sur k de $\mathbb{G}_d^o$, la multiplicité de $\mathbb{G}_d^o$ en x est égale au coefficient binomial :

$$\binom{\dim_k(H^1(C, L_d(x)))}{\dim_k(H^o(C, L_d(x))) - 1} .$$

On va maintenant donner deux propriétés attachées à la situation décrite qui permettent de montrer le théorème.

La suite exacte, pour tout point $x \in \mathbb{P}_d(k)$:

$$0 \to m_x/m_x^2 \to \mathcal{O}_{\mathbb{P}_d, x}/m_x^2 \to k(x) \to 0$$

où m_x est le faisceau d'idéaux des fonctions dans $\mathcal{O}_{\mathbb{P}_d}$ qui s'annulent en x , donne lieu à deux homomorphismes de k-espaces vectoriels :

$$D_x : H^o(C, L_d(x)) \to H^1(C, L_d(x)) \otimes m_x/m_x^2$$

$$C_x : (m_x/m_x^2)^\vee \to H^1(C, \mathcal{O}_C) .$$

C_x est un isomorphisme.

On a d'autre part l'accouplement de Yoneda, qui donne lieu à la dualité de Serre sur C :

$$Y_x : H^o(C, L_d(x)) \otimes H^1(C, \mathcal{O}_C) \to H^1(C, L_d(x)) .$$

Lemme 2.- Le diagramme suivant est commutatif (analyse du morphisme Div → Pic) :

$$\begin{array}{ccccc} & & H^{o}(C, L_d(x)) \otimes (m_x/m_x^2)^{\vee} & & \\ & {\scriptstyle 1\otimes C_x}\swarrow & \vdots & \searrow{\scriptstyle D_x \otimes 1} & \\ H^{o}(C, L_d(x)) \otimes H^1(C, \mathcal{O}_C) & & \vdots & & H^1(C, L_d(x)) \otimes m_x/m_x^2 \otimes (m_x/m_x^2)^{\vee} \\ & {\scriptstyle Y_x}\searrow & \downarrow & \swarrow{\scriptstyle 1\otimes \mathrm{Trace}} & \\ & & H^1(C, L_d(x)) \, . & & \end{array}$$

DÉFINITION.- Soient k un corps, U, V, W trois espaces vectoriels ; un homomorphisme bilinéaire

$$U \times V \xrightarrow{(\cdot\,,\,\cdot)} W$$

est appelé un accouplement régulier si $u \in V$, $v \in V$, $u \neq 0$, $v \neq 0$, alors $(u, v) \neq 0$.

Lemme 3.- Soit $\mathcal{L}$ un faisceau inversible sur $\mathcal{O}_C$, l'homomorphisme bilinéaire déduit de l'accouplement de Yoneda,

$$H^{o}(C, \mathcal{L}) \times H^1(C, \mathcal{L})^{\vee} \to H^1(C, \mathcal{O}_C)^{\vee}$$

est un accouplement régulier.

Soit b un élément non nul de $H^{o}(C, \mathcal{L})$; on a une suite exacte

$$0 \to \mathcal{O}_C \xrightarrow{b} \mathcal{L} \to K \to 0$$

où le support de K est fini, on en déduit que l'application $H^1(C, \mathcal{O}_C) \to H^1(C, \mathcal{L})$ est surjective.

2. Démontrer le théorème de Kempf

Soient Y un schéma et $m : G \to F$ un $\mathcal{O}_Y$ homomorphisme de $\mathcal{O}_Y$ modules localement libres de rangs constants, finis, g et f. Soit $P = \mathrm{Proj}(\mathrm{Sym}_{\mathcal{O}_Y}(F)) = \mathbb{P}_Y(F)$, et soit t la projection de P sur Y. Soit $n : G_P(-1) \to \mathcal{O}_P$ l'homomorphisme déduit de $m_P(-1)$ et de l'homomorphisme canonique $F_P(-1) \to \mathcal{O}_P$. Soit X le sous-schéma fermé de $\mathcal{O}_P$ défini par l'annulation de n, i.e. $X = \mathbb{P}_Y(Q)$ où $Q = \mathrm{Coker}\ m$. On appellera q la projection de X sur Y . Soit Z le sous-schéma fermé de Y défini par l'annulation de $\bigwedge^{f} G \otimes \bigwedge^{f} F^{\vee} \to \mathcal{O}_Y$.

Kempf étudie la relation entre X et Z .

2.1. Une vue fonctorielle sur le complexe de Eagon et Northcott [3]

Considérons le complexe de Koszul défini par $n : G_P(-1) \to \mathcal{O}_P$

$$K_{\bullet}(n) : \bigwedge^{g} G_P(-1) \to \dots \to \bigwedge^{i} G_P(-1) \to \dots \to G_P(-1) \xrightarrow{n} \mathcal{O}_P .$$

Si on regarde les hyper images directes de $K_{\bullet}(n)$ par t , $\mathbb{H}^k(t , K_{\bullet}(n))$, on obtient une suite spectrale convergente

$$R^i t_*(\bigwedge^{j} (G_P(-1))) \Rightarrow \mathbb{H}^{i-j}(t , K_{\bullet}(n)) .$$

Mais cette suite spectrale est très simple car

$$R^i t_* (\bigwedge^{j} G_P(-1)) \simeq \bigwedge^{j} G \otimes_{\mathcal{O}_Y} R^i t_*(\mathcal{O}_P(-j)) \neq 0 \Leftrightarrow \begin{cases} i = j = 0 \\ \text{ou bien} \\ i = f-1 \quad \text{et} \quad f \leq j \leq g . \end{cases}$$

On en déduit le complexe suivant si $g \geq f$

$$\begin{array}{l} E_{\bullet}(m) : R^{f-1} t_*(\bigwedge^{g} G_P(-1)) \to \dots \to R^{f-1} t_*(\bigwedge^{j} G_P(-1)) \to \dots \to R^{f-1} t_* \bigwedge^{f} G_P(-1) \\ \hspace{26em} \downarrow d_m \\ \hspace{26em} t_*\mathcal{O}_P . \end{array}$$

Lemme 4 (Fonctorialité en m pour les triangles commutatifs, cas particulier).- Le diagramme suivant est commutatif :

$$\begin{array}{ccccc} \bigwedge^{f} G \otimes R^{f-1} t_*(\mathcal{O}_P(-f)) & \xrightarrow{\sim} & R^{f-1} t_*(\bigwedge^{f} G_P(-1)) & \searrow^{d_m} & \\ {\scriptstyle \bigwedge^{f} m \otimes \mathrm{Id}} \downarrow & & R^{f-1} t_*(m_P(-1)) \downarrow & & t_*\mathcal{O}_P \simeq \mathcal{O}_Y \quad f \neq 0 \\ \bigwedge^{f} F \otimes R^{f-1} t_*(\mathcal{O}_P(-f)) & \xrightarrow{\sim} & R^{f-1} t_*(\bigwedge^{f} F_P(-1)) . & \nearrow_{d_{\mathrm{Id}_F}} & \end{array}$$

Ce lemme se déduit du diagramme commutatif

$$\begin{array}{ccc} G & \xrightarrow{m} & F \\ & {\scriptstyle m} \searrow & \nearrow {\scriptstyle \mathrm{Id}_F} \\ & & F \end{array}$$

Remarque.- Le complexe $E_{\bullet}(m)$ ressemble déjà beaucoup à celui obtenu dans [3] par Eagon et Northcott.

En effet $R^{f-1} \overset{i}{\wedge} G_P(-1) \simeq \overset{i}{\wedge} G \otimes (\mathrm{Sym}^{i-f} F)^{\vee} \otimes \overset{f}{\wedge} F^{\vee}$ et le lemme 4 implique $\mathrm{Coker}\, d_m = \mathcal{O}_Z$.

Considérons le morphisme de complexes

$$K_{\bullet}(n) \rightarrow \mathcal{O}_X$$

où $\mathcal{O}_X$ est un complexe concentré en degré zéro. Si on prend les hyper images directes de ce morphisme par t , on obtient le diagramme commutatif suivant :

$$\begin{array}{ccc} R^{f-1} t_* \overset{f}{\wedge} G_P(-1) & \xrightarrow{d_m} & t_*\mathcal{O}_P \\ \downarrow & & \downarrow \\ R^1 t_* \mathcal{O}_X & \xrightarrow{0} & t_* \mathcal{O}_X \end{array}$$

et donc le lemme :

Lemme 5.- La projection $q : X \rightarrow Y$ se factorise par l'immersion $i : Z \rightarrow Y$ en un morphisme $s : X \rightarrow Z$ tel que le triangle suivant soit commutatif

$$\begin{array}{ccc} X & \xrightarrow{q} & Y \\ & {}_{s}\searrow \quad \nearrow_{i} & \\ & Z & \end{array} .$$

Rappelons qu'on dit que X est localement intersection complète de codimension g dans P si $H^i(K_{\bullet}(n)) = 0$ pour $i \neq 0$.

Lemme 6.- Supposons que X soit localement intersection complète de codimension g dans P , on a alors les propriétés suivantes :

a) $t_*\mathcal{O}_X = \mathcal{O}_Z$ et $R^i t_* \mathcal{O}_X = 0$ si $i \neq 0$.

b) $H^0(E_{\bullet}(m)) \simeq \mathcal{O}_Z$ et $H^i(E_{\bullet}(m)) = 0$ si $i \neq 0$.

C'est la fonctorialité des $R^i t_*$ car le morphisme de complexes $K_{\bullet}(n) \rightarrow \mathcal{O}_X$ induisant un isomorphisme en homologie, le morphisme $R^i t_* K_{\bullet}(n) \rightarrow R^i t_* \mathcal{O}_X$ aussi.

Lemme 7 (Indépendance de la présentation de Coker m = Q).- Supposons qu'on ait un carré commutatif de $\mathcal{O}_Y$ modules localement libres de rang constant

$$\begin{array}{ccc} G & \xrightarrow{m} & F \\ a\downarrow & & \downarrow b \\ G' & \xrightarrow{m'} & F' \end{array}$$

tel que

- les flèches verticales soient surjectives ;
- le morphisme Ker a $\to$ Ker b soit un isomorphisme.

Alors, l'homomorphisme de complexes $E_{\bullet}(m) \to E_{\bullet}(m')$ induit un isomorphisme en homologie.

COROLLAIRE.- Supposons $g \geq f$; soit y un point de Y. On a les séries d'équivalences suivantes :

a) Il existe un entier i, tel que $f-g-1 \leq i \leq 0$ et $H^i(E_{\bullet}(m) \otimes k(y)) = 0$

$\Leftrightarrow$ $m(y)$ est surjective

$\Leftrightarrow$ il n'y a pas de point de X au-dessus de y.

b) $\dim_{k(y)} H^{f-g-1}(E_{\bullet}(m) \otimes k(y)) = 1$

$\Leftrightarrow$ ou bien $\dim_{k(y)}$ Coker $m(y) = 1$ ou bien $f = g$ et $y \in Z$.

c) $\dim_{k(y)}$ Coker $m(y) = 1$

$\Leftrightarrow$ $y \in Z$ et $s : X \to Z$ est un isomorphisme au voisinage de y.

Dans ce cas Z est défini par $g - f + 1$ équations au voisinage de y.

2.2. La question de savoir si Z est Cohen-Macaulay

DÉFINITION (Macaulay !).- Un $\mathcal{O}_Y$ module M est dit parfait s'il existe une suite exacte

$$0 \to K_i \to K_{i-1} \to \ldots \to K_1 \to K_o \to M \to 0$$

où les K_i sont des $\mathcal{O}_Y$ modules localement libres de rang fini, telle que la suite duale

$$0 \to K_o^{\vee} \to K_1^{\vee} \to \ldots \to K_{i-1}^{\vee} \to K_i^{\vee}$$

soit aussi exacte.

M est de torsion, l'entier i est parfaitement déterminé, on l'appellera la dimension projective de M.

Lemme 8.- Supposons $g \geq f$ et que $\mathcal{O}_Z$ soit un $\mathcal{O}_Y$ module parfait de dimension projective $g - f + 1$. Alors :

a) $E_{\bullet}(m)$ fournit une résolution projective de $\mathcal{O}_Z$.

b) Si Y est de Cohen-Macaulay, Z aussi.

c) Si z est un point de Z et si Y est Gorenstein en z , alors Z est Gorenstein en z si et seulement si, ou bien, $f = g$, ou bien, $\dim_{k(z)}(\mathrm{Coker}\ m^{\vee}(z)) = 1$. Dans tous les cas Z est une intersection complète en z .

Exemple 1.- Soient Y , G , F comme précédemment. Posons $\underline{Y} = \mathbb{A}(G \otimes_{\mathcal{O}_Y} F^{\vee})$. On a un homomorphisme canonique $\underline{m} : \underline{G} \to \underline{F}$, les $\mathcal{O}_Y$ homomorphismes $m : G \to F$ correspondent biunivoquement par image réciproque aux sections φ de la projection $\underline{Y} \to Y$. Faisant les constructions précédentes, on trouve que $\underline{P} \simeq \mathbb{P}(F) \times_Y \underline{Y}$ et que $\underline{X}$ est défini par des équations homogènes de bidegré (1,1) . De plus, $\underline{X}$ est localement intersection complète de codimension g dans $\underline{P}$. Par le lemme 6, on déduit que $H^i(E_{\bullet}(\underline{m})) = 0$ pour $i \neq 0$. $E_{\bullet}(m)$ étant obtenu par spécialisation, on a

COROLLAIRE.- Pour tout entier i , $H^i(E_{\bullet}(m))$ est un $\mathcal{O}_Z$ module.

Remarque.- Le complexe obtenu par Eagon et Northcott dans [3] est le cas particulier de $E_{\bullet}(\underline{m})$ où $Y = \mathrm{Spec}(k)$ est un point.

On voit donc que dans l'anneau $S = k[X_{ij}]_{\substack{i=1,\dots,f \\ j=1,\dots,g}}$, avec $f \geq g$, l'idéal J_g engendré par les g mineurs de la matrice $\emptyset = (X_{ij})$ est tel que S/J_g soit de Cohen-Macaulay de codimension $(f-g+1)$. Il n'y a pas longtemps, on ne savait pas encore si S/J_i , où J_i est l'idéal de S engendré par les i mineurs de $\emptyset$, qui est de codimension $(f-i+1)(g-i+1)$, était de Cohen-Macaulay. Il semblerait que Eagon et Hochster l'aient montré dans [2]. En tout cas, on a maintenant le résultat plus général suivant dû à D. Laksov pour la partie Cohen-Macaulay.

THÉORÈME 2 ([6], [8]).- Soient k un corps, n et g deux entiers naturels, $a_1, \ldots, a_d$ une suite croissante d'entiers naturels, telle que $a_d \leq n$. Soit $\sigma_{\underline{a}}$ un cycle de Schubert dans $\mathrm{Grass}_g(k^n)$ correspondant à un drapeau de nationalité $(a_1, \ldots, a_d)$. Alors l'idéal gradué $J_{\underline{a}}$, qui définit $\sigma_{\underline{a}}$ pour le plongement de Plücker, est tel que l'anneau $k[X_1, \ldots, X_{\binom{n}{g}}]/J_{\underline{a}}$ soit

- intègre ;
- lisse en codimension un ;
- Cohen-Macaulay (donc normal) ;
- de codimension $(\Sigma a_i - \frac{d(d+1)}{2} + 1)$.

Igusa dans [4] avait montré ce résultat pour les grassmanniennes. Malheureusement, à ma connaissance, il n'y a pas encore de résolution projective naturelle de $J_{\underline{a}}$. Revenons à nos moutons.

PROPOSITION 1.- Supposons que Y soit lisse, quasi-projective, réduite, irréductible sur un corps algébriquement clos k et que g soit supérieur ou égal à f. Alors, si la codimension de Z dans Y est au moins $g-f+1$, le cycle de Z dans l'anneau de Chow modulo équivalence-rationnelle est égal à la $(g-f+1)$-ième classe de Chern de $\mathrm{Coker}(m^\vee)$.

De par la fonctorialité des classes de Chern, on peut se réduire au cas "générique" de l'exemple 1. Alors $\underline{Y}$, $\underline{X}$ et $\underline{P}$ sont quasi-projectives et lisses. Dans ce cas, $\underline{s}$ envoie birationnellement chaque composante connexe de X sur une composante connexe de Z, et donc $\mathrm{Cycle}(Z) = t_*(\mathrm{Cycle}(X))$.

a) Calculs dans l'anneau de Chow de $\underline{P}$:

(i) $\mathrm{Cycle}(\underline{X})$ = g-ième classe de Chern de $\underline{G}^\vee_{\underline{P}}(+1)$ = coefficient de t^g dans $t^*(c(\underline{G}^\vee))/c(\mathcal{O}_{\underline{P}}(-1))$.

(ii) Si h est la 1ère classe de Chern de $\mathcal{O}_{\underline{P}}(1)$

$$t^*(c(F^\vee))/c(\mathcal{O}_{\underline{P}}(-1)) = t^*(c(F^\vee)) \cdot \sum_{n=0}^{g-1} h^n t^n .$$

b) Calculs dans l'anneau de Chow de $\underline{Y}$:

On a $\qquad t_* h^n = 0 \qquad$ si $0 \leq n < f-1$,

et $t_*h^{f-1} = 1$.

Appliquant la formule de projection à (ii), on trouve :

$$c(F^\vee) \cdot t_*(1/c(\mathcal{O}_{\underline{P}}(-1))) = t^{g-1} .$$

Si on applique la formule de projection à (i), on obtient le résultat cherché.

2.3. Etude infinitésimale de $s : X \to Z$

Dans ce paragraphe, les points seront rationnels sur k algébriquement clos, et les schémas de type fini sur k . On garde les notations du début de 2.

Soient y un point de Y et m_y le faisceau d'idéaux de $\mathcal{O}_Y$ des fonctions qui s'annulent en y . La suite exacte

$$0 \to m_y/m_y^2 \to \mathcal{O}_{Y,y}/m_y^2 \to k(y) \to 0$$

donne lieu à un homomorphisme :

$$D_y : \mathrm{Ker}(m^\vee(y)) \to \mathrm{Coker}(m^\vee(y)) \otimes_k m_y/m_y^2 .$$

Si x est un point de X et $z = s(x) \in Z$, on désignera par $\underline{x}$ l'élément de $\mathrm{Ker}(m^\vee(z)) = Q^\vee(z)$ correspondant x par l'égalité $X_z = \mathbb{P}(Q(z))$.

Pour tout schéma S et s un point de S, on désignera par $T_s(S)$ l'espace tangent de Zariski de S en s . On a une suite exacte de k-espaces vectoriels :

$$0 \to T_x(X_z) \to T_x(X) \to T_z(Y) .$$

Lemme 9.-

$$\dim_k \mathrm{Image}\,(T_x(X)) = \dim_k T_z(Y) - \mathrm{rang}\, D_z(\underline{x}) .$$

On entend par $\mathrm{rang}\, D_z(\underline{x})$, le rang de l'homomorphisme de k-espaces vectoriels

$$(m_y/m_y^2)^\vee \to \mathrm{Coker}(m^\vee(z))$$

qui s'en déduit.

Lemme 10.- Supposons que Y soit lisse de dimension n . Soit x un point de X , $z = s(x) \in Z$; les énoncés suivants sont équivalents :

a) X est lisse de dimension $n-1+f-g$ en x ;

b) l'espace tangent en x à X est de dimension $n-1+f-g$;

c) $D_z(\underline{x})$ est de rang égal à $\dim_{k(z)}(\mathrm{Ker}\, m^\vee(z))$;

d) l'accouplement $\mathrm{Ker}(m^\vee(z)) \otimes \mathrm{Coker}(m^\vee(z))^\vee \to m_z/m_z^2$, déduit de D_z , est

<u>un accouplement régulier.</u>

Ce lemme se déduit du précédent après qu'on ait remarqué que X_z est un espace projectif de rang égal à $\dim_{k(z)}(\mathrm{Ker}\; m^{\vee}(z)) - 1$.

PROPOSITION 2.- <u>Supposons</u> $g \geq f$, Y <u>lisse de type fini de dimension</u> n <u>sur un corps algébriquement clos</u> k . <u>Supposons que</u> X <u>soit lisse de dimension</u> $n-1+f-g$ <u>et irréductible. Alors</u> Z <u>est irréductible, lisse en codimension un, Cohen-Macaulay, de dimension</u> $n-1+f-g$, <u>de plus, le morphisme</u> $s : X \to Z$ <u>est birationnel.</u>

Cette proposition est la somme des lemmes précédents de la section 2.

2.4. <u>Un exemple instructif</u>

<u>Exemple</u> 2.- Soient k un corps algébriquement clos, U , V , W trois k-espaces vectoriels de dimension finie u , v , w . Soit $R : U \to V^{\vee} \otimes_k W$ un k-homomorphisme tel que l'accouplement $U \times V \to W$ qui s'en déduit soit régulier. Notons $Y = \mathbb{A}_k(W)$ et $m : U_Y \to V_Y^{\vee}$ l'homomorphisme de $\mathcal{O}_Y$ modules déduit de R . D'après la proposition 2 et le lemme 10, on voit que le schéma X correspondant est lisse et que X est un fibré vectoriel de rang $w-u$ sur $\mathbb{P}(V)$. Supposons $u \geq v$, alors le schéma Z correspondant est irréductible, rationnel, lisse en codimension un, Cohen-Macaulay, de dimension $w-1+v-u$. Notons $Y' = \mathbb{P}_k(W)$ et X' , Z' les schémas correspondants à $m' : U_{Y'}(-1) \to V_{Y'}^{\vee}$.

<u>Lemme</u> 11.- <u>La multiplicité de</u> Z' <u>dans</u> Y' <u>est égale au coefficient binomial</u> $\binom{u}{v-1}$.

En effet, soit $m' : U_{\mathbb{P}(W)}(-1) \to V^{\vee}_{\mathbb{P}(W)}$ le $\mathcal{O}_{\mathbb{P}(W)}$ homomorphisme déduit de R qui définit Z' . D'après la proposition 1 Cycle(Z') est égal à la $(u-v+1)$-ième classe de Chern de $U_{\mathbb{P}(W)}(1)$, i.e. au coefficient de h^{u-v+1} dans $(1+h)^u$ où h est la classe d'une section hyperplane.

<u>Lemme</u> 12.- <u>Soient</u> U , V , W <u>des espaces vectoriels de dimension</u> u , v , w <u>sur un corps</u> k <u>algébriquement clos, et</u> $U \times V \xrightarrow{a} W$ <u>un accouplement régulier. Alors</u> $w \geq u+v-1$.

Considérons le cône K défini par l'image de $U \times V$ dans $U \otimes V$ dans $\mathbb{A}(U \otimes V)$; il est de dimension $u+v-1$; dire que a est régulier, c'est dire que le cône défini par le noyau de $U \otimes V \to W$ ne rencontre K qu'à l'origine. Le résultat n'est donc que la formule des codimensions d'intersection.

Remarque.- Si on applique le lemme 12 et le lemme 3, on trouve le théorème de Clifford, à savoir : supposons $d - r < g$, alors, si $\mathbb{G}_d^r(k)$ n'est pas vide, $2r \leq d$.

PROPOSITION 3.- Gardons les hypothèses de la proposition 2. Soit z un point de Z ; alors, le cône tangent de Z en z est le cône défini dans l'espace tangent de Y en z par l'image de l'accouplement régulier induit par D_z.

$$\operatorname{Ker}(m^\vee(z)) \times \operatorname{Coker}(m^\vee(z))^\vee \to m_z/m_z^2 .$$

Soit K le cône défini ainsi par D_z ; le cône tangent T de Z en z est contenu dans K. Le cône tangent T de Z en z est de dimension $n - 1 + f - g$ d'après la proposition 2. D'autre part, on vient de voir que K est de dimension $n - 1 + \dim \operatorname{Ker}(m^\vee(z)) - \dim \operatorname{Coker}(m^\vee(z))^\vee = n - 1 + f - g$. Comme T et K sont tous deux irréductibles, on a montré la proposition.

Le théorème 1 se déduit de la prop. 2, de la prop. 3 et du lemme 11, en prenant $Y = \mathbb{P}_d$ et, F et G comme dans le lemme 1.

3. Appliquer le théorème de Kempf

3.1. Si $d = g - 1$, $\mathbb{G}_{g-1}^o$ est le diviseur théta ; on obtient le théorème suivant dû à Riemann : la multiplicité du zéro du diviseur théta en un point de la jacobienne est égale à la dimension d'un système linéaire complet de degré un de moins que le genre de C. [9]

3.2. Riemann a aussi montré que, si $2(d - 1) \geq g$ et $d - 1 < g$, G_d^1 n'est pas vide. Kleiman et Laksov, dans [7], montrent qu'en général si $(r + 1)(d - r) \geq rg$ et si $d - r < g$, G_d^r n'est pas vide. Pour ceci, ils utilisent le théorème de Kempf, qui dit, en particulier, que $\alpha : \mathbb{P}_d \to \operatorname{Grass}_g(H)$ est génériquement transversal à chaque cycle spécial de Schubert qui correspond aux $\mathbb{G}_d^o$.

3.2. Si C est lisse, hyperelliptique, alors, si $g \geq 3$, $\mathbb{G}_2^o$ a une singularité unique correspondant à un g_2^1. La variété projective correspondant au cône tangent en ce point correspond à l'image de la courbe dans $\mathbb{P}(H^o(C, \omega_C))$. Cette courbe est lisse, rationnelle, de degré $(g-1)$. Il y a $(g-1)(g-2)/2$ quadriques linéairement indépendantes qui s'annulent sur cette courbe.

3.4. Si C est lisse, non hyperelliptique, $g \geq 4$, alors $\mathbb{G}_3^o$ a une singularité unique correspondant au g_3^o . La variété projective associée au cône tangent de $\mathbb{G}_3^o$ en ce point correspond à une surface rationnelle, réglée de degré $(g-2)(g-3)/2$. Il y a $(g-2)(g-3)/2$ quadriques linéairement indépendantes qui s'annulent sur cette surface. Par le théorème de Noether, ce sont les seules quadriques qui s'annulent sur l'image de la courbe dans $\mathbb{P}(H^o(C, \omega_C))$. [1]

3.5. Soit F un polynôme irréductible, homogène de degré $d \geq 6$, en 3 variables, qui définissent une courbe lisse dans $\mathbb{P}_k^2$. Le cône tangent à $\mathbb{G}_d^o$ au point correspondant au g_d^2 fourni par la situation est le cône défini par l'accouplement régulier $A_i \times A_{d-4} \to A_{d-3}$, où A_i désigne l'espace vectoriel des polynômes homogènes de degré i en 3 variables.

BIBLIOGRAPHIE

[1] A. ANDREOTTI and A. L. MAYER - On period relations for abelian integrals on curves, Annali della Scuola Normale Superiore di Pisa, Series 3, vol. 21 (1967), p. 189-238.

[2] J. A. EAGON and M. HOCHSTER - A class of perfect determinantal ideals, Bull. Amer. Math. Soc., vol. 5, n° 5, sept. 1970.

[3] J. A. EAGON and D. G. NORTHCOTT - Ideals defined by the minors of a matrix.

[4] J. I. IGUSA - On the arithmetical normality of the Grassmann variety, Proc. Nat. Acad. Sci., vol. 40 (1954).

[5] G. KEMPF - The singularities of certain varietis in the Jacobian of a Curve, Thèse Columbia Univ., 1971.

[6] J.-L. KLEIMAN - Geometry on Grassmannians ..., Publ. Math. I. H. E. S., Paris, n° 36 (1969).

[7] J.-L. KLEIMAN, D. LAKSOV - On the existence of special divisors, à paraître

[8] D. LAKSOV - Concerning the arithmetical Cohen-Macaulay of Schubert schemes, à paraître.

[9] G. F. B. RIEMANN - Gesamelte Mathematische Werke und Wissenschaftlicher Nachlass, 2^d édition, Dover, New York.

TABLE PAR NOMS D'AUTEURS

[Séminaire Bourbaki, 1967/68 à 1971/72, Exposés 331 à 417 (*).]

(*) Les Volumes 1948/1949 à 1967/1968, Exposés 1 à 346, ont été publiés par W. A. BENJAMIN, INC. New York.

CARTIER, Pierre

Théorie des groupes, fonctions théta et modules des variétés abéliennes 1967/68, n° 338, 16 p.

Relèvements des groupes formels commutatifs 1968/69, n° 359, 14 p.

Espaces de Poisson des groupes localement compacts [d'après R. Azencott] 1969/70, n° 370, 21 p.

Problèmes mathématiques de la théorie quantique des champs 1970/71, n° 388, 16 p.

Géométrie et analyse sur les arbres 1971/72, n° 407, 18 p.

CHEVALLEY, Claude

Le groupe de Janko 1967/68, n° 331, 15 p.

DELAROCHE, Claire et KIRILLOV, Alexandre

Sur les relations entre l'espace dual d'un groupe et la structure de ses sous-groupes fermés [d'après D. A. Kajdan] 1967/68, n° 343, 22 p.

DELIGNE, Pierre

Formes modulaires et représentations ℓ-adiques 1968/69, n° 355, 34 p.

Travaux de Griffiths 1969/70, n° 376, 25 p.

Travaux de Shimura 1970/71, n° 389, 43 p.

Variétés unirationnelles non rationnelles [d'après M. Artin et D. Mumford] 1971/72, n° 402, 13 p.

DEMAZURE, Michel

Motifs des variétés algébriques 1969/70, n° 365, 20 p.

DENY, Jacques

Développements récents de la théorie du potentiel [Travaux de Jacques Faraut et de Francis Hirsch] 1971/72, n° 403, 14 p.

DIEUDONNÉ, Jean

La théorie des invariants au XIXe siècle 1970/71, n° 395, 18 p.

DIXMIER, Jacques

Les algèbres hilbertiennes modulaires de Tomita [d'après Takesaki] 1969/70, n° 371, 15 p.

DOUADY, Adrien

Espaces analytiques sous-algébriques [d'après B. G. Moišezon] 1967/68, n° 344, 14 p.

Prolongement de faisceaux analytiques cohérents [Travaux de Trautmann, Frisch-Guenot et Siu] 1969/70, n° 366, 16 p.

Le théorème des images directes de Grauert [d'après Kiehl-Verdier] 1971/72, n° 404, 15 p.

EYMARD, Pierre

Algèbres A_p et convoluteurs de L^p 1969/70, n° 367, 18 p.

GABRIEL, Pierre

Représentations des algèbres de Lie résolubles [d'après J. Dixmier] 1968/69, n° 347, 22 p.

GÉRARDIN, Paul

Représentations du groupe SL_2 d'un corps local [d'après Gel'fand, Graev et Tanaka] 1967/68, n° 332, 35 p.

GODBILLON, Claude

Travaux de D. Anosov et S. Smale sur les difféomorphismes 1968/69, n° 348, 13 p.

Problèmes d'existence et d'homotopie dans les feuilletages 1970/71, n° 390, 15 p.

GODEMENT, Roger

Formes automorphes et produits eulériens [d'après R. P. Langlands] 1968/69, n° 349, 17 p.

GOULAOUIC, Charles

Sur la théorie spectrale des opérateurs elliptiques (éventuellement dégénérés) 1968/69, n° 360, 14 p.

GRISVARD, Pierre

Résolution locale d'une équation différentielle [selon Nirenberg et Trèves] 1970/71, n° 391, 14 p.

GUICHARDET, Alain

Facteurs de type III [d'après R. T. Powers] 1967/68, n° 333, 10 p.

HAEFLIGER, André

Travaux de Novikov sur les feuilletages 1967/68, n° 339, 12 p.

Sur les classes caractéristiques des feuilletages 1971/72, n° 412, 22 p.

HIRSCHOWITZ, André

Le groupe de Cremona d'après Demazure 1971/72, n° 413, 16 p.

HIRZEBRUCH, F.

The Hilbert modular group, resolution of the singularities at the cusps and related problems 1970/71, n° 396, 14 p.

ILLUSIE, Luc

Travaux de Quillen sur la cohomologie des groupes 1971/72, n° 405, 17 p.

KAROUBI, Max

Cobordisme et groupes formels [d'après D. Quillen et T. tom Dieck] 1971/72, n° 408, 25 p.

KATZ, Nicholas M.

Travaux de Dwork 1971/72, n° 409, 34 p.

KIRILLOV, Alexandre et DELAROCHE, Claire

Sur les relations entre l'espace dual d'un groupe et la structure de ses sous-groupes fermés [d'après D. A. Kajdan] 1967/68, n° 343, 22 p.

KOSZUL, Jean-Louis

Travaux de J. Stallings sur la décomposition des groupes en produits libres 1968/69, n° 356, 13 p.

KRIVINE, Jean-Louis

Théorèmes de consistance en théorie de la mesure de R. Solovay 1968/69, n° 357, 11 p.

KUIPER, Nicolaas H.

Sur les variétés riemanniennes très pincées 1971/72, n° 410, 18 p.

LATOUR, François

Chirurgie non simplement connexe [d'après C. T.C. Wall] 1970/71, n° 397, 34 p.

LELONG, Pierre

Valeurs algébriques d'une application méromorphe [d'après E. Bombieri] 1970/71, n° 384, 17 p.

LIONS, Jacques-Louis

Sur les problèmes unilatéraux 1968/69, n° 350, 23 p.

MALGRANGE, Bernard

Opérateurs de Fourier [d'après Hörmander et Maslov] 1971/72, n° 411, 20 p.

MARS, J. G. M.

Les nombres de Tamagawa de groupes semi-simples 1968/69, n° 351, 16 p.

MARTINEAU, André

Théorèmes sur le prolongement analytique du type "Edge of the wedge theorem" 1967/68, n° 340, 17 p.

MARTINET, Jacques

Un contre-exemple à une conjecture d'E. Noether [d'après R. Swan] 1969/70, n° 372, 10 p.

MAZUR, Barry

Courbes Elliptiques et Symboles Modulaires 1971/72, n° 414, 18 p.

MEYER, Paul-André

Lemme maximal et martingales [d'après D. L. Burkholder] 1967/68, n° 334, 12 p.

Démonstration probabiliste d'une identité de convolution [d'après H. Kesten] 1968/69, n° 361, 15 p.

MEYER, Yves

Problèmes de l'unicité, de la synthèse et des isomorphismes en analyse harmonique 1967/68, n° 341, 9 p.

MOKOBODZKI, Gabriel

Structure des cônes de potentiels 1969/70, n° 377, 14 p.

MORLET, Claude

Hauptvermutung et triangulation des variétés [d'après Kirby, Siebenmann et aussi Lees, Wall, etc...] 1968/69, n° 362, 18 p.

MOULIS, Nicole

Variétés de dimension infinie 1969/70, n° 378, 15 p.

POENARU, Valentin

Extension des immersions en codimension 1 [d'après S. Blank] 1967/68, n° 342, 33 p.

Travaux de J. Cerf (isotopie et pseudo-isotopie) 1969/70, n° 373, 22 p.

Le théorème de s-cobordisme 1970/71, n° 392, 23 p.

POITOU, Georges

Solution du problème du dixième discriminant [d'après Stark] 1967/68, n° 335, 8 p.

RAYNAUD, Michel

Travaux récents de M. Artin — 1968/69, n° 363, 17 p.

Compactification du module des courbes — 1970/71, n° 385, 15 p.

ROBERT, Alain

Formes automorphes sur GL_2 (Travaux de H. Jacquet et R. P. Langlands) — 1971/72, n° 415, 24 p.

ROSENBERG, Harold

Feuilletages sur des sphères [d'après H. B. Lawson] — 1970/71, n° 393, 12 p.

SCHIFFMANN, Gérard

Un analogue du théorème de Borel-Weil-Bott dans le cas non compact — 1970/71, n° 398, 14 p.

SCHREIBER, Jean-Pierre

Nombres de Pisot et travaux d'Yves Meyer — 1969/70, n° 379, 11 p.

SCHWARTZ, Laurent

Produits tensoriels g_p et d_p, applications p-sommantes, applications p-radonifiantes — 1970/71, n° 386, 26 p.

SERRE, Jean-Pierre

Travaux de Baker — 1969/70, n° 368, 14 p.

p-torsion des courbes elliptiques [d'après Y. Manin] — 1969/70, n° 380, 14 p.

Cohomologie des groupes discrets — 1970/71, n° 399, 14 p.

Congruences et formes modulaires [d'après H. P. F. Swinnerton-Dyer] — 1971/72, n° 416, 20 p.

SMALE, Stephen

Stability and genericity in dynamical systems — 1969/70, n° 374, 9 p.

SZPIRO, Lucien

Travaux de Kempf, Kleiman, Laksov, sur les diviseurs exceptionnels — 1971/72, n° 417, 15 p.

TATE, John

Classes d'isogénie des variétés abéliennes sur un corps fini [d'après T. Honda] — 1968/69, n° 352, 16 p.

TEMAM, Roger

Approximation d'équations aux dérivées partielles par des méthodes de décomposition — 1969/70, n° 381, 9 p.

THOMPSON, John G.

Sylow 2-subgroups of simple groups 1967/68, n° 345, 3 p.

TITS, Jacques

Groupes finis simples sporadiques 1969/70, n° 375, 25 p.

TOUGERON, Jean-Claude

Stabilité des applications différentiables [d'après J. Mather] 1967/68, n° 336, 16 p.

VAN DIJK, G.

Harmonic analysis on reductive $\mathfrak{p}$-adic groups [after Harish-Chandra] 1970/71, n° 387, 18 p.

VERGNE, Michèle

Sur les intégrales d'entrelacement de R. A. Kunze et E. M. Stein [d'après G. Schiffmann] 1969/70, n° 369, 20 p.

WEIL, André

Séries de Dirichlet et fonctions automorphes 1967/68, n° 346, 6 p.

Vol. 212: B. Scarpellini, Proof Theory and Intuitionistic Systems. VII, 291 pages. 1971. DM 24,–

Vol. 213: H. Hogbe-Nlend, Théorie des Bornologies et Applications. V, 168 pages. 1971. DM 18,–

Vol. 214: M. Smorodinsky, Ergodic Theory, Entropy. V, 64 pages. 1971. DM 16,–

Vol. 215: P. Antonelli, D. Burghelea and P. J. Kahn, The Concordance-Homotopy Groups of Geometric Automorphism Groups. X, 140 pages. 1971. DM 16,–

Vol. 216: H. Maaß, Siegel's Modular Forms and Dirichlet Series. VII, 328 pages. 1971. DM 20,–

Vol. 217: T. J. Jech, Lectures in Set Theory with Particular Emphasis on the Method of Forcing. V, 137 pages. 1971. DM 16,–

Vol. 218: C. P. Schnorr, Zufälligkeit und Wahrscheinlichkeit. IV, 212 Seiten 1971. DM 20,–

Vol. 219: N. L. Alling and N. Greenleaf, Foundations of the Theory of Klein Surfaces. IX, 117 pages. 1971. DM 16,–

Vol. 220: W. A. Coppel, Disconjugacy. V, 148 pages. 1971. DM 16,–

Vol. 221: P. Gabriel und F. Ulmer, Lokal präsentierbare Kategorien. V, 200 Seiten. 1971. DM 18,–

Vol. 222: C. Meghea, Compactification des Espaces Harmoniques. III, 108 pages. 1971. DM 16,–

Vol. 223: U. Felgner, Models of ZF-Set Theory. VI, 173 pages. 1971. DM 16,–

Vol. 224: Revêtements Etales et Groupe Fondamental. (SGA 1). Dirigé par A. Grothendieck XXII, 447 pages. 1971. DM 30,–

Vol. 225: Théorie des Intersections et Théorème de Riemann-Roch. (SGA 6). Dirigé par P. Berthelot, A. Grothendieck et L. Illusie. XII, 700 pages. 1971. DM 40,–

Vol. 226: Seminar on Potential Theory, II. Edited by H. Bauer. IV, 170 pages. 1971. DM 18,–

Vol. 227: H. L. Montgomery, Topics in Multiplicative Number Theory. IX, 178 pages. 1971. DM 18,–

Vol. 228: Conference on Applications of Numerical Analysis. Edited by J. Ll. Morris. X, 358 pages. 1971. DM 26,–

Vol. 229: J. Väisälä, Lectures on n-Dimensional Quasiconformal Mappings. XIV, 144 pages. 1971. DM 16,–

Vol. 230: L. Waelbroeck, Topological Vector Spaces and Algebras. VII, 158 pages. 1971. DM 16,–

Vol. 231: H. Reiter, L1-Algebras and Segal Algebras. XI, 113 pages. 1971. DM 16,–

Vol. 232: T. H. Ganelius, Tauberian Remainder Theorems. VI, 75 pages. 1971. DM 16,–

Vol. 233: C. P. Tsokos and W. J. Padgett. Random Integral Equations with Applications to Stochastic Systems. VII, 174 pages. 1971. DM 18,–

Vol. 234: A. Andreotti and W. Stoll. Analytic and Algebraic Dependence of Meromorphic Functions. III, 390 pages. 1971. DM 26,–

Vol. 235: Global Differentiable Dynamics. Edited by O. Hájek, A. J. Lohwater, and R. McCann. X, 140 pages. 1971. DM 16,–

Vol. 236: M. Barr, P. A. Grillet, and D. H. van Osdol. Exact Categories and Categories of Sheaves. VII, 239 pages. 1971, DM 20,–

Vol. 237: B. Stenström. Rings and Modules of Quotients. VII, 136 pages. 1971. DM 16,–

Vol. 238: Der kanonische Modul eines Cohen-Macaulay-Rings. Herausgegeben von Jürgen Herzog und Ernst Kunz. VI, 103 Seiten. 1971. DM 16,–

Vol. 239: L. Illusie, Complexe Cotangent et Déformations I. XV, 355 pages. 1971. DM 26,–

Vol. 240: A. Kerber, Representations of Permutation Groups I. VII, 192 pages. 1971. DM 18,–

Vol. 241: S. Kaneyuki, Homogeneous Bounded Domains and Siegel Domains. V, 89 pages. 1971. DM 16,–

Vol. 242: R. R. Coifman et G. Weiss, Analyse Harmonique Non-Commutative sur Certains Espaces. V, 160 pages. 1971. DM 16,–

Vol. 243: Japan-United States Seminar on Ordinary Differential and Functional Equations. Edited by M. Urabe. VIII, 332 pages. 1971. DM 26,–

Vol. 244: Séminaire Bourbaki – vol. 1970/71. Exposés 382–399. IV, 356 pages. 1971. DM 26,–

Vol. 245: D. E. Cohen, Groups of Cohomological Dimension One. V, 99 pages. 1972. DM 16,–

Vol. 246: Lectures on Rings and Modules. Tulane University R and Operator Theory Year, 1970–1971. Volume I. X, 661 pages. 19 DM 40,–

Vol. 247: Lectures on Operator Algebras. Tulane University Ring a Operator Theory Year, 1970–1971. Volume II. XI, 786 pages. 19 DM 40,–

Vol. 248: Lectures on the Applications of Sheaves to Ring The Tulane University Ring and Operator Theory Year, 1970–1971. V ume III. VIII, 315 pages. 1971. DM 26,–

Vol. 249: Symposium on Algebraic Topology. Edited by P. J. Hil VII, 111 pages. 1971. DM 16,–

Vol. 250: B. Jónsson, Topics in Universal Algebra. VI, 220 pag 1972. DM 20,–

Vol. 251: The Theory of Arithmetic Functions. Edited by A. A. Gi and D. L. Goldsmith VI, 287 pages. 1972. DM 24,–

Vol. 252: D. A. Stone, Stratified Polyhedra. IX, 193 pages. 19 DM 18,–

Vol. 253: V. Komkov, Optimal Control Theory for the Damping Vibrations of Simple Elastic Systems. V, 240 pages. 1972. DM 2

Vol. 254: C. U. Jensen, Les Foncteurs Dérivés de lim et leurs plications en Théorie des Modules. V, 103 pages. 1972. DM 1

Vol. 255: Conference in Mathematical Logic – London '70. Edited W. Hodges. VIII, 351 pages. 1972. DM 26,–

Vol. 256: C. A. Berenstein and M. A. Dostal, Analytically Unif Spaces and their Applications to Convolution Equations. VII, pages. 1972. DM 16,–

Vol. 257: R. B. Holmes, A Course on Optimization and Best proximation. VIII, 233 pages. 1972. DM 20,–

Vol. 258: Séminaire de Probabilités VI. Edited by P. A. Meyer. 253 pages. 1972. DM 22,–

Vol. 259: N. Moulis, Structures de Fredholm sur les Variétés bertiennes. V, 123 pages. 1972. DM 16,–

Vol. 260: R. Godement and H. Jacquet, Zeta Functions of Sim Algebras. IX, 188 pages. 1972. DM 18,–

Vol. 261: A. Guichardet, Symmetric Hilbert Spaces and Related pics. V, 197 pages. 1972. DM 18,–

Vol. 262: H. G. Zimmer, Computational Problems, Methods, Results in Algebraic Number Theory. V, 103 pages. 1972. DM

Vol. 263: T. Parthasarathy, Selection Theorems and their Applicati VII, 101 pages. 1972. DM 16,–

Vol. 264: W. Messing, The Crystals Associated to Barsotti-T Groups: with Applications to Abelian Schemes. III, 190 pages. 1 DM 18,–

Vol. 265: N. Saavedra Rivano, Catégories Tannakiennes. II, pages. 1972. DM 26,–

Vol. 266: Conference on Harmonic Analysis. Edited by D. Gu and R. L. Lipsman. VI, 323 pages. 1972. DM 24,–

Vol. 267: Numerische Lösung nichtlinearer partieller Differential- Integro-Differentialgleichungen. Herausgegeben von R. Ansorge W. Törnig, VI, 339 Seiten. 1972. DM 26,–

Vol. 268: C. G. Simader, On Dirichlet's Boundary Value Problem. IV pages. 1972. DM 20,–

Vol. 269: Théorie des Topos et Cohomologie Etale des Sché (SGA 4). Dirigé par M. Artin, A. Grothendieck et J. L. Verdier. 525 pages. 1972. DM 50,–

Vol. 270: Théorie des Topos et Cohomologie Etle des Sché Tome 2. (SGA 4). Dirige par M. Artin, A. Grothendieck et J. L. Ver V, 418 pages. 1972. DM 50,–

Vol. 271: J. P. May, The Geometry of Iterated Loop Spaces. IX, pages. 1972. DM 18,–

Vol. 272: K. R. Parthasarathy and K. Schmidt, Positive Definite nels, Continuous Tensor Products, and Central Limit Theorem Probability Theory. VI, 107 pages. 1972. DM 16,–

Vol. 273: U. Seip, Kompakt erzeugte Vektorräume und Analysis 119 Seiten. 1972. DM 16,–

Vol. 274: Toposes, Algebraic Geometry and Logic. Edited by. F Lawvere. VI, 189 pages. 1972. DM 18,–

Vol. 275: Séminaire Pierre Lelong (Analyse) Année 1970–197 181 pages. 1972. DM 18,–

Vol. 276: A. Borel, Représentations de Groupes Localement pacts. V, 98 pages. 1972. DM 16,–

Vol. 277: Séminaire Banach. Edité par C. Houzel. VII, 229 p 1972. DM 20,–